新世纪基础实验系列教材

大学物理实验

DAXUE WULI SHIYAN

(供理、工、医等专业使用)

主　编　丁　菲　刘平安
副主编　唐文春　马孝贤　郭彦杰　李平生

河南大学出版社

图书在版编目(CIP)数据

大学物理实验/丁菲,刘平安主编.—开封:河南大学出版社,2009.2(2019.8重印)
ISBN 978-7-81091-037-8

Ⅰ.大… Ⅱ.①丁…②刘… Ⅲ.物理学—实验—高等学校—教材 Ⅳ.O4-33
中国版本图书馆 CIP 数据核字(2009)第 022597 号

责任编辑 张 震
责任校对 余建国
装帧设计 王四朋

出 版	河南大学出版社		
	地址:河南省开封市明伦街 85 号	邮编:475001	
	电话:0378-2825001(营销部)	网址:www.hupress.com	
排 版	郑州市今日文教印制有限公司		
印 刷	新乡市凤泉印务有限公司		
版 次	2009 年 3 月第 1 版	印 次	2019 年 8 月第 14 次印刷
开 本	787mm×1092mm 1/16	印 张	17.75
字 数	432 千字	定 价	28.00 元

(本书如有印装质量问题,请与河南大学出版社营销部联系调换)

序　言

自 2003 年 8 月基础实验教学中心成立以来，普通物理实验设备不断充实与更新。编写一套切合自身实际，既利于教学同时又利于学生自学的教材，成为我们此时的一项重要工作。

本书是在吸收了近年来物理实验课教学的新理念、新方法及课程内容、课程体系不断改革的主流成果，并结合多年的教学实践、试用讲义，多次讨论修改后定稿的。

本书主要分为五章，第一章介绍测量与不确定度相关知识，第二章介绍物理实验中常用的测量方法，第三、四、五章分别介绍基础实验、综合性实验和设计性实验。

本书有以下几个特点：

1. 注重基础。较系统地介绍了误差理论与数据处理的基础知识；对物理实验中常用的测量方法做了细致的介绍；基础实验 34 个，占全部实验课目的 2/3 左右。

2. 切合实际。本书几乎包含了普通物理实验教学中心当前所能开设的所有课目，在许多传统的实验中，也编入了新的实验内容和方法，例如钢丝杨氏模具的测定、液体表面张力系数的测定、万用表使用等实验；对于数据处理量较大的实验则介绍推荐利用计算机进行数据处理。

3. 循序渐进。按照人才培养和学科发展的规律，将过去的力、热、电、光等实验整合为基本实验、综合性实验和设计性实验，实现了实验教学内容从基本技能训练到创新能力培养的有机结合。

4. 适当延伸。对每个实验的意义及现实应用都做了一定的介绍，另外还编入了应用 EWB 进行仿真实验以及计算机进行数据处理等相关内容。

本书由丁菲、刘平安主编。参加编写的同志有丁菲（绪论、第一章第四节、第五节、第二章）；唐文春（第一章第一节、第二节、第三节、实验 5（约利氏秤法）、9、17、42）；刘越峰（实验 1、6、12、15、23、26、30、33、35、43、45、46）；马孝贤（实验 2、4）；李平生（实验 3、10）；佟晓林（实验 5（力敏传感器法）、37、52）；徐晓波（实验 7、8、21、32、44、附录）；王晓娟（实验 11、13、25、29、31、47、48、49、50、51、56、57）；吴永辉（实验 14、16、24、36）；杨锋（实验 18、19）；刘平安（实验 20、22、38、39、40、41、53、54、55）；郭彦杰（实验 28、27、34）。全书由丁菲、刘平安统稿。

本书编写过程中，参阅了有关院校所编的同类教材，从中受益良多，谢持中、王顺才两位老教授提出了许多建设性的意见。本教材的出版，得到了河南大学教材出版基金的资助。在此一并致谢！由于编者水平有限，书中缺陷、错误在所难免，恳请各位读者和专家批评指正。

编者

2009 年 2 月

目 录

绪 论 …………………………………………………………………………………（ 1 ）
 一、物理实验的作用 …………………………………………………………（ 1 ）
 二、物理实验课的意义和目的 ………………………………………………（ 1 ）
 三、物理实验课的基本程序 …………………………………………………（ 2 ）
 四、怎样学好物理实验 ………………………………………………………（ 3 ）

第一章 测量与不确定度 ………………………………………………………（ 5 ）
 第一节 测 量 …………………………………………………………………（ 5 ）
  一、测量 ……………………………………………………………………（ 5 ）
  二、测量分类 ………………………………………………………………（ 5 ）
  三、测量过程 ………………………………………………………………（ 6 ）
 第二节 误 差 …………………………………………………………………（ 7 ）
  一、误差的概念及表示 ……………………………………………………（ 7 ）
  二、误差的分类 ……………………………………………………………（ 9 ）
  三、误差分布 ………………………………………………………………（ 10 ）
  四、测量的精密度、准确度和精确度 ……………………………………（ 11 ）
 第三节 不确定度和测量结果的表示 ………………………………………（ 12 ）
  一、不确定度 ………………………………………………………………（ 12 ）
  二、测量结果的评价 ………………………………………………………（ 14 ）
 第四节 有效数字及其运算法则 ……………………………………………（ 16 ）
  一、有效数字的概念 ………………………………………………………（ 17 ）
  二、有效数字的运算法则 …………………………………………………（ 18 ）
 第五节 实验数据的处理方法 ………………………………………………（ 20 ）
  一、列表法 …………………………………………………………………（ 20 ）
  二、图示法 …………………………………………………………………（ 21 ）
  三、图解法 …………………………………………………………………（ 23 ）
  四、逐差法 …………………………………………………………………（ 24 ）
  五、最小二乘法 ……………………………………………………………（ 26 ）

第二章 物理实验中常用的测量方法 …………………………………………（ 31 ）
 第一节 比较法 ………………………………………………………………（ 31 ）
  一、直接比较法 ……………………………………………………………（ 31 ）

二、间接比较法 ·· （32）
第二节　放大法 ·· （32）
　　一、累积放大法 ·· （32）
　　二、机械放大法 ·· （33）
　　三、光学放大法 ·· （33）
　　四、电学放大法 ·· （33）
第三节　平衡法 ·· （34）
第四节　补偿法 ·· （34）
第五节　模拟法 ·· （35）
　　一、物理模拟法 ·· （35）
　　二、数学模拟法 ·· （35）
第六节　干涉法 ·· （36）
第七节　转换法 ·· （36）
　　一、转换测量的定义与意义 ·· （36）
　　二、两种基本的转换测量法 ·· （37）
　　三、转换法测量与传感器 ··· （38）

第三章　基础实验 ·· （39）
实验一　基本测量 ··· （39）
实验二　牛顿第二定律的验证 ··· （45）
实验三　动量守恒定律的验证 ··· （52）
实验四　用落体法测定重力加速度 ··· （56）
实验五　液体表面张力系数的测量 ··· （61）
实验六　金属杨氏弹性模量的测量（光杠杆法） ·························· （69）
实验七　刚体转动惯量的测定 ··· （73）
实验八　弦线上波的传播规律的研究 ·· （79）
实验九　落球法测量液体的粘滞系数 ·· （83）
实验十　金属线胀系数的测定 ··· （88）
实验十一　冷却法测量金属比热容 ··· （90）
实验十二　不良导体导热系数的测量 ·· （94）
实验十三　混合法测量液体比汽化热 ·· （96）
实验十四　万用表的使用 ·· （100）
实验十五　电桥法测电阻 ·· （102）
实验十六　电子束的聚焦与偏转 ·· （105）
实验十七　示波器的原理与使用 ·· （112）
实验十八　霍尔效应及磁场的测定 ··· （123）
实验十九　亥姆霍兹线圈磁场的测定 ·· （127）
实验二十　非线性元件伏安特性的测量 ······································· （132）
实验二十一　静电场的描绘 ··· （138）
实验二十二　交流电桥测电容和电感 ·· （141）

实验二十三　铁磁材料的磁滞回线和基本磁化曲线……………………………(145)
实验二十四　磁阻效应……………………………………………………………(150)
实验二十五　薄透镜焦距的测定…………………………………………………(153)
实验二十六　阿贝折射计测液体折射率…………………………………………(157)
实验二十七　光的等厚干涉实验…………………………………………………(160)
实验二十八　分光计的调整和使用………………………………………………(162)
实验二十九　光的夫琅禾费衍射研究……………………………………………(168)
实验三十　用透射光栅测定光的波长及光栅角色散率…………………………(171)
实验三十一　用菲涅耳双棱镜测光波波长………………………………………(174)
实验三十二　旋光法测糖溶液浓度………………………………………………(177)
实验三十三　阿贝比长仪的结构和使用原理……………………………………(183)
实验三十四　迈克尔逊干涉仪的调整和使用……………………………………(186)

第四章　综合性实验……………………………………………………………(193)

实验三十五　伸长法测钢丝杨氏模量(CCD法)…………………………………(193)
实验三十六　声速测定……………………………………………………………(196)
实验三十七　多普勒效应综合实验………………………………………………(199)
实验三十八　周期电信号的傅里叶分析…………………………………………(202)
实验三十九　RLC 电路的暂态过程研究…………………………………………(205)
实验四十　RLC 串联电路谐振特性研究…………………………………………(210)
实验四十一　硅光电池特性研究…………………………………………………(214)
实验四十二　非平衡电桥的原理与应用…………………………………………(219)
实验四十三　集成电路温度传感器的特性测量及应用…………………………(222)
实验四十四　非线性电路混沌……………………………………………………(224)
实验四十五　普朗克常数的测定…………………………………………………(227)
实验四十六　单色仪的定标………………………………………………………(232)
实验四十七　超声光栅测液体中的声速…………………………………………(235)
实验四十八　椭圆偏振仪测量薄膜厚度和折射率………………………………(238)
实验四十九　阿贝成像原理和空间滤波…………………………………………(245)
实验五十　偏振光的观测与研究…………………………………………………(248)

第五章　设计性实验……………………………………………………………(254)

设计性实验简介……………………………………………………………………(254)
实验五十一　微安表内阻的测定…………………………………………………(255)
实验五十二　电表的改装与校准…………………………………………………(256)
实验五十三　滑线电阻的限流特性和分压特性的研究…………………………(256)
实验五十四　黑盒子问题的研究…………………………………………………(258)
实验五十五　应用 EWB 进行设计性系列实验…………………………………(260)
实验五十六　显微镜和望远镜的组装……………………………………………(262)
实验五十七　杨氏双缝干涉实验…………………………………………………(262)

附　录……………………………………………………………………………(264)

附录 A　中华人民共和国法定计量单位 …………………………………………… (264)
附录 B　常用物理数据 …………………………………………………………… (266)
附录 C　常用电气测量指示仪表和附件的符号 ………………………………… (273)

绪 论

一、物理实验的作用

物理学是自然科学中的基础学科,历史上每次重大的技术革命都发端于物理学的发展,而它又是建立在实验基础上的.物理实验不仅在物理学的产生、发展和应用过程中有着重要作用,而且在推动各自然科学、工程技术的发展中也起到了重要的作用.大家知道,经典物理学规律是从实验事实中总结出来的,并受实验的检验;近代物理学是从实验事实与经典物理学的矛盾中发展起来的;尤其是近代各学科相互渗透,发展了许多交叉学科,物理实验的原理、方法和技术与化学、生物学、天体学等学科相互结合已经取得了很大的成果.

二、物理实验课的意义和目的

物理实验课作为大学理工科专业学生的一门专业基础课程,在通过实验培养学生观察、分析和发现问题的能力以及培养学生的动手能力和创新精神等方面都起着重要的作用.物理实验的重要性不仅在于实验的内容上,更重要的是实验的过程.在物理实验的过程中,学生不仅掌握了知识、培养了能力,而且通过实验过程了解了科学研究的方法、树立了严谨的科学态度和一丝不苟的工作作风,为将来的工作和学习打下坚实的基础.物理实验课作为一门独立的基础课程,它有如下三个方面的目的和任务:

(1) 通过对实验现象的观察、分析和对物理量的测量,使学生掌握物理实验的基本知识、基本方法和基本技能;同时通过对物理原理的运用、物理实验方法的训练加深了对物理学基本原理的理解.

(2) 培养和提高学生科学实验的能力.

① 阅读理解能力:训练学生自行阅读实验教材和参考资料、正确理解实验的要求和内容的能力,从而让学生做好实验前的准备.

② 动手实践能力:借助教材或仪器说明书,正确使用常用仪器,实施实验方案.

③ 思维判断能力:运用所学的物理理论,对实验现象进行分析和判断,作出结论.

④ 书面表达能力:正确记录和处理实验数据,绘制图线,计算实验结果,分析实验误差,撰写合格的实验报告.

⑤ 简单的实验设计能力:根据课题要求,确定实验方法和实验条件,合理选择实验仪器,拟定具体的实验步骤.

⑥ 科技创新能力:通过进行设计性实验,了解知识的发现与创新的过程,强化创新意识,促进创新思维.

(3) 培养学生的科学实验素养.

在物理实验过程中,培养学生实事求是的工作作风、严肃认真的科学态度、主动进取的探索精神、相互协作的团队意识和爱护公物的优良品质.同时,在培养科学工作者的良好素质及科学世界观方面,物理实验课程也具有潜移默化的作用.

三、物理实验课的基本程序

物理实验和其他科学实验一样,一般可以分为如下几个阶段:① 确定研究课题;② 制订研究计划和方案;③ 选择与准备实验装置和仪器设备;④ 进行实验测量与观察,获得实验数据与结果;⑤ 分析处理数据,得出结论;⑥ 撰写实验报告或论文.

应该说,一项实验研究工作最重要的部分是前面三个阶段.科学实验发展史证明,杰出的科学实验要以杰出的构思为基础.但是,立题和制订实验方案,要有扎实的基础和优良的科学素养,要有经验的积累,对于初学者而言,不是马上就可以掌握的.本课程作为初学者的入门指导,主要进行后面三个阶段的学习和训练,但在课程的末尾阶段,适当安排了具有研究性的设计性实验,使学生在制订实验方案、进行仪器的选择和合理配置等方面得到初步的训练.

物理实验课的基本程序主要由三个环节构成:

1. 实验预习 —— 实验的基础

在课前认真阅读实验教材和有关资料,弄清实验原理、实验方法和实验目的,然后在脑子中"操作"这一实验,拟出实验步骤,思考可能出现的问题和能够得出怎样的结论,最后写出预习报告,为实验课做好准备.预习报告内容包括如下几方面:① 实验名称;② 实验目的;③ 实验原理简述,要求写出测量公式,画出有关电路图、光路图或实验装置图,并用自己的语言对图和公式作必要的说明(如各符号的物理意义、公式应满足的实验条件等);④ 主要仪器设备(型号、规格等);⑤ 实验内容及注意事项,重点写出"做什么,怎么做",哪些是直接测量量,哪些是间接测量量,各用什么仪器和方法测量,以及结果的不确定度如何估算等;⑥ 画好记录数据表格,为防止实验中漏测数据,并使测量结果一目了然,预习时应根据实验要求设计好数据记录表格,表格上标明物理量符号、单位及测量次数等.另外,对预习中不清楚的问题,也可写在预习报告中,以便在实验过程中及时解决.

2. 实验操作与数据记录 —— 实验最重要的环节

学生在认真预习的基础上,可以进行实验操作.进入实验室后,首先要接受教师对预习情况的检查.实验中应遵守实验室规则,按照一个科学工作者的标准要求自己.实验开始前要仔细阅读仪器使用说明书,务必牢记实验的注意事项.实验中井井有条地布置仪器,安全操作,注意观察实验现象,认真钻研和探索实验中的问题,独立思考,提高运用理论知识和已有的经验分析解决问题的能力,培养严谨、耐心、实事求是的科学态度和探索、求真的科学精神.在实验课学习过程中要逐步学会分析实验,排除实验中出现的常见故障.

开始实验前,要记录实验所用主要仪器的编号和规格.记录仪器编号是一个好的工作习惯,便于以后必要时对实验进行复查.实验数据要严肃对待,要用钢笔或圆珠笔记录原始数据,严禁抄袭.即使实验数据确系记错了,也不要涂改,应在错误数据上轻轻划一道,在旁边写上正确值(错误多的,需重新记录),使正误数据都能清晰可辨,以供在分析测量结果和计算误差时参考.不要用铅笔记录原始数据,并在记录实验数据时留有涂改的余地,也不要先草记在另外的纸上再誊写在数据表格里.希望同学们在实验中注意纠正自己的不良习惯,从一开始就不断培养良好的科学作风.

实验结束后,要认真填写实验仪器记录本,并将实验数据一并交教师审阅签字.离开实验室前,要整理复原好所用的仪器,断开电源,做好清洁工作.

3. 数据处理与实验报告 —— 实验的简明总结

实验报告是实验工作的总结,要求文字通顺、字迹端正、图表规范、数据完备以及结论明确.一份好的实验报告还应具有清晰的思路、见解和新的启迪.要养成在实验操作后在预习报告的基础上尽早写出实验报告的习惯,即对原始数据进行处理和分析,得出实验结果并进行不确定度评估和讨论.

完整的实验报告应包括下列项目:

① 实验名称:实验项目或实验选题.

② 实验目的:简单地写明本次实验的目的.

③ 实验仪器:主要仪器及其型号、精度等有关参数.

④ 实验原理:用简洁的语言说明实验原理,给出基本公式并说明公式及其中各物理量的意义,绘制重要的原理图.

⑤ 实验内容:简明扼要地写出实验研究的内容和重要步骤,绘制主要的线路图、光路图以及其他类型的示意图.

⑥ 数据记录及处理:按要求科学、合理地设计表格,首先将整理好的原始数据填入表格内,再根据每个实验的具体要求进行数据处理.计算待测量时要写明所用公式并代入数据.要求作图的必须用坐标纸;要求计算不确定度的必须给出每个不确定度分量及总不确定度的计算方法、计算过程和计算结果.最后应按教材要求给出完整的结果表述,数据处理提倡采用计算机处理.

⑦ 结果分析:认真分析、讨论实验的结果及问题,并对实验中的问题和实验方法提出改进的设想和建议.

四、怎样学好物理实验

要学好物理实验不但要花力气、下工夫,而且要有一定的学习方法.那么,怎样才能学好这门课程呢?

第一,注意掌握实验方法,特别是基本的测量方法.基本的测量方法往往是复杂的测量方法的基础,要弄明白它的道理,达到逐步熟悉以至于牢记.任何实验方法都有优缺点和适合本实验的特定运用条件,只有亲自认真做过实验才能对实验方法本身的优缺点和适用条件有较深的印象.

第二,培养良好的实验习惯,从实验仪器、装置的安排到操作姿势、读数习惯等都应严格训练,不可轻视.良好的实验习惯是建立在很多次实验经验总结的基础上的,它能保证实验安全,避免差错.要真正养成良好的习惯,不光是要经过多次实验,还要在每次实验中有意识地锻炼自己.

第三,逐步学会分析实验,进而能够排除实验中的各种故障,以及判断实验数据是否可靠、实验结果是否正确.这些问题主要靠分析实验本身来判断,即分析实验方法是否正确、实验方法带来多大误差、仪器带来多大误差、实验环境有多大的影响等.当发现数据出现问题时,千万不要根据理论值去拼凑数据,而要认真地去检查自己的操作和读数,进而去检查仪器与装置,找出错误和故障.要力求自己动手解决,如解决不了,需要教师帮助解决时,要留意观察教师如何判断仪器的故障及修复的方法,以提高自己的实验能力.

第四,掌握好重点.抓紧时间,认真做完辅助性工作,然后将主要精力放在重点学习的内容上,避免在枝节问题上浪费时间.

第五,认真写好实验报告.实验报告是本次实验的成果总结,认真写好实验报告,会加深对本次实验的理解,对思路的整理、实验的分析、印象的加深、结果的总结等方面都是有益的.甚至通过实验报告,还可能进一步发现问题,使学习更加扎实、牢固.

总之,学好物理实验不是一件容易的事情,大家要不断提高对实验现象探索的热情,不断总结经验,提高自己的动手能力和解决实际问题的能力.

第一章 测量与不确定度

第一节 测 量

一、测量

测量就是将待测物理量与选作计量标准的同类物理量进行比较并求出其比值的过程. 其中倍数值称为待测物理量的数值,选作计量标准的物理量称为单位. 通常,物理量的测量值应由数值和单位两部分组成,但也有些物理量不含单位,如相对密度、相对强度等. 完整的讲,测量结果还应包含不确定度,这个在后边会讲到.

作为比较标准的测量单位,其大小是按一定科学依据人为规定的. 按照我国法定计量单位的规定,物理量单位是以国际单位制(SI)为基础的,它选定了七个基本物理量,即长度(米)、质量(千克)、时间(秒)、电流(安培)、热力学温度(开尔文)、物质的量(摩尔)和发光强度(坎德拉)的单位为基本单位,平面角(弧度)、立体角(球面度)两个辅助单位,其他物理量的单位可由基本单位导出,故称为导出单位.

二、测量分类

根据获得数据的方法不同,测量可分为直接测量和间接测量两类.

1. 直接测量

可以用测量仪器或仪表直接读出测量值的测量称为直接测量. 例如用米尺测长度、用温度计测量温度、用电压表测电压等都是直接测量,所得的物理量如长度、温度、电压等称为直接测量量.

2. 间接测量

在物理实验中,大多数物理量没有直接测量的量具,无法进行直接测量,而需依据待测物理量与若干个直接测量量的函数关系求出,这样的测量就称为间接测量. 如用单摆法测重力加速度 g 时,T(周期)、L(摆长)是直接测量量,而 g 就是间接测量量.

根据测量条件的不同,测量又可分为等精度测量和不等精度测量.

(1) 等精度测量

在测量条件相同的情况下(如同一个人,用同一台仪器,每次测量时周围环境条件相同),进行的多次测量称为等精度测量. 等精度测量每次测量结果的可靠程度相同.

(2) 不等精度测量

在诸多测量条件中,只要有一个发生了变化,这时所进行的测量,就称为不等精度测量. 不等精度测量每次测量的结果,其可靠程度自然也不相同.

物理实验操作过程中进行多次测量时,一般都采用等精度测量.

三、测量过程

为了在实验过程中正确地进行测量,我们要按照以下过程进行.

1. 熟悉仪器

熟悉仪器的性能,掌握正确的使用方法和读数是每个学生的必备基本素质.例如:仪器的级别、量程、稳定性以及对环境的要求等等.

2. 选择适当的测量仪器和测量方法

根据对实验测量精度的要求和测量范围,合理地选择仪器和方法.例如:长度、温度的测量我们可根据实验对测量精度的要求选取恰当的测量仪器,如表1-1所示.

表1-1　常见仪器的测量精度与测量范围

长度测量精度要求	1mm	0.02mm	0.005mm	0.0001mm	0.0000001mm
仪　　器	米尺	卡尺	千分尺	激光干涉仪	电子显微镜
温度测量范围(℃)	<300			<600	>1600
仪　　器	半导体或液体温度计			热电偶	红外高温计

3. 选择实验方法

在实验中不仅要了解仪器的级别、量程、稳定性等技术参数,而且还要采用正确的实验方法.

例如用电压表测电路中的电压时,因电表内阻的影响,测量误差不可避免.要减小上述测量方法引入的误差,可采用补偿法进行测量,或改用内阻很大($R_v \geqslant 200\text{M}\Omega$)的数字电压表.

4. 读数与记录

在进行测量时,正确的读数和记录是关键.对于不同仪器有多种读数方法的情况,将在今后的实验中分别介绍,在此仅谈一般规则.

(1) 如实记录仪器上显示的数值,作为原始数据.对指针式仪表和有刻度盘或标尺的仪器,通常在直接测量时,要求估读一位(该位是有效数字的可疑位).估读数一般取最小分度的 $1/10 \sim 1/2$.

(2) 若仪表的示值不是连续变化而是以最小步长跳跃变化的,如数字式显示仪表,则谈不上估读,只要记录全部数据即可.

(3) 有一些仪表,虽然也有指针和刻度盘,但指针跳动是以最小分格为单位的,例如最常用的钟表,有以秒为最小分度的时钟,也有以 1/10 或 1/100 秒为最小分度的秒表.此类仪表不需要估读.

(4) 带有游标(或角游标)的仪器装置,是依靠判断两个刻度中哪条线对齐来进行读数的,这时一般记下对齐线的数值,不必进行更细的估读.

第二节 误 差

一、误差的概念及表示

1. 真值

任何量在一定客观条件下都具有不以人的意志为转移的固定大小,这个客观存在的大小称为该物理量的真值.

由于"绝对真值"的不可知性,人们在长期的实践和科学研究中归纳出以下几种真值.

(1) 理论真值:理论设计值,公理值,理论公式计算值.

(2) 约定真值:国际计量大会规定的各种基本常数,基本单位标准.

(3) 算术平均值:指多次测量的平均结果,当测量次数趋于无穷时,算术平均值趋于真值.

2. 误差

测量结果与真值之间总是有一定的差异,这种差异称为误差.

3. 误差公理

误差自始至终存在于一切测量过程中,这一事实已为从事科学实验的人们所公认,故称之为误差公理.

4. 误差的表示

(1) 绝对误差

是指测量值 x_i 与被测量的真值 μ 的差,即:

$$\delta = x_i - \mu \tag{1}$$

(2) 相对误差

是指绝对误差与被测量的真值的比值,一般用百分比来表示. 由于真值是理想量,实验中用多次测量的平均值来代替真值,即:

$$E = \frac{\delta}{\mu} \text{ 或 } E = \frac{\delta}{\bar{x}} \tag{2}$$

相对误差 E 可以用来比较被测物理量测量准确度的高低,或者说用相对误差能确切地反映测量的效果. 由于被测量的量值大小不同,允许的误差也应有所不同. 被测量的量值越小,允许测量的绝对误差也应越小.

(3) 偏差 Δx_i

在多次测量中,测量列内任意一个测量值 x_i 与测量列的算术平均值 $\bar{x}$ 的差称为偏差或残差 Δx_i,即:

$$\Delta x_i = x_i - \bar{x}, \tag{3}$$

式中 $\bar{x} = \sum_1^n \frac{x_i}{n}$. 偏差可正可负,可大可小.

(4) 标准误差 σ

在同一条件下,若对某物理量 x 进行 n 次等精度、独立的测量,则测量列中单次测量标准误差定义如下:

$$\sigma = \lim_{n \to \infty} \sqrt{\frac{\sum_{i=1}^{n}(x_i - \mu)^2}{n}} \tag{4}$$

式(4)中 μ 相应于测量次数 $n \to \infty$ 时测量的平均值. 式(4)是对这一组测量数据可靠性的估计,标准误差小,说明这一组测量的重复性好,精密度高.

(5) 标准偏差 S_x

在有限的 n 次测量中,单次测量的标准偏差用 S_x 表示,定义如下:

$$S_x = \sqrt{\frac{\sum_{i=1}^{n}(x_i - \bar{x})^2}{(n-1)}} \tag{5}$$

式(5)又称为贝塞尔公式,它表示测量的随机误差. 标准偏差小就表示测量值很密集,即测量的精密度高;标准偏差大就表示测量值很分散,即测量的精密度低.

(6) 平均值的标准偏差 $S_{\bar{x}}$

在进行有限次测量中,可得一最佳值 $\bar{x}$,$\bar{x}$ 也是一个随机变量,它随测量次数 n 的增减而变化,显然它比单次测量值可靠. 可证明平均值的标准偏差 $S_{\bar{x}}$ 与一列测量中单次测量的标准偏差 S_x 满足如下关系:

$$S_{\bar{x}} = \frac{S_x}{\sqrt{n}} = \sqrt{\frac{\sum_{i=1}^{n}(x_i - \bar{x})^2}{n(n-1)}} \tag{6}$$

(7) 仪器误差限 $\Delta_{仪}$

任何测量过程都存在测量误差,其中包括仪器误差. 仪器误差限或最大允许误差是指在正确使用仪器的条件下,测量结果和被测量的真值之间可能产生的最大误差,用 $\Delta_{仪}$ 表示. 对照国际标准及我国制定的相应的计量器具的检定标准和规定. 考虑物理实验教学的要求,下面作简略的介绍或约定.

① 在长度测量类中,最基本的测量工具是直尺、游标卡尺、螺旋测微计等. 在基础物理实验中,除具体实验另有说明外(如游标卡尺、螺旋测微器等),我们约定:**直尺等测长工具的仪器误差限按其最小分度值的一半估算**.

② 在质量测量类中,主要工具是天平. 天平的测量误差包括示值变动性误差、分度值误差和砝码误差等. 单杠杆天平按精度分为十级,砝码的精度分为五等,一定精度级别的天平要配用相应等级的砝码. 在简单实验中,我们约定:**取天平的最小分度值作为仪器误差限**.

③ 在时间测量类中,停表是物理实验中常用的计时仪表。在本课程中,对较短时间的测量,我们约定:**取停表的最小分度值作为仪器误差限**. 对石英电子秒表,其最大偏差 $\leq \pm(5.8 \times 10^{-6} t + 0.01)$s,其中 t 是时间的测量值.

④ 在温度测量类中,常用的测量仪器包括水银温度计、热电偶和电阻温度计等. 在本课程中,我们约定:**水银温度计的仪器误差限按其最小分度值的一半估算**.

⑤ 在电学测量类中,国家标准电学仪器大多是根据准确度大小划分其等级,其基本误差限可通过准确度等级的有关公式给出.

对电磁仪表,如指针式电流、电压表

$$\Delta_{仪} = \alpha\% \cdot A_m \tag{7}$$

式(7)中 A_m 是电表的量程,α 是以百分数表示的准确度等级,电表精度分为 5.0,2.5,1.5,1.0,0.5,0.2,0.1 七个级别.

对直流电阻器(包括标准电阻、电阻箱),准确度等级分为 0.5,0.2,0.1,0.05,0.02,0.01,0.005,0.002,0.001,0.0005 等级.实验室使用的电阻箱,其优点是阻值可调,但接触电阻和接触电阻的变化要比固定的标准电阻大.一般按不同度盘分别给出准确度级别,同时给出残余电阻(即各度盘开关取零时,连接点的电阻)的数值.仪器误差限按不同度盘允许误差限之和加上残余电阻阻值来估算,即:

$$\Delta_{仪} = \sum_i \alpha_i \% \cdot R_i + R_0 \tag{8}$$

式中 R_0 是残余电阻阻值,R_i 是第 i 个度盘的示值,α_i 是相应电阻的准确度级别.对于 ZX21 型 0.1 级电阻箱,我们约定 $R_0 = 0.005(N+1)$,式中 N 是实际所用十进制电阻盘的个数,并且各度盘的准确度等级都取为 0.1,则其允许误差限为:

$$\Delta_{仪} = \alpha_i \% \cdot R + R_0 = 0.1\% \cdot R + 0.005(N+1) \tag{9}$$

式中 R 是各度盘电阻值之和.由于残余电阻 R_0 很小,可以舍去,因此我们直接取:

$$\Delta_{仪} = 0.1\% \cdot R \tag{10}$$

二、误差的分类

测量误差按其产生的原因与性质可分为系统误差、偶然误差和粗大误差三大类.

1. 系统误差

系统误差是指在同一条件下,多次测量同一物理量时,误差的大小和符号均保持不变,或当条件改变时,按某一确定的已知规律变化的误差.

系统误差的特征是它的确定性,即实验条件一确定,系统误差就获得了一个客观上的确定值,一旦实验条件改变,系统误差也按一种确定的规律变化.

造成系统误差的原因有以下几个方面.

(1) 仪器误差:是指测量时由于所用的测量仪器、仪表不准确所引起的误差.

(2) 环境误差:是指因外界环境(如灯光、温度、湿度、电磁场等)的影响而产生的误差.

(3) 方法误差:是指由于测量所依据的理论、实验方法不完善或实验条件不符合要求而导致的误差.

(4) 个人误差:是指由实验者的分辨能力、感觉器官的不完善和生理变化、反应速度和固有的习惯等引起的误差(如估计读数始终偏大或偏小).

系统误差的出现一般有较明确的原因,因此只要采取适当的措施对测量值进行修正,就可以使之减至最小.但是,在实验中仅靠增加测量次数并不能减小系统误差.

2. 偶然误差

偶然误差是指在相同条件下多次重复测量同一物理量时,测量结果的误差大小、符号均发生变化,其值时大时小,其符号时正时负,无法控制.

偶然误差的特征是随机性的,也称为随机误差,即误差的大小和正负无法预计,但误差的分布却服从一定的统计规律.

偶然误差的来源主要是:由于人们的感官灵敏程度和仪器精密程度有限、各人的估读能力不一致、外界环境的干扰等,这些因素无法估计,一般可以通过用多次测量求平均值的办法来减小偶然误差.

3. 粗大误差

粗大误差是由于测量者的过失(如:仪器使用方法不正确、实验方法不合理、粗心大意等)而引起的误差,粗大误差简称粗差.

粗大误差的特征是人为性,初学者容易产生这种误差,但是若采取适当的措施,完全可以避免. 例如,采取细心检查、认真操作、重复测量、多人合作等措施都可有效地避免这类误差. 粗大误差一般使实验结果偏离物理规律,它的出现必将明显地歪曲测量结果,应当努力将其剔除. 什么样的数据可以认为是有过失误差的坏数据而必须加以剔除,我们可以依据一些粗差判别准则来鉴别.

系统误差和偶然误差并不存在绝对的界限,其产生的根源均来自测量方法、设备装置、人员素质和环境的不完善. 在一定条件下,这两种误差可以相互转化. 例如:按一定基本尺造的量块,存在着制造误差,对某一具体量块而言,制造误差是一确定数值,可以认为是系统误差,但对一批量块而言,则制造误差属于偶然误差. 掌握了误差转化的特点,可以将系统误差转化为偶然误差,用统计处理方法减小误差的影响,或将偶然误差转化为系统误差,用修正的方法减小其影响.

三、误差分布

在测量过程中,由于误差的来源不同,它们所服从的分布规律也不相同. 常见的偶然误差分布有:均匀分布、二项式分布、正态分布、双截尾正态分布、泊松分布、χ^2 分布、F 分布、t 分布等. 我们介绍两种典型的分布.

1. 正态分布

在等精度测量中,大多数情况下的测量值及其偶然误差都服从正态分布. 正态分布又叫高斯分布,标准的正态分布曲线如图 1-1 所示,它满足如下的概率密度分布函数:

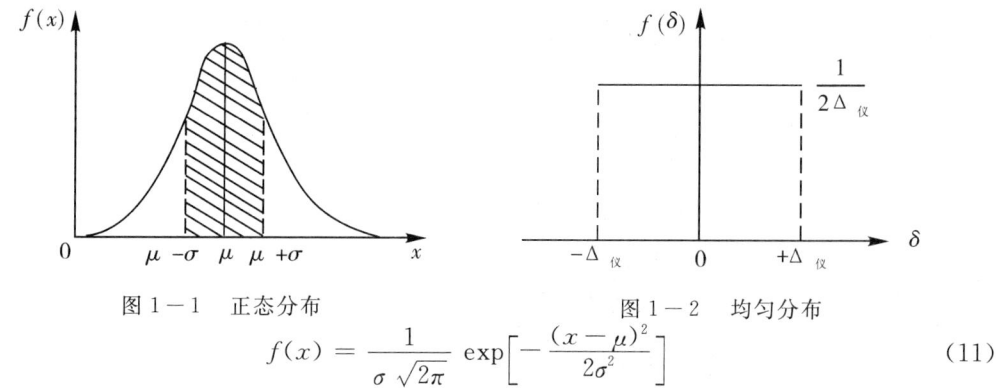

图 1-1 正态分布　　　　　图 1-2 均匀分布

$$f(x) = \frac{1}{\sigma\sqrt{2\pi}} \exp\left[-\frac{(x-\mu)^2}{2\sigma^2}\right] \tag{11}$$

式(11)中 x 为测量值,σ 为测量值的标准误差,而 μ 表示当测量次数无限多时的算术平均值(真值的最佳估计值).

$$\mu = \lim_{n\to\infty}\sum_{1}^{n}\frac{x_i}{n}, \qquad \sigma = \lim_{n\to\infty}\sqrt{\frac{\sum_{i=1}^{n}(x_i-\mu)^2}{n}} \tag{12}$$

从曲线可以看出被测量值在 $x=\mu$ 处的概率密度最大,曲线峰值处的横坐标相应于测量次数 $n\to\infty$ 时被测量的平均值 μ. 横坐标上任一点到 μ 值的距离 $(x-\mu)$ 即为与测量值 x 相应的偶然误差分量. 随机误差小的概率大,偶然误差大的概率小. σ 为曲线上拐点处的横坐标与 μ 值之差的绝对值,它是表征测量值分散性的重要参数,称为正态分布的标准偏差. 这条曲线称概率分布曲线,当曲线和 x 轴之间的总面积定为 1 时,其中介于横坐标上任何两点之间的某一部分面积可用来表示偶然误差在相应范围内的概率. 如图中阴影部分 $(\mu-\sigma)$ 到 $(\mu+\sigma)$ 之间的面积就是偶然误差在 $\pm\sigma$ 范围内的概率(又称置信概率),即测量值落在 $(\mu-\sigma,\mu+\sigma)$ 区间中的概率,由定积分可计算得其值为 68.3%. 如将区间扩大到 -2σ 到 $+2\sigma$,则 x 落在 $(\mu-2\sigma,\mu+2\sigma)$ 区间中的概率就提高到 95.4%; x 落在 $(\mu-3\sigma,\mu+3\sigma)$ 区间中的概率为 99.7%.

从分布曲线还可以看出,服从正态分布的偶然误差具有以下一些特性.

(1) 单峰性:绝对值小的误差比绝对值大的误差出现的几率大.
(2) 对称性:绝对值相等的正负误差出现的几率相等.
(3) 有界性:在一定测量条件下,误差的绝对值不超过一定的范围.
(4) 抵偿性:偶然误差的算术平均值随着测量次数的增加而趋近于零,即:

$$\lim_{n\to\infty}\frac{1}{n}\sum_{i=0}^{n}\delta_i=0 \tag{13}$$

2. 均匀分布

测量误差服从均匀分布是指在测量值的某一范围内,测量结果取任一可能值的概率相等;或在某一误差范围内,各误差值出现的概率相等. 服从均匀分布的误差的概率密度函数为:

$$f(\delta)=\frac{1}{2\Delta_\text{仪}} \tag{14}$$

分布曲线如图 1-2 所示,在 $[-\Delta_\text{仪},+\Delta_\text{仪}]$ 范围内,各误差值出现的概率相同,区间外出现的概率为 0.

均匀分布的平均值、标准误差、标准偏差及平均值的标准偏差的计算方法与正态分布相同.

偶然误差服从均匀分布的例子有:由仪表分辨力限制所产生的示值误差,因为在分辨力范围内的所有测量参数值出现的概率相同;对于数字式仪表,由最小计量单位限制引起的误差(截尾误差);在对测量数据的处理中,修约引起的误差;指示仪表指针调零不准所产生的误差;数学用表的数据位数限制所产生的误差等.

四、测量的精密度、准确度和精确度

对测量结果的好坏,我们往往用精密度、准确度和精确度来评价,但这是三个不同的概念,使用时应加以区别.

(1) 精密度:表示测量结果中偶然误差大小的程度. 它是指在规定条件下对被测量进行多次测量时,各次测量结果之间离散的程度,精密度高则离散程度小,重复性大,偶然误差小,但系统误差的大小不明确.

(2) 正确度(准确度):表示测量结果中系统误差大小的程度. 它是指在规定条件下,多

次测量数据的平均值与真值符合的程度,准确度高则测量接近真值的程度高,系统误差小,但对测量的偶然误差的大小并不明确.

(3) 精确度:表示测量结果中系统误差与偶然误差的综合大小的程度.它是指测量结果的重复性及接近真值的程度.对于测量来说,精密度高,准确度不一定高;而准确度高,精密度也不一定高;只有精密度和准确度都高时,精确度才高.

下面我们以打靶为例,来形象地说明这三个不同概念的区别.

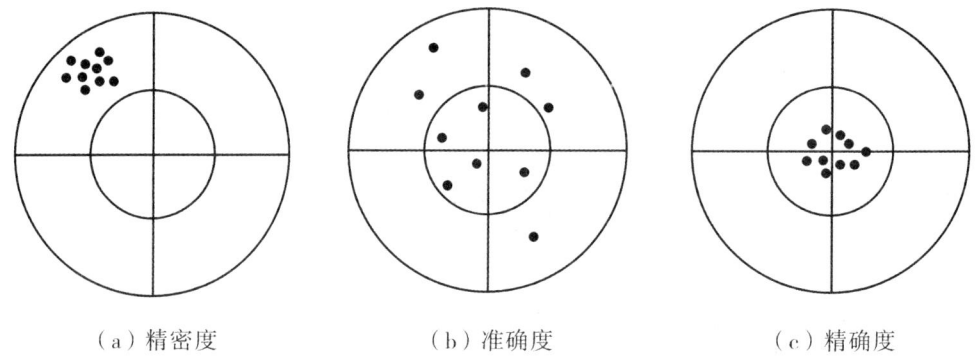

(a) 精密度　　　　　　(b) 准确度　　　　　　(c) 精确度

图 1-3　测量的精密度、准确度和精确度图示

在图(1-3)中(a)图表示子弹比较集中,但都偏离靶心,说明射击的精密度高,但准确度较低;(b)图表示子弹比较分散,但是它们的中心位置比较接近靶心,说明射击的准确度高,但精密度较低;(c)图表示子弹比较集中且中心位置接近靶心,说明射击的精密度和准确度都较高,即精确度较高.

第三节　不确定度和测量结果的表示

与不确定度相关的权威文件是国际标准化组织(ISO)、国际测量局(BIPM)、国际临床医学联合会(IFCC)等七个国际组织 1993 年联合推出的《测量不确定度表示指南 ISO1993(E)》和我国国家标准计量局作出的实验不确定度的规定建议书,实验测量的不确定度表示方法被广泛用于对各类测量结果的评价.因此我们普通物理实验的测量结果也应该用不确定度来表示.

一、不确定度

1. 不确定度的定义

测量不确定度是指由于测量误差的存在而对测量结果有效性的怀疑程度,它是定量说明测量结果的质量的一个参数,**表征合理地赋予被测量之值的分散性与测量结果相联系的参数**.它不同于测量误差,测量误差是被测量的真值与测量值之差,而不确定度则是误差可能数值(或数值可能范围)的测度.

在物理实验中包含了大量的测量,测量结果的质量如何,要用不确定度来说明.在相同置信概率的条件下,不确定度愈小,其测量结果的质量愈高,使用价值也愈高;反之,不确定度愈大,其测量结果的质量愈低,使用价值也愈低.

2. 不确定度的分类

测量不确定度的大小表征测量结果的可信程度.按其数值的来源和评定方法,不确定度可分为统计不确定度和非统计不确定度两类分量.

(1) A 类不确定度分量 $u_A(x)$

由观测列的统计分析评定的不确定度,也称统计不确定度,它的分量用符号 $u_A(x)$ 表示.在实际测量时,一般只能进行有限次测量,这时测量误差不完全服从正态分布规律,而是服从称之为 t 分布(又称学生分布)的规律.这种情况下,对测量误差的估计,就需要修正贝塞尔公式.在相同条件下对同一被测量作 n 次测量,若只计算不确定度 u 的 A 类分量 $u_A(x)$,那么它等于测量值的标准偏差 S_x 乘以因子 $\frac{t_p}{\sqrt{n}}$,即

$$u_A(x) = \frac{t_p}{\sqrt{n}} S_x \tag{15}$$

式中 t_p 是与测量次数 n 及置信概率 p 有关的量.概率 p 及测量次数 n 确定后,t_p 也就确定了,因子 t_p 的值可以从专门的数据表中查得.

表 1-2 $t_p/\sqrt{n}$ 的部分数据($p = 0.95$)

测量次数 n	2	3	4	5	6	7	8	9	10
$t_p/\sqrt{n}$ 的值	8.98	2.48	1.59	1.24	1.05	0.93	0.84	0.77	0.72

普通物理实验测量次数 n 一般小于 10.从表 1-2 知,当 $5 < n \leqslant 10$,$p = 0.95$ 时,因子 $\frac{t_p}{\sqrt{n}}$ 近似取为 1,误差并不很大.这时式(15)可简化为:

$$u_A(x) = S_x \tag{16}$$

有关的计算还表明,在 $5 < n \leqslant 10$ 时,作 $u_A(x) = S_x$ 近似,置信概率近似为 0.95 或更大.所以我们可以这样简化:直接把 S_x 的值当做测量结果的 A 类不确定度分量 $u_A(x)$.当然,测量次数 n 不在上述范围,同时,当要求误差估计比较精确时,要从有关数据表中查出相应的因子 $\frac{t_p}{\sqrt{n}}$ 的值.

(2) B 类不确定度分量 $u_B(x)$

B 类不确定度分量 $u_B(x)$ 是指由非统计方法估计出的不确定度.它主要是由仪器误差引起的,与仪器的误差限有关.实验室常用仪器的误差或误差限值,是生产厂家参照国家标准规定的计量仪表、器具的准确度等级或允许误差范围给出,或由实验室结合具体测量方法和条件简化而约定的,用 $\Delta_仪$ 表示.B 类不确定度分量表示为:

$$u_B(x) = k_p \frac{\Delta_仪}{C} \tag{17}$$

式中 k_p 为一定置信概率下相应分布的置信因子,C 为相应的置信系数.C 值因误差分布不同而异.对于正态分布 $C = 3$;对于均匀分布 $C = \sqrt{3}$.置信概率为 0.68 时,$k_p = 1$;置信概率为 0.95 时,$k_p = 1.96$;置信概率为 0.99 时,$k_p = 3$.在物理实验中,一般取置信概率为 0.95,因此从简约和实用出发,我们统一规定取 $C = \sqrt{3}$,$k_p = 1.96$.则

$$u_B(x) = \frac{1.96}{\sqrt{3}}\Delta_{仪} \approx \Delta_{仪} \tag{18}$$

3. 不确定度的合成

置信概率为 0.68 时的不确定度为标准不确定度,其他置信概率对应的不确定度称为扩展不确定度 u_x,也称总不确定度. 不确定度 u_x 包含两类分量 $u_A(x)$ 和 $u_B(x)$,因此扩展不确定度应由这两类分量合成,满足如下公式

$$u_x = \sqrt{u_A^2 + u_B^2} \tag{19}$$

由公式(15)和(18)得

$$u_x = \sqrt{u_A^2 + u_B^2} = \sqrt{\left(\frac{t_p}{\sqrt{n}}S_x\right)^2 + (\Delta_{仪})^2} \tag{20}$$

当测量次数 n 符合 $5 < n \leqslant 10$ 条件时,上式可简化为

$$u_x = \sqrt{S_x^2 + \Delta_{仪}^2} \tag{21}$$

式(21)是今后实验中估算不确定度经常要用的公式,希望能够记住.

二、测量结果的评价

1. 直接测量结果的表达形式

完整的测量结果应给出被测量的测量值 $\bar{x}$,同时还要标出测量的不确定度 u_x 和单位. 写成

$$x = \bar{x} \pm u_x, \quad E = \frac{u_x}{\bar{x}} \times 100\% \tag{22}$$

它表示测量的真值落在区间 $(\bar{x} - u_x, \bar{x} + u_x)$ 中的可能性很大,或者说该区间以一定的置信概率包含真值.

2. 直接测量结果的评价

在相同条件下对被测量作多次直接测量时,其随机误差用式(5)来计算,原则上我们应该用式(21)来计算总不确定度. 如果 $S_x < u_B/3$,或估计出的 A 类分量对实验最后结果的影响甚小,则可简单地用 B 类分量表示总不确定度 u_x. 对于单次测量,不确定度的 A 类分量虽然存在,但不能用式(5)来表示,它的值比 $\Delta_{仪}$ 小很多. 因此,我们不考虑 A 类分量,只考虑 B 类分量. 当实验中只要求测量一次时,不确定度取 B 类分量的值并不说明只测一次比测多次时的不确定度的值小,只说明用 B 类分量和用式(5)估算出的结果相差不大,或者说明整个实验中对该被测量不确定度的估算要求能够放宽或必须放宽. 测量次数 n 增加时,用式(21)估算出的不确定度一般变化不大,但真值落在 $x = \bar{x} \pm u_x$ 范围内的概率却更接近 100%,这说明 n 增加时真值所处的量值范围实际上更小,因而测量结果更准确了.

例1. 用游标卡尺测长度 L

一般为单次测量,因此不计 u_A,而游标卡尺的仪器误差限是其最小分度值($\Delta_{仪} = 0.02$mm),误差服从均匀分布,在置信概率为 0.95 的条件下,有

$$u_L = u_B = \Delta_{仪} = 0.02\text{mm}$$

例 2. 用毫米尺测长度

用毫米尺测量时,其误差主要来源于尺刻度的不准和读数不准. 取 $\Delta_{仪} = 0.5\text{mm}$,则

$$u_B = \Delta_{仪} = 0.5\text{mm}$$

例 3. 用天平测物体的质量

用天平测质量时,天平的最小分度值(若为 0.05g)作为仪器误差限 $\Delta_{仪}$,则

$$u_B = \Delta_{仪} = 0.05\text{g}$$

例 4. 时间的测量

用秒表测量时间时,不确定度由操作误差和秒表本身的误差构成. 对于后者,若取 $\Delta_{仪} = 0.1\text{s}$,则

$$u_B = \Delta_{仪} = 0.1\text{s}$$

用光电计时器(毫秒计)测量时,其误差服从均匀分布,仪器误差限 $\Delta_{仪} = 0.001\text{s}$,则

$$u_B = \Delta_{仪} = 0.001\text{s}$$

例 5. 用安培表测电流 I

磁电式仪表的测量误差主要是由电表结构上的缺陷造成的,其测量误差限取决于电表的准确度等级 α 和使用的量程 A_m. 其误差分布较复杂,对于单次测量不考虑 u_A,则

$$u_I = \Delta_{仪} = A_m \times \alpha\%.$$

例如电路中电流值约为 2.5A 时,分别用量程为 3A 和 30A、准确度等级均为 0.5 级的电流表进行测量,则相应的电表对应的不确定度分别为:

$$u_I = 3 \times 0.5\% = 0.015(\text{A}); u'_I = 30 \times 0.5\% = 0.15(\text{A})$$

由此可知,量程越大不确定度越高,不确定度与待测量值的大小无关,不随电表的示值而变. 正因为如此,在实验中选择电表时,不仅要考虑电表的准确度等级,还要考虑量程的大小. 测量时,一般应使示值接近量程的 2/3.

3. 间接测量结果的评价

对于间接测量,设被测量 N 与 m 个直接被测量 $x_1, x_2 \cdots x_m$ 之间具有一定的函数关系,它们的关系可以表示为 $N = y(x_1, x_2 \cdots x_m)$,令 x_i 的不确定度为 u_{x_i},则 N 的合成不确定度 u_N 为

$$u_N = \sqrt{\left(\frac{\partial y}{\partial x_1}\right)^2 u_{x_1}^2 + \left(\frac{\partial y}{\partial x_2}\right)^2 u_{x_2}^2 + \cdots + \left(\frac{\partial y}{\partial x_m}\right)^2 u_{x_m}^2} \tag{23}$$

则 N 的相对合成不确定度 E_N 为

$$E_N = \frac{u_N}{\overline{N}} = \sqrt{\left(\frac{\partial \ln y}{\partial x_1}\right)^2 u_{x_1}^2 + \left(\frac{\partial \ln y}{\partial x_2}\right)^2 u_{x_2}^2 + \cdots + \left(\frac{\partial \ln y}{\partial x_m}\right)^2 u_{x_m}^2} \tag{24}$$

其中 $\overline{N} = y(\overline{x}_1, \overline{x}_2 \cdots \overline{x}_m)$,(23)、(24) 两式称为间接测量不确定度的传递公式. 式(23)适用于 N 是和差形式的函数,式(24)适用于 N 是积商形式的函数. 实际使用时要注意各直接测量值的不确定度应有相同的置信概率,并且一般只取一位有效数字.

完整的间接测量结果可写成:

$$N = \overline{N} \pm u_N, E_N = \frac{u_N}{\overline{N}} \times 100\% \tag{25}$$

表 1-3 一些常用函数的不确定度传递公式

函数形式	不确定度的传递公式
$N = x \pm y$	$u_N = \sqrt{u_x^2 + u_y^2}$
$N = x \cdot y$ 或 $N = \dfrac{x}{y}$	$E_N = \dfrac{u_N}{\overline{N}} = \sqrt{\left(\dfrac{u_x}{\overline{x}}\right)^2 + \left(\dfrac{u_y}{\overline{y}}\right)^2}$
$N = ax$	$u_N = au_x$
$N = \dfrac{x^l \cdot y^m}{z^n}$	$E_N = \dfrac{u_N}{\overline{N}} = \sqrt{l^2\left(\dfrac{u_x}{\overline{x}}\right)^2 + m^2\left(\dfrac{u_y}{\overline{y}}\right)^2 + n^2\left(\dfrac{u_z}{\overline{z}}\right)^2}$
$N = \sin x$	$u_N = |\cos \overline{x}| u_x$
$N = \ln x$	$u_N = \dfrac{u_x}{\overline{x}}$

例 6. 已知某金属环的外径 $D_2 = (3.600 \pm 0.004)$cm,内径 $D_1 = (2.880 \pm 0.004)$cm,高 $h = (2.575 \pm 0.004)$cm,求环的体积 V 及其不确定度 u_V.

解:环的体积为

$$\overline{V} = \frac{\pi}{4}(\overline{D}_2^2 - \overline{D}_1^2)\overline{h} = \frac{\pi}{4} \times (3.600^2 - 2.880^2) \times 2.575 = 9.436 \text{cm}^3$$

环体积的对数及其偏导数为

$$\ln V = \frac{\pi}{4} + \ln(D_2^2 - D_1^2) + \ln h$$

$$\frac{\partial \ln V}{\partial D_2} = \frac{2D_2}{D_2^2 - D_1^2}, \frac{\partial \ln V}{\partial D_1} = \frac{2D_1}{D_2^2 - D_1^2}, \frac{\partial \ln V}{\partial h} = \frac{1}{h}$$

代入积商形式的合成公式(24),则有

$$\left(\frac{u_V}{\overline{V}}\right)^2 = \left(\frac{2\overline{D}_2}{\overline{D}_2^2 - \overline{D}_1^2}\right)^2 (u_{D_2})^2 + \left(\frac{2\overline{D}_1}{\overline{D}_2^2 - \overline{D}_1^2}\right)^2 (u_{D_1})^2 + \left(\frac{1}{\overline{h}}\right)^2 (u_h)^2$$

$$= \left(\frac{2 \times 3.600 \times 0.004}{3.600^2 - 2.880^2}\right)^2 + \left(\frac{2 \times 2.880 \times 0.004}{3.600^2 - 2.880^2}\right)^2 + \left(\frac{1 \times 0.004}{2.575}\right)^2$$

$$= (38.1 + 24.4 + 2.4) \times 10^{-6} = 64.9 \times 10^{-6}$$

$$\frac{u_V}{\overline{V}} = \sqrt{64.9 \times 10^{-6}} = 0.0081 = 0.81\%$$

$$u_V = 0.81\% \times V = 0.0081 \times 9.436 \approx 0.08 \text{cm}^3$$

因此环体积为

$$V = \overline{V} \pm u_V = 9.44 \pm 0.08 \text{cm}^3$$

第四节 有效数字及其运算法则

由于测量误差的存在,任何测量都具有确定的精确度.因此,一个物理量的测量或运算结果小数点后数字的位数都不应无限制地写下去.在一般情况下测量值能准确到哪一位?从哪一位开始有误差?在数据处理的计算中应该用几位数字表示运算结果才比较合理?怎样才能做到既不低估又不夸大实际测量的精确度?这是实验数据处理的重要问题,为此我们引入了有效数字的概念.

一、有效数字的概念

1. 有效数字的组成

在实验中我们所测得的被测量的测量结果都是含有误差的数值,对这些数值的尾数不能任意取舍,否则影响测量的精确度.所以在记录数据、计算以及书写测量结果时,应写出几位数字有严格的要求,要根据测量误差或实验结果的不确定度来确定.例如,用米尺测量 AB 的长度,如图(1-4)所示.待测物 A 端与零点对齐,而 B 端则落在 11 与 12mm 之间,因此,读数的准确数字应为 11mm,根据读数规则,其超出整刻度部分应进行估读,因 B 端约对应 11 至 12mm 间一个分度值的 3/10,故可将 AB 的长度记为 11.3mm. 显然"3"是估计数字,无法确定是否准确,但它却在一定程度上反映了客观实际,表明 AB 的长度可能在 11.2～11.4mm 之间的某一数值. 由于观测者的分辨能力存在差别,在估计读数中可能会产生 ±0.1mm 的误差.

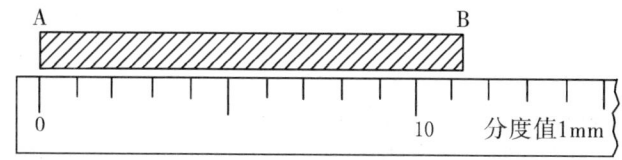

图 1-4 以米尺测长度

正确、有效地表示测量和运算结果的数字称为有效数字. 一般来说,有效数字是由准确数字和存疑数字组成.测量数据中的存疑数字一般只取一位(特殊情况下也可取两位,这是由测量结果的不确定度来确定的).

有效数字的个数称为有效数字的位. 例如,11.3mm 是三位有效数字. 有效数字的多少,表示了测量所能达到的准确程度,这与所用的测量工具有关. 即当被测物理量和测量仪器选定后,测量值的有效数字位数就已经确定了.

2. 仪器的读数规则

测量就要从仪器上读数,读数包括仪器上指示的全部确定的数字和能够估计出来的数字.在测量中,有一些仪器读数是需要估读的,如米尺、螺旋测微计、指针式电表等.在读数时,可以将估读位读到最小刻度值的 1/2 到 1/10. 对于分度式的仪表,读数要到最小分度的 1/10,例如分度是 1mm 的尺,测量时一定要估测到 0.1mm 那一位;最小分度是 0.01A 的安培计,测量时一定要估测到 0.001A 那一位.但有的指针式仪表,它的分度较窄,而指针较宽(大于分度的 1/5),这时要读到最小分度的 1/10 有困难,可以读到最小分度的 1/5 甚至 1/2.

3. 与有效数字概念有关的几个问题

(1) 测量值不同于数学上的纯数,它既包含物理量的大小,也包含测量的精度.例如,数学上的 1.56 不等于测量值 1.560. 因此说一切测量值必须以有效数字来表示,当测量值与仪器整刻度对齐时,其应有的估计数字"0"不得随意舍弃.

(2) 由有效数字的组成可知,测量结果的有效数字的位数,最终将取决于测量误差的大小,应遵从与误差末位取齐的原则.同一物理量,测量误差小时,有效数字位数多;测量误差较大时,则有效数字位数少.按照误差取位的规定,当测量误差取一位时,用以表示测量结果的数字均为有效数字;而当测量误差取两位时,测量结果的末位数字称为参考数字.例如:$x = (3.010 \pm 0.024)$cm,其中末位的"0"即为参考数字,可将上述结果说成有效数字三位.

(3) 在十进制单位中,有效数字的位数与单位变换无关,即与小数点的位置无关.如 $l = 11.3$mm $= 1.13$cm $= 0.0113$m $= 0.0000113$km 均为三位有效数字,由此也可看出:用以表示小数点位置的"0"不是有效数字,或者从第一位非零数字算起的数字才是有效数字.在非十进制单位中,测量结果进行单位变换时要以误差来确定有效数字的位数.如 $t = (1.5600 \pm 0.0048)$s $= (0.02600 \pm 0.00008)$min.

(4) 当测量的数量级很大,不易表示出有效数字的位数,或数量级较小易造成不必要的书写麻烦时,常采用科学计数法,即以 $a \times 10^n$ 表示.其中 a 在任何情况下均可准确地表示出测量结果的有效数字位数,其数量级必须是个位数(即其小数点前只保留一位有效数字);10^n 用以表示测量结果的数量级,有时则可以把它归为十进制的单位中去.例如:$l = 1.13 \times 10^4 \mu$m $= 1.13 \times 10^{-5}$km;$t = (2.600 \pm 0.008) \times 10^{-2}$min 等.

(5) 常数,如:$2, 1/2, 2^{1/2}, \pi$ 及 e 等的有效数字位数可以认为是无限的.

二、有效数字的运算法则

有效数字在进行运算时,应使结果具有足够的有效数字,不能少算,也不能多算,少算了会带来附加误差,降低了结果的准确程度;多算了也不会减小误差.因此有必要在有效数字运算总法则的指导下推出各种运算中具体依据的法则.

1. 有效数值的修约规则

运算后的数值只保留有效数字,其他数字应舍去,要舍弃的数字的第一位应按如下修约规则处理.

(1) 开始要舍去的第一位是 1,2,3,4 时就舍去;是 6,7,8,9 时,在舍去的同时要进 1.

例:将下列数保留四位有效数字
2.14346 → 2.143
2.14372 → 2.144

(2) 要舍去的一位是 5,而要保留的最后一位为奇数,则舍去 5 进 1;如果要保留的最后的一位是偶数则舍去 5 不进 1,但是如果 5 后跟有非全部为 0 的数字时仍然要进位.

例:将下列数保留四位有效数字
2.14350 → 2.144
2.14450 → 2.144
2.14451 → 2.145
2.144501 → 2.145

(3) 负数修约时,先将它的绝对值按上述(1)、(2)规定进行修约,然后在修约值前加上负号.

以上对有效数字的修约规则可以归纳为一句话:"**四舍、大于五入、逢五凑偶**". 对仪器误差限、标准差及不确定度的最后结果,在去掉多余位时,一般只入不舍. 如计算不确定度时计算数据为 0.0316,取一位有效数字时为 0.04.

2. 有效数字的四则运算法则

(1) 加减运算:由误差传递公式可知,和或差的绝对误差总是大于或至少约等于最大的分误差. 所以,加减运算对应以末位最高的那个数据的尾数为准,运算过程中其余各量的尾数均比它再低一位,结果的尾数则与它取齐. 简记为:加减运算采取"尾数取齐"的法则.

例 1. 已知 $\omega = a+b+c-d$,且 $a = 38.206, b = 13.248, c = 161.2, d = 1.3242$,求 ω.

解:显然,a, b, c, d 中,c 的绝对误差最大,且知其尾数在十分位,计算时均将其余三数保留至百分位即可,于是有:

$$\omega = 38.21 + 13.25 + 161.2 - 1.32 = 211.34 = 211.3$$

若以计算器计算. 其他数据均不舍入,亦可得到同样结果:$\omega = 211.3298 = 211.3$

(2) 乘除运算:由误差传递公式可知,乘除法的相对误差总是大于或至少等于各分量中最大的相对误差,而测量值相对误差的大小大体上可以决定测量值的有效数字位数. 因此,乘除运算时以各测量值中有效数字位数最少的为准,运算过程中其余各量的位数均比它多一位,运算结果则可与它保留相同位数,或多保留一位. 考虑到绝对误差首数小于 3 时取两位的规定,加之相对误差与有效数字位数的对应关系是大体上的,并不十分确定,因此,为慎重起见,我们规定:乘除运算的结果应比参与运算的分量中有效数字位数少的测量值多取一位. 把它简记为"多取一位"的法则. 最后再与误差的尾数取齐.

例 2. 已知 $\omega = ab/c$,且 $a = 562.312, b = 1.21, c = 232.23$,求 ω.

解:a, b, c 三数中,b 的位数最少,为三位,因此,a 及 c 在运算时均可取四位,即:$\omega = 562.3 \times 1.21/232.2 = 680.4/232.2 = 2.930$

(3) 四则混合运算则应按照运算顺序,先确定括号内计算结果的位数(包括繁分数的分子或分母),然后确定乘、除运算结果的位数,最后确定括号外加、减运算结果的位数.

3. 有效数字的函数运算法则

对于三角函数、开方运算、对数函数及指数函数等初等函数运算,一般必须先根据误差传递公式求出误差,然后由误差大小决定运算结果的有效数字位数. 现举例说明如下:

(1) 三角函数

例 3. 已知 $w = \sin x$,且 $x = 18°30' \pm 10'$,求 w.

解:$\because \Delta w = \cos x \cdot \Delta x = 0.94832 \times 0.0029 = 0.0028$

$\therefore w = \sin 18°30' = 0.31730 = 0.3173$

由误差可知 w 应取三位有效数字,并保留一个参考位.

(2) 开方运算

例4. 已知 $w = x^{1/n}$，且 $x = 8.35 \pm 0.05, n = 12$ 为常数，求 w.

解：$\because \Delta w = \dfrac{x^{1/(n-1)}}{n} \cdot \Delta x = \dfrac{8.35^{\frac{1}{12-1}}}{12} \cdot 0.05 = 0.0006$

$\therefore w = 8.35^{1/12} = 1.19346 = 1.1935$，可见 w 应取五位有效数字.

(3) 对数函数

由误差传递公式可以推知，x 的对数 $\ln x$ 或 $\lg x$ 的有效数字位数可以这样确定：其小数点以后所保留的位数应与 x 的有效数字位数相同或多一位. 例如：$\ln 85.2 = 4.445$，小数点后三位，有效数字四位；$\lg 9.6 = 0.982$，小数点后三位（比 9.6 多一位），有效数字亦三位.

(4) 指数函数

由误差传递公式可知，指数函数 e^x 及 10^x 的有效数字位数可以这样确定：当把运算结果写成科学表达式时，a 的尾数与 x 的尾数取齐即可. 例如：$e^{0.00215} = 1.00818; 10^{3.16} = 1.45 \times 10^5$ 等.

有效数字运算中应注意的事项：

① 物理公式中有些数值，不是由实验测量出的，例如，圆柱体的体积公式 $V = \dfrac{1}{4}\pi d^2 l$ 中的 1/4 不是测量值，在确定 V 的有效数字位数时不必考虑 1/4 的位数.

② 一切近似常数（如：$\sqrt{2}, 1/3, \pi, e$ 等）与测量值一起运算时，为了防止引入计算误差，一般应比测量值多取 1～2 位数字.

③ 首位是 8 或 9 的 m 位数值的相对误差和首位数是 1 的 $m+1$ 位数值的相对误差相似，因此在乘、除运算中，计算有效数字位数时，对首位数是 8 或 9 的可多算一位.

例如，$9.81 \times 16.24 = 159.3$，按 9.81 是三位有效数字，结果应取 159，但因为 9.81 的首位数是 9，可将 9.81 算作 4 位数，所以结果取 159.3.

④ 有多个数值参加运算时，在运算中应比有效数字运算规则规定的多保留一位，以防止由于多次取舍引入计算误差，但最后结果仍应按有效数字运算规则求舍. 例如：

$3.144 \times (3.615^2 - 2.684^2) \times 12.39$
$= 3.144 \times (13.068 - 7.2039) \times 12.39$
$= 3.144 \times 5.864 \times 12.39$
$= 228.43$

第五节　实验数据的处理方法

在做完实验后，我们需要对实验中测量的数据进行计算、分析和整理，进行去粗取精、去伪存真的工作，从中得到最终的结论和找出实验的规律，这一过程称为数据处理. 数据处理是实验的重要组成部分，它贯穿于物理实验的始终，与实验操作、误差分析及结果评定形成一个有机的整体. 因此提高数据处理的能力，掌握数据处理的基本方法，对提高实验能力至关重要. 下面介绍实验数据处理常用的几种方法.

一、列表法

列表法就是将实验中测量的数据、计算过程中的数据和最终结果等以一定的形式和顺序列成表格.列表法的优点是结构紧凑、条目清晰,可以简明地表示出有关物理量之间的对应关系,便于分析比较、便于随时检查错误,易于寻找物理量之间的相互关系和变化规律.同时数据列表也是图示法、解析法等数据处理方法的数值基础.

列表的要求:

(1) 设计表格时要注意数据间的联系、计算顺序,还要注意数据处理的要求及所采用的计算工具,应做到有条理、较齐备且表述简明,便于看出各相关量之间的关系,便于处理数据.

(2) 物理量的单位统一写在物理量名称或其代表符号的栏目内,不应写在每个测量数据之后.若表内单位一致,则可在表格上方统一标出表中单位,或注明所采用的单位制,但表内数据一定要与该单位制相符.

(3) 表中记录的数据必须忠实于原始测量结果、符合相关标准和规则.不一定把所有数据都列入一个表格内,表格内主要包括测得的原始数据及计算过程中的一些中间结果和最终结果.与其他量关系不大的个别数据可以不列入表格,而写在表格的顶端或下方.

(4) 在表的上方应当写出表的内容(即表名).

(5) 表中数据书写应注意整齐统一.同一列的数据,可只在第一行写出全部数据,下面则只写出不重复数位,尤其当有效数字位数较多、测量数据较多的情况下更应如此.

二、图示法

图示法就是在专用的坐标纸上将实验数据之间的对应关系描绘成图线.通过图线可直观、形象地将物理量之间的对应关系清楚地表示出来,它能较好地反映这些物理量之间的变化规律.而且图线具有连续性,通过内插、外延等方法可以找出它们之间对应的函数关系,求得经验公式,探求物理量之间的变化规律;通过作图还可以帮助我们发现测量中的失误、不足与"坏值",指导进一步的实验和测量.用图线定量地描述实验结果是工程师和科学工作者最感兴趣的实验结果表达形式之一.

函数图像可以直接由函数(图示)记录仪、示波器(加上摄影记录)或计算机屏幕(打印机)画出.但在物理教学实验中,更多的是由列表所得的数值在坐标纸上画成.为了保证实验的图线达到"直观、简明、清晰、方便",而且准确度符合原始数据,由列表转而画成图线时,应遵从如下的步骤及要求:

1. 图纸选择

依据物理量变化的特点和参数,先确定选用合适的坐标纸,如直角坐标纸、双对数坐标纸、单对数坐标纸、极坐标纸以及其他类型坐标纸.原则上数据中的可靠数字在图中也应可靠,数据中的可疑位在图中应是估计的,使从图中读到的有效数字位数与测量的读数相当.例如,作电阻 $R(\Omega)$ 与温度 $T(℃)$ 的图时,可以选用直角坐标纸或单对数坐标纸作图.选择何种坐标纸要看需要,若要求从任一温度值得到对应的电阻值或某点的电阻温度系数,则用直角坐标纸较为合适;若要计算半导体热敏电阻 $R_T = Ae^{\frac{B}{T}}$ 中的常数 A 和 B,则用单对数坐标纸较为合适.

2. 定标与分度

合理选轴、正确分度,是一张图作得好坏的关键,在习惯上常将自变量作横坐标轴(x 轴),因变量作纵坐标轴(y 轴).在两个变化的物理量中,究竟谁为自变量或因变量,应根据实验方法和数据特性来判断. 例如,在上例中,我们可取温度 T 为 x 轴,电阻 R 为 y 轴. 当坐标轴确定后,应当注明该轴所代表的物理量名称的单位,还要在轴上均匀地标明该物理量的坐标分度,在标注坐标分度时应注意:

(1) 分度应使每个点的坐标值都能迅速、方便地读出. 一般用一大格(1cm)代表1,2,5,10个单位,这样不仅标点和读数都比较方便,而且也不容易出错.

(2) 坐标的分度不一定从零开始,可以用低于原始数据最小值的某一个整数作为坐标分度的起点,用高于测量数据的最大值的某一整数作为终点,两轴的比例可以不同. 这样,图线可充满所选用的图纸.

3. 描点

根据数表列的测量值,在坐标系内用削细的铅笔逐个描上"×"或其他准确清晰的标志. 若在同一张图上要标志几条不同的曲线,为区别不同的函数关系的点,可以用不同的符号作出标记,如用"○"、"+"…… 以示区别,并在适当的位置上注明各符号代表的物理量. 注意,在描点时,交叉或中心点应是数据的最佳值.

4. 联线

依照数据点体现的函数关系的总规律和测量要求,确定用何种曲线. 若校准电表,采用折线联接每个测量点,而在大多数情况下,物理量在某一范围内连续变化,故采用光滑的直线或曲线. 该曲线应尽可能通过或接近大多数测量数据点,并使数据点尽可能均匀、对称地分布在曲线的两侧. 对于个别大于 3σ 的"错值"或"坏值"可以舍去.

5. 曲线的内插与外延

在有经验、有把握的情况下,可以将实验所得的图线向着本次实验数据范围以外的区域(按原有的规律)延伸并且用虚线画出,以区别范围内的图线. 如图1-5所示.

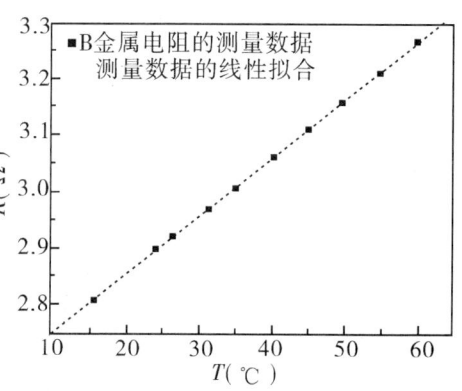

图1-5 曲线的外延和内插

值得注意的是实验图线不能随意延伸,不能认为在某范围内得到的规律就可以通用于另一范围. 例如金属的电阻,温度关系在极低温度和高温下并不是线性的,因此不能把室温下测量的结果任意延伸到极低温和高温区域. 任意延伸不但有违背实验规律、出现错误的风险,而且这样做本身也不符合实事求是的实验要求.

6. 坐标变换

某些函数关系是非线性的,不仅曲线不易画准确,而且也难以从曲线上得到物理量之间的函数关系. 若能通过坐标变换,使曲线变成直线,既降低了作图的难度,更重要的是便于寻找物理量之间的函数关系,获得经验公式. 还以半导体的温度曲线为例,将 y 轴 $R_T(\Omega)$ 变化为 $\ln R_T(\Omega)$,将 x 轴的 $T(℃)$ 变换为 $T^{-1}(K^{-1})$ 作图,$\ln R_T(\Omega) - T^{-1}(K^{-1})$ 曲线为一直线(如图1-6所示).

7. 标写图名

在图的下方书写上完整的图名,一般是将纵坐标所代表的物理量写在前面,横轴所代表的物理量写在后面. 必要时,还应在图的下方或其他空白处,注明实验条件或其他相关内容,做出简要的说明.

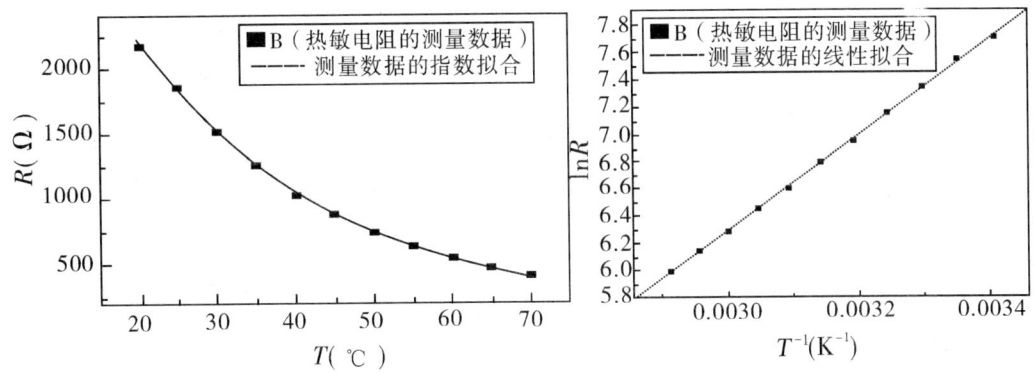

(a) 热敏电阻的 $R_T(\Omega)-T$ 曲线　(b) 热敏电阻的 $\ln R_T(\Omega)-T^{-1}(K^{-1})$ 曲线

图 1-6

三、图解法

利用图示法得到物理量之间的关系图线,采用解析方法得到与图线所对应的函数关系——经验公式的方法称为图解法.在物理实验中,经常遇到的图线是直线、抛物线、双曲线、指数曲线和对数曲线等,下面我们对以上各种情况分别进行讨论.

1. 线性方程

设直线方程 $y=ax+b$,在直角坐标纸上 y 轴为纵轴,则 a 为此直线的斜率,b 为直线在 y 轴上的截距.要建立经验公式,则需求出 a 和 b.

(1) 求斜率 a:首先在画好的直线上任取两点,但不要相距太近,一般取靠近直线的两端 $P_1(x_1,y_1),P_2(x_2,y_2)$,其 x 坐标最好取整数.于是得出

$$a=\frac{y_2-y_1}{x_2-x_1} \tag{26}$$

(2) 求截距 b:如果 x 轴的零点刚好在坐标原点,则可直接从图线上读取截距 $b=y$;否则可将直线上选出的点如 $(x_1,y_1),(x_2,y_2)$ 和斜率 a 代入方程,求得

$$b=y_2-(\frac{y_2-y_1}{x_2-x_1})x_2 \tag{27}$$

2. 非线性方程

要想直接建立非线性方程的经验公式,往往是困难的.但是,直线是我们可以最精确绘制出的图线,这样就可以用变量替换法把非线性方程改为线性方程,再利用建立线性方程的办法来求解,求出未知常量,最后将确定了的未知常量代入原函数关系式中,即可得到非线性函数的经验公式(见表 1-4).

表 1-4　常见的非线性函数变换为线性关系表

原函数关系		变换后的函数关系		
方程式	求知常量	方程式	斜率	截距
$y=ax^b$	a,b	$\log y=b\log x+\log a$	b	$\log a$
$x\cdot y=a$	a	$y=a\cdot\frac{1}{x}$	a	0
$y=ae^{-bx}$	a,b	$\ln y=-bx+\ln a$	$-b$	$\ln a$
$y=ab^x$	a,b	$\log y=(\log b)x+\log a$	$\log b$	$\log a$

四、逐差法

1. 运用条件

(1) 对于函数 y 与自变量 x 成线性关系：$y = a_0 + a_1 x$，或可以写成 x 的多项式形式如：$y = a_0 - a_1 x - a_2 x^2$ 或已经线性化的非线性函数如：$\ln y = \ln a + (\ln b) \cdot x$，均可以通过逐差的方法检验函数关系、求出关系式中的系数，即物理量的值.

(2) 运用逐差法时要求人为地选择自变量 x 使之作等差变化.

2. 基本作法

(1) 逐项相差

为验证 y 和 x 是否成线性关系，可以等差地改变自变量 x，进行多次测量，得出相应的 y 值，若满足线性关系，则可得到如下几个方程

$$\left. \begin{array}{l} y_1 = a_0 + a_1 x_1 \\ y_2 = a_0 + a_1 x_2 \\ \cdots \\ y_{n-1} = a_0 + a_1 x_{n-1} \\ y_n = a_0 + a_1 x_n \end{array} \right\} \quad (28)$$

这种线性方程组中，只有两个未知数（a_0 及 a_1），方程的个数 n 大于或远大于未知数的个数，类似这种的测量称为符合测量.

按 y_n 和 y_{n-1}，y_{n-1} 和 y_{n-2}，$\cdots$，y_2 和 y_1 逐个相减后可得下述 $(n-1)$ 个方程：

$$\left. \begin{array}{l} \delta_{y_1} \equiv y_2 - y_1 = a_1(x_2 - x_1) \equiv a_1 \delta_{x_1} \\ \delta_{y_2} \equiv y_3 - y_2 = a_1(x_3 - x_2) \equiv a_1 \delta_{x_2} \\ \cdots \\ \delta_{y_{n-1}} \equiv y_n - y_{n-1} = a_1(x_n - x_{n-1}) \equiv a_1 \delta_{x_{n-1}} \end{array} \right\} \quad (29)$$

因实验中选定 $\delta_{x_1} = \delta_{x_2} = \cdots = \delta_{x_{n-1}} \equiv \delta_x$，所以，若(29)式左端，即 $\delta_{y_1}, \delta_{y_2}, \cdots, \delta_{y_{n-1}}$ 在实验误差范围内为"恒量"，则证明 y 与 x 成线性关系.

但是，由于对(29)中诸式求平均时有：

$$\bar{\delta}_y = \sum_{i=1}^{n-1} \delta_{y_i}/(n-1) = (y_n - y_1)/(n-1)$$

$$\bar{\delta}_x = \sum_{i=1}^{n-1} \delta_{x_i}/(n-1) = (x_n - x_1)/(n-1)$$

所以，$a_1 = \dfrac{\bar{\delta}_y}{\bar{\delta}_x} = (y_n - y_1)/(x_n - x_1)$. 可见，中间 $(n-2)$ 组数据均未用上. 因此，以逐项相差求斜率 a_1 及截距 a_0 的方法达不到多次测量取平均的目的. 这只能局限于验证 y 和 x 之间的函数关系.

(2) 隔项相差

为了充分利用全部测量数据，减小所求系数 a_1 及 a_0 的测量误差，令测量次数 $n = 2l$，(28)式变为如下的 $2l$ 个方程：

$$\left.\begin{array}{c} y_1 = a_0 + a_1 x_1 \\ \cdots \\ y_i = a_0 + a_1 x_i \\ \cdots \\ y_l = a_0 + a_1 x_l \\ y_{l+1} = a_0 + a_1 x_{l+1} \\ \cdots \\ y_{l+i} = a_0 + a_1 x_{l+i} \\ \cdots \\ y_{2l} = a_0 + a_1 x_{2l} \end{array}\right\}(2l \equiv n) \qquad (30)$$

将(30)式表述的方程平均分为两组,然后依前后两组的顺序,对应相减求差如 y_1 和 y_{l+1},y_i 和 y_{l+i} 等,这种隔项相差方法称为逐差法.求差后有

$$\delta_{y_i} \equiv y_{l+i} - y_i = a_1(x_{l+i} - x_i) \equiv a_1 \delta_{x_i} (i = 1, 2, \cdots, l) \qquad (31)$$

(31)式中,对每一个 δ_{y_i} 和 δ_{x_i} 可求出一个 a_1,对 l 个 a_1 求平均 $\bar{a}_1$,即对(31)式所表述的 l 个方程求和后再除以 l 得

$$\bar{a}_1 = \frac{\overline{\delta_{y_i}}}{\overline{\delta_{x_i}}} = \left[\sum_{i=1}^{l}(y_{l+i} - y_i)/l\right] / \left[\sum_{i=1}^{l}(x_{l+i} - x_i)/l\right] \qquad (32)$$

(32)式即为逐差法求斜率的计算公式.因为 $\delta_x = \delta_{x_i} \equiv \delta_x$ 为等差值,故不存在随机误差.当 δ_x 为常数时,由(32)式的误差传递公式可求出斜率的测量误差,即

$$\sigma_{a_1} = \frac{\sigma_{\delta_y}}{\bar{\delta}_x} \text{ 且 } \sigma_{\delta_y} = \left\{\sum_{i=1}^{l}(\delta_{y_i} - \bar{\delta}_y)^2 / [l(l-1)]\right\}^{1/2} \qquad (33)$$

将 $\bar{a}_1$ 代入(30)式表述的 n 个方程,用同样方法可求出直线的截距 $\bar{a}_0$,即

$$\bar{a}_0 = \bar{y} - \bar{a}_1 \cdot \bar{x} = \left(\sum_{i=1}^{n} y_i - \bar{a}_1 \cdot \sum_{i=1}^{n} x_i\right)/n \qquad (34)$$

由(34)式可见, a_0 与原测量值 (x_i, y_i) 有关,所以,一般情况下不需求出 $\bar{a}_0$.当在特殊情况下,必须求出 a_0 时,可由(34)式求出 $\bar{a}_0$ 的误差传递公式.考虑到每个 y_i 值使用相同仪器均测一次,故可将其误差估计为单次测量的误差,即 $\sigma_{y_i} = \sigma_{仪}$.若仍假定 x_i 不存在误差,则

$$\sigma_{a_0} = (\sigma_{仪}^2 + \bar{x}^2 \sigma_{a_1}^2)^{\frac{1}{2}} \qquad (35)$$

至此,我们用逐差法处理数据求出了 y 与 x 间的定量关系,即得到如下经验公式:

$$y = \bar{a}_0 + \bar{a}_1 x \qquad (36)$$

对于形如 $y = a_0 + a_1 x + a_2 x^2$ 的二次多项式,可再令 $l \equiv 2m$ 进行二次逐差.逐差后,类似上述方法即可按顺序求出 $\bar{a}_2 \to \bar{a}_1 \to \bar{a}_0$.由于这种处理方法得到的结果的误差往往很大,所以,很少使用逐差法求二次多项式中的 a_1 及 a_0.

3. 用逐差法处理数据的优点

(1) 用逐差法处理数据可充分利用多次测量的数据,具有对数据取平均值的效果.

(2) 通过逐差,将 $2l$ 个量值为 δ_x 的变化,转化为 l 个量值为 $l \cdot \delta_x$ 的变化,这不仅可以使测量误差大为减小,而且这种变化量在实际实验中往往是不能实现的.

(3) 通过逐差,可以绕过一些具有定值的物理量(如 a_0),而直接求出实验所需的结果 a_1.

五、最小二乘法

用图解法固然可以求出经验公式、表示出相应的物理规律,但是这种方法求出的有关常数比较粗略,图表的表示往往不如用函数表示更准确,因此,人们希望从实验数据出发通过计算求出经验方程,这称为方程的回归问题.下面介绍一种处理数据的方法——最小二乘法.

1. 相关关系和方程的回归

(1) 相互关联的变量间的关系有两类:① 函数关系——确定的函数关系是指 y 与自变量 x 或 $(x_1, x_2, \cdots, x_n)$ 具有一一对应关系.② 相关关系——变量间虽有关联,但由于多种随机因素的影响,使变量间的联系存在不同程度的不确定性,无一一对应关系;然而从统计的意义上讲,变量间又存在着规律性的联系,即对随机变量 x 的每一个可能的取值,另一随机变量 y 都有一个确定的条件分布.变量间的这种关系称为相关关系.

(2) 相关关系和函数关系之间的联系和相互转化

在一定条件下,如果各种随机因素都一一搞清楚了,相关关系就可以成为某种确定的函数关系;相反,在实际测量中,由于实验误差的存在,一些本来存在函数关系的变量之间又会呈现一定的不确定性,即表现为相关关系;应当指出,函数关系也是一种相关关系.二者之间的联系和相互转化可以由图 1-7 清楚地说明.

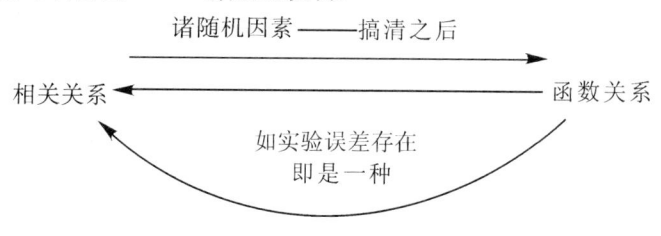

图 1-7 相关关系和函数关系

(3) 方程的回归

所谓方程的回归,即是用最小二乘法求经验方程,它是以数理统计的方法去处理相关关系,找出变量间合适的数学表达式,即以某种函数的形式表示相关关系.它与前述用图解法求直线的斜率和截距,以及用逐差法求经验公式的方法一样,都是利用测量数据进行直线或曲线的拟合寻求变量之间函数关系的一种方法.但是,这种方法是以数理统计为依据,因此在精密度方面优于逐点标绘图解法及逐差法.

欲求回归方程,必须首先确定函数的形式,而函数形式一般应根据理论推断或依实验数据的变化趋势(例如作图)推测.当函数形式被确定之后,方程的回归问题就归结为:依实验数据来确定方程中的待定常数.不仅应求出方程,而且应该清楚变量之间存在这种函数关系的置信概率,若置信概率很小,则说明前述推断或假设不能成立.即,虽求出方程,但变量间并不满足这种函数关系,应该考虑其他的函数关系形式.

2. 用最小二乘法进行一元线性回归

(1) 回归方程系数的确定

一元线性回归方程为:

$$y = a_0 + a_1 x \tag{37}$$

最小二乘法一元线性回归的原理是:若能找到一条最佳的拟合直线,那么各测量值与这条拟合直线上各对应点的值之差的平方和,在所有拟合直线中应是最小的. 利用最小二乘法就是要由一组实验数据 $x_i, y_i (i = 1, 2, \cdots, k)$ 找出一条最佳的拟合直线来,也就是求出回归方程的系数 a_0 和 a_1 的值.

在回归分析中,总是假定:

① 自变量 x_i 没有测量误差,是准确的;
② 因变量 y_i 是通过等精度测量得到的含有随机误差的测得值;
③ 在 y_i 的测得值中,粗大误差和系统误差已被排除.

在实际应用中,要把相对来说误差较小的变量作为自变量,实验过程中不要改变测量方法和条件,如果测量存在粗差,首先进行剔除,存在系统误差要对测得值进行修正. 这样就能满足上述假定的要求.

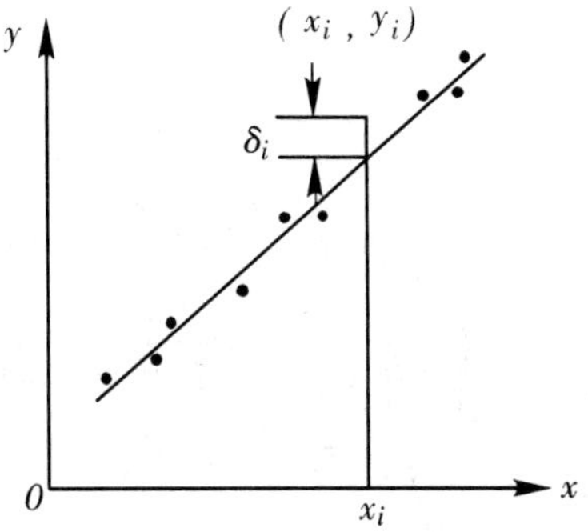

式(37)表示的是一条直线,如图 1-8 所示,由于 y_i 存在的测量误差,实验点不可能全部重合在该直线上. 对于与某个 x_i 相对应的测量值 y_i,与用回归法求得的直线式(37)在 y 方向的偏差为:

$$\delta_i = y_i - y = y_i - (a_0 + a_1 x_i) \tag{38}$$

图 1-8 线性拟合

δ_i 的正负和大小表示实验点在直线两侧的离散程度. δ_i 的值与 a_0 和 a_1 的取值有关. 为使偏差的正值和负值不发生抵消,且考虑到全部实验值的贡献,根据最小二乘法原理,应当计算 $\sum_{i=1}^{k} \delta_i^2$ 的大小. 如果 a_0 和 a_1 的取值使 $\sum_{i=1}^{k} \delta_i^2$ 最小,将 a_0 和 a_1 的值代入式(37),就得到这组测量数据所拟合的最佳直线.

由式(38)得

$$\sum_{i=1}^{k} \delta_i^2 = \sum_{i=1}^{k} (y_i - a_0 - a_1 x_i)^2 \tag{39}$$

为求其最小值,把式(39)分别对 a_0 和 a_1 求一阶偏导数,并令其等于零,即

$$\left. \begin{array}{l} \dfrac{\partial}{\partial a_0} \left(\sum_{i=1}^{k} \delta_i^2 \right) = -2 \sum_{i=1}^{k} (y_i - a_0 - a_1 x_i) = 0 \\ \dfrac{\partial}{\partial a_1} \left(\sum_{i=1}^{k} \delta_i^2 \right) = -2 \sum_{i=1}^{k} (y_i - a_0 - a_1 x_i) x_i = 0 \end{array} \right\} \tag{40}$$

整理后写成:

$$\left. \begin{array}{l} \overline{x} a_1 + a_0 = \overline{y} \\ \overline{x^2} a_1 + \overline{x} a_0 = \overline{xy} \end{array} \right\} \tag{41}$$

式(41)中

$$\left.\begin{array}{l}\overline{x}=\dfrac{1}{k}\sum_{i=1}^{k}x_{i}\\[4pt]\overline{y}=\dfrac{1}{k}\sum_{i=1}^{k}y_{i}\\[4pt]\overline{x^{2}}=\dfrac{1}{k}\sum_{i=1}^{k}x_{i}^{2}\\[4pt]\overline{y^{2}}=\dfrac{1}{k}\sum_{i=1}^{k}y_{i}^{2}\end{array}\right\} \tag{42}$$

式(41)的解为

$$a_{1}=\frac{\overline{x}\cdot\overline{y}-\overline{xy}}{\overline{x}^{2}-\overline{x^{2}}} \tag{43}$$

$$a_{0}=\overline{y}-a_{1}\overline{x} \tag{44}$$

可以证明，$\sum_{i=1}^{k}\delta_{i}^{2}$ 对 a_{0} 和 a_{1} 的二阶偏导数均大于零，即由式(43)和式(44)计算出的 a_{0} 和 a_{1} 对应于 $\sum_{i=1}^{k}\delta_{i}^{2}$ 的极小值，即是拟合的最佳直线的斜率和截距的估计值.

为了计算和书写方便，引入符号

$$L_{xx}=\sum_{i=1}^{k}x_{i}^{2}-\frac{1}{k}(\sum_{i=1}^{k}x_{i})^{2}$$

$$L_{yy}=\sum_{i=1}^{k}y_{i}^{2}-\frac{1}{k}(\sum_{i=1}^{k}y_{i})^{2}$$

$$L_{xy}=\sum_{i=1}^{k}x_{i}y_{i}-\frac{1}{k}(\sum_{i=1}^{k}x_{i})(\sum_{i=1}^{k}y_{i})$$

于是式(43)可表示为

$$a_{1}=\frac{L_{xy}}{L_{xx}} \tag{45}$$

由式(41)可以看出，最佳直线通过 $(\overline{x},\overline{y})$ 点，因此，在用图解法画直线时，应将 $(\overline{x},\overline{y})$ 坐标点标出，将作图用的直尺以这点为轴心来回转动，直到各数据点与直尺边线的距离最近，而且左右分布匀称为止. 这时，沿此边线用铅笔画一直线，即为所求的直线.

对于指数函数、对数函数、幂函数的最小二乘法拟合，可以通过变量代换，变换成线性关系，再进行拟合. 也可以用计算器进行相关的回归计算，直接求解实验方程. 现在市场上有很多函数计算器具有多种函数的回归功能，操作方便. 对更复杂一些的函数，可以自编程序或采用计算机作图软件来进行拟合.

思考题

1. 为什么测量结果都带有误差？
2. 系统误差和偶然误差各有什么特征？服从正态分布的随机误差有哪些统计规律？
3. 怎样发现实验有系统误差？在测量中采取哪些办法可以减小或抵消某些系统误差？
4. 指出下列原因引起的误差属于哪种类型误差：
   (1) 游标卡尺零点不准；
   (2) 电表接入误差；

(3) 检流计零点漂移；

(4) 电压起伏引起电表读数不准；

(5) 天平的两臂不完全相等.

5. 试区分下列概念：

(1) 绝对误差和相对误差；

(2) 真值和算术平均值；

(3) 用随机误差表示的标准误差和用平均值替代真值时的标准误差.

6. 测量不确定度如何分类?直接测量的不确定度如何估算?怎样合成?间接测量不确定度的传递如何求?

7. 如何正确表示测量结果:试说明把多次等精度测量结果表示为 $x = \bar{x} \pm \sigma_{\bar{x}}$（单位）的物理意义?

8. 什么是有效数字?使用有效数字要注意些什么?直接测量结果有效数字位数的多少与什么有关?数字截尾的规则是怎样规定的?

9. 误差一般取几位有效数字?测量结果的有效数字如何由其误差来决定?

10. 区分精密度、正确度（准确度）、精确度这三个不同的概念及其和随机误差、系统误差的关系.

11. 什么是仪器误差?测量仪器的误差主要来自哪几个方面?仪器的最大误差是什么?均匀分布仪器的标准误差是多少?

12. 实验作图有哪些要求?怎样从实验图上求直线的斜率和截距?

13. 怎样用逐差法检查和处理线性关系的实验数据?逐差法有什么优点?

14. 为什么说利用最小二乘法拟合的实验曲线是最佳曲线?怎样用最小二乘法拟合线性关系的实验数据?

习题

1. 用一级千分尺（极限误差为 ± 0.004mm）测量某物体长度 10 次,测得值为：14.298,14.256,14.278,14.62,14.234,14.263,14.242,14.272,14.290,14.216(mm). 试求测量列的平均值 $\bar{x}$，测量列的标准偏差 σ_x 及平均值的标准偏差 $\sigma_{\bar{x}}$，并正确地表达出测量结果.

2. 有一台感量为 50mg 的物理天平,用四等砝码（$1 \sim 30$g，允差为 ± 2mg；$1 \sim 500$mg，允差为 ± 1mg）称量某物体质量三次得到结果均为 36.120g. 使用的砝码为 $20+10+5+1+0.1+0.02$ 共六个. 试正确地表达出测量结果,并确定该测量结果的置信区间.

3. 根据误差传递与合成的关系,由直接测量值的误差或相对误差来表示出间接测量值的误差或相对误差.

(a) $w = a + y - z$ (b) $w = \dfrac{uv}{u+v}$ (c) $I_2 = I_1 \dfrac{r_2^2}{r_1^2}$ (d) $w = \dfrac{l^2 - d^2}{4l}$ (e) $n = \dfrac{\sin i}{\sin r}$

4. 一个铅圆柱体,测得其直径 $d = (2.04 \pm 0.01)$cm，高度 $h = (4.12 \pm 0.01)$cm，质量 $m = (149.18 \pm 0.05) \times 10^{-3}$kg，各值的置信区间内的置信概率皆为 68.3%. 试给出铅密度 ρ 的测量结果.

5. 某电阻的测量结果为 $R = (35.78 \pm 0.05)\Omega$，$E_R = 0.14\%$，$P = 0.683$；下列各种解释中哪种是正确的?

(1) 被测电阻是 35.73Ω 或 35.83Ω；

(2) 被测电阻在 35.73Ω 到 35.83Ω 之间;

(3) 被测电阻的真值包含在区间[35.73,35.83]内的概率是 0.683.

(4) 用 35.78Ω 近似地表示被测电阻值时,偶然误差的绝对值小于 0.05Ω 的概率为 0.683;

(5) 若对该电阻值在同样测量条件下测量1000次,大约有680次测量值是落在35.73~35.83Ω 范围内.

6. 把下列各数按舍入规则取为四位有效数字:21.495,43.465,8.1308,1.799501.

7. 按照误差理论和有效数字运算规则,改正以下错误:

(1) $N = (10.8000 \pm 0.2)$cm

$q = (1.61248 \pm 0.28765)C$

$L = 12$km ± 100m

$E = (1.93 \times 10^{11} \pm 6.79 \times 10^9)$N/m^2

(2) 有人说 0.2870 有五位有效数字,也有人说只有三位有效数字(因为"0"不算有效数字),请纠正,并说明其原因;

(3) 有人说 0.0008g 比 80g 测得准确,试纠正并说明理由;

(4) 28cm = 280mm;

(5) $L = (28000 \pm 8000)$mm;

(6) $0.0221 \times 0.0221 = 0.00048841$;

(7) $\dfrac{400 \times 1500}{12.60 - 11.6} = 600000$.

8. 用带有 1/100mm 螺旋测微装置的读数显微镜测量玻璃毛细管的直径 d,先利用镜筒中的十字叉丝切于毛细管的一侧,读出镜筒位置的三次测量读数为 72.325,72.340,72.312(mm);当叉丝切于毛细管另一侧时读数三次 72.753,72.771,72.749(mm).试求两个位置的平均值和不确定度(要用 t 因子),并求毛细管直径 d 的测量结果.

9. 如果用分光计测量三棱镜顶角的10次数据:60°27′,60°31′,60°24′,60°28′,60°32′,60°33′,60°25′,60°20′,60°24′,60°26′. 其中有一次,比如第一次的60°27′,误读数为62°27′,试用 $3\sigma_x$ 准则检查该数据是否该剔除.

10. 某电阻箱为 0.1 级,使用时其电阻示值 R 为 100Ω;一电压表为 0.5 级,量程为 1.5V,测量某电压 U 时,其示值为 1.000V,对上述的 R 和 U 值,所引入的仪器允许基本误差各为多少?

11. 用伏安法测电阻数据如下表:

U(V)	0.00	1.00	2.01	3.05	4.00	5.01	5.99	6.98	8.00	9.00	9.99	11.001
I(mA)	0.00	2.00	4.00	6.00	8.00	10.00	12.00	14.00	16.00	18.00	20.00	22.00

用直角坐标纸作图,写出 $U-I$ 函数式,并用逐差法求出 $U-I$ 函数式.

12. 水的表面张力 α(N·m^{-1}),在不同温度时为下列数值.设 $\alpha = aT - b$,其中 T 为开氏温标,试用逐差法和最小二乘法,求常数 a 和 b.

t(°C)	10	20	30	40	50	60
$\alpha \times 10^{-3}$	74.22	72.75	71.18	69.56	67.91	66.18

第二章　　物理实验中常用的测量方法

任何物理实验都离不开物理量的测量.物理测量泛指以物理理论为依据,以实验装置和实验技术为手段进行测量的过程.待测物理量的内容非常广泛,它包括运动力学量、分子物理热学量、电磁学量和光学量等.测量的精度与测量方法和测量手段密切相关.同一物理量,在测量值的范围不同、测量方法不同时,即使在同一范围内,精度要求也可能不同,可能存在多种测量方法,选用何种方法要看待测物理量在哪个范围和对测量精度的要求.例如长度的测量,覆盖了整个物理学研究的尺度范围——小到微观粒子、大到宇宙深处($10^{-16} \sim 10^{26}$ m).可分别选用电子显微镜、扫描隧道显微镜、激光干涉仪、光学显微镜、螺旋测微计、游标卡尺、直尺、射电望远镜等不同的测量手段.随着科学技术的不断发展,测量方法与手段也越来越丰富,可以测量的物理量也越来越广泛,人类对物质世界的认识也越来越深入.

测量方法的分类有许多种.按被测量取得方法来划分,有直接测量法、间接测量法和组合测量法;按测量过程是否随时间变化来划分,可分为静态测量法和动态测量法;按测量数据是否通过对基本量的测量而得到,可分为绝对测量和相对测量;按测量技术来分,可分为比较法、补偿法、放大法、模拟法、干涉法、转换法等.本章对按测量技术分类的几种方法作一个概括介绍.

第一节　　比较法

比较法是物理测量中最普遍、最基本、最常用的测量方法,分为直接比较法和间接比较法.

一、直接比较法

将被测量与已知的同类物理量或标准量直接进行比较,测出其大小的测量方法,称为直接比较测量法.它所使用的测量仪表,通常是直读指示式仪表,它所测量的物理量一般为基本量.例如,用米尺、游标尺或螺旋测微计等测量长度;用秒表或数字毫秒计测量时间;用量杯测量液体体积;用砝码在等臂天平上测量质量;用伏特表测量电压等.仪表刻度预先用标准量仪进行分度和校准,在测量过程中,指示标记的位移,在标尺上相应的刻度值就表示出被测量的大小.对测量人员来说,除了将其指示值乘以测量仪器的常数或倍率外,无需作附加的操作或计算.直接比较法具有以下特点:

(1) 同量纲:被测量与标准量的量纲相同.
(2) 同时性:被测量与标准量是同时发生的,没有时间的超前或滞后.
(3) 直接可比:被测量与标准量直接比较而得到被测量的值.

直接比较法的测量不确定度受测量仪器或量具自身测量不确定度的制约,因此,提高测量准确度的主要途径是减小仪器的测量误差.由于直接比较法的测量过程简单方便,在物理量测量中的应用较广泛.

二、间接比较法

多数物理量的测量难于制成标准量具,无法通过直接比较法来测量,可以利用物理量之间的函数关系,先制成与被测量有关的物理量的测量仪器或装置,再利用这些仪器或装置与被测物理量进行比较.这种借助于一些中间量,或将被测量进行某种变换,来间接实现比较测量的方法称为间接比较法.例如,在测量待测电阻时,用万用电表可以直接给出电阻值,可视为直接测量.也可用图 2-1 的测量方法间接给出待测电阻的阻值.在图 2-1 中,保持稳压

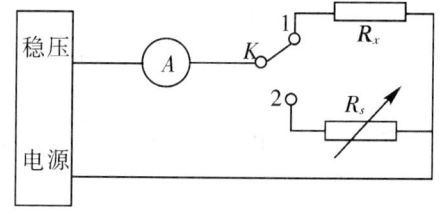

图 2-1　间接比较法示意图

电源输出电压 U 不变,调节标准电阻 R_s 的阻值,使得开关 K 在"1"、"2"位置时电流表的指示一致,可得到 $R_x = R_s = \dfrac{U}{I}$.又例如,对简谐变化的交流信号的频率测量有许多种实现方式,如用频谱仪、示波器等仪器均可直接测量.也可以将待测信号与可调的标准信号同时输入示波器进行合成,通过观察合成信号的李萨如图形,由标准信号得到被测信号的频率.

第二节　放大法

在物理量的测量中,有时由于被测量很小,以致于无法被实验者或仪器直接感受和反应,如果直接用给定的某种仪器进行测量就会造成很大的误差.此时可先通过一些途径将被测量放大,然后再进行测量.将物理量按照一定规律加以放大后进行测量的方法称为放大法.这种方法对微小物体或对物理量的微小变化量的测量十分有效.放大法的几种形式如下:

一、累积放大法

在物理实验中经常会遇到对某些物理量进行单次测量时可能会产生较大的误差,如测量单摆的周期、等厚干涉相邻明条纹的间隔、纸张的厚度等,此时可将这些物理量累积放大若干倍后再进行测量,称为累积放大法(叠加放大法).累积放大法的优点是在不改变测量性质的情况下,将被测量扩展若干倍后再进行测量,从而增加测量结果的有效数字位数,减小测量的相对误差.例如,如果用秒表来测量单摆的周期,假设单摆的周期为 $T = 2.0\text{s}$,而人操作秒表的平均反应时间为 $\Delta T = 0.2\text{s}$,则单次测量周期的相对误差为 $\dfrac{\Delta T}{T} = 10\%$.但是,如果将测量单摆的周期改为测量 50 次,那么因人的反应时间而引入的相对误差会降低到 $\dfrac{\Delta T}{50T} = 0.2\%$.

在使用累计放大法时,应注意两点,一是在扩展过程中被测量不能发生变化;二是在扩展过程中应努力避免引入新的误差因素.

二、机械放大法

利用机械部件之间的几何关系,使标准单位量在测量过程中得到放大的方法称为机械放大法.游标卡尺与螺旋测微计都是利用机械放大法进行精密测量的典型例子.以螺旋测微计为例,套在螺杆上的微分筒被分成50格,微分筒每转动一圈,螺杆移动0.5mm.每转动一格,螺杆移动0.01mm.如果微分筒的周长为50mm(即微分筒外径约为16mm),微分筒上每一格的弧长相当于1mm,这相当于螺杆移动0.01mm时,在微分筒上却变化了1mm,即放大了100倍.

机械放大法的另一个典型例子是机械天平.用等臂天平称量物体质量时,如果靠眼睛判断天平的横梁是否水平,很难发现天平横梁的微小倾斜.通过一个固定于横梁且与横梁垂直的长指针,就可以将横梁微小的倾斜放大为较大的距离(或弧长)量.

三、光学放大法

常用的光学放大法有两种,一种是使被测物通过光学装置形成放大的像,以增加现实的视角,便于观察判别,从而提高测量精度.例如常用的测微目镜、读数显微镜等.另一种是使用光学装置将待测微小物理量进行间接放大,通过测量放大了的物理量来获得微小物理量.例如测量微小长度和微小角度变化的光杠杆镜尺法,就是一种常用的光学放大法.

四、电学放大法

在物理实验中往往需要测量变化微弱的电信号(电流、电压或功率),或者利用微弱的电信号去控制仪器的某些结构的运行,必须用电子放大器将微弱电信号放大后才能有效地进行观察、控制和测量.电信号的放大是物理实验中最常用的技术之一,包括电压放大、电流放大、功率放大等.电信号放大作用是由三极管完成的.最基本的交流放大电路如图2-2所示的共发射极三极管放大电路,当微弱信号 V_i 由基级和发射级之间输入时,在输出端就可获得放大了一定倍数的电信号 V_o.示波器中也包含了电压放大电路.由于电信号放大技术成熟且易于实现,所以也常将其他非电量转换为电量放大后再进行测量.例如利用光电效应法测普朗克常数的实验中,是将微弱光信号先转换为电信号再放大后进行测量.接收超声波的压电换能器是将声波的压力信号先转换为电信号,再放大进行测量.但是,对电信号放大通常会伴随着对噪声的等效放大,对信噪比没有改善甚至会有所降低.因此电信号放大技术通常是与提高信号信噪比技术结合使用的.

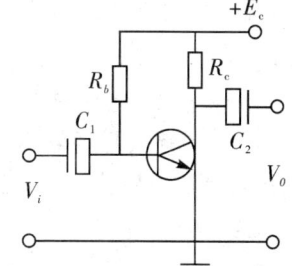

图2-2 共发射极晶体管放大电路

第三节　平衡法

平衡态是物理学中的一个重要概念,在平衡态下,许多复杂的物理现象可以用比较简单的形式进行描述,一些复杂的物理关系亦可以变得十分简明,实验条件会保持在某一定状态,观察会有较高的分辨率和灵敏度,从而容易实现定性和定量的物理分析.

所谓平衡态,其本质就是各物理量之间的差异逐步减小到零的状态.判断测量系统是否已达到平衡态,可以通过"零示法"测量来实现,即在测量中,不是研究被测物理量本身,而是让它与一个已知物理量或相对参考量进行比较,通过检测并使这个差值为零时,再用已知量或相对参考量描述待测物理量.利用平衡态测量被测物理量的方法称为平衡法.

利用平衡法,可将许多复杂的物理现象用简单的形式来描述,可以使一些复杂的物理关系简明化.例如利用等臂天平称衡时,当天平指针处在刻度的零位或在零位左右等幅摆动时,天平达到力矩平衡,此时待测物体的质量和砝码的质量(作为参考量)相等;温度计测温度是热平衡的典型例子;惠斯通电桥测电阻亦是一个平衡法的典型例子,属于桥式电路的一种.

第四节　补偿法

补偿测量法是通过调整一个或几个与被测物理量有已知平衡关系(或已知其值)的同类标准物理量,去抵消(或补偿)被测物理量的作用,使系统处于补偿(或平衡)状态.处于补偿状态的测量系统,被测量与标准量具有确定的关系,由此可测得被测量值,这种测量方法称为补偿法.补偿法往往要与平衡法、比较法结合使用.

如图2-3所示,两个电池与检流计串接成闭合回路,两个电池正极与正极相接,负极与负极相接.调节标准电池的电动势E_0的大小,当E_0等于E_x时,则回路中没有电流通过(检流计指针指零),这时两个电池的电动势相互补偿了,电路处于补偿状态;因此利用检流计就可判断电路是否处于补偿状态,一旦处于补偿状态,则E_x与E_0大小相等,就可知道待测电池的电动势大小了.这种测量电动势(或电压)的方法就是典型的补偿法.

如图2-4所示的惠斯通电桥,图中R_s、R_1和R_2为标准电阻.R_x为待测电阻,调节R_s,当通过检流计的电流为零时,C和D两点的电位相等,桥臂上的电压相互补偿,此时电桥处于平衡状态,则有

$$R_x = \frac{R_1}{R_2}R_s = KR_s$$

当比较臂R_s和比率臂K已知时,就可测得R_x值.

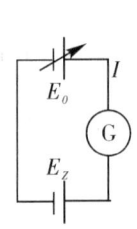
图2-3　补偿法

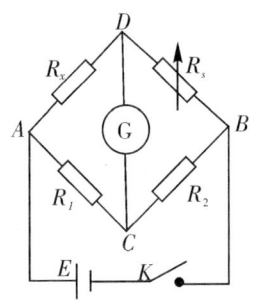
图2-4　惠斯通电桥

由上可见，补偿测量法的特点是测量系统中包含有标准量具，还有一个指零部件，在测量过程中，被测量与标准量直接比较，测量时要调整标准量，使标准量与被测量之差为零，这个过程称为补偿或平衡操作．采用补偿测量法进行测量的优点是可以获得比较高的精确度，但是测量过程比较复杂，在测量时要进行补偿操作．这种测量方法在工程参数测量和实验室测量中应用很广泛．如用天平测质量、零位式活塞压力计测压、电位差计及平衡电桥测毫伏信号及电阻值等．

第五节　　模拟法

人们在研究物质运动规律、各种自然现象和进行科学研究以及解决工程技术问题中，常会遇到一些由于研究对象过于庞大、变化过程太迅猛或太缓慢以及所处环境太恶劣太危险等情况，以致对这些研究对象难以进行直接研究或实地测量．于是，人们以相似理论为基础，不直接研究自然现象或过程本身，而是在实验室中，模仿实验情况，制造一个与研究对象的物理现象或过程相似的模型，使现象重现、延缓或加速等来进行研究和测量，这种方法称为模拟法．模拟法可分为物理模拟和数学模拟两类．

一、物理模拟法

物理模拟就是人为制造的模型与实际研究对象保持相同物理本质的物理现象或过程的模拟．例如，为研制新型飞机，必须掌握飞机在空中高速飞行时的动力学特性，通常先制造一个与实际飞机几何形状相似的模型，将此飞机模型放入风洞（高速气流装置），创造一个与原飞机在空中实际飞行相似的状态，通过对飞机模型受力情况的测试，便可方便地在较短的时间内以较小的代价取得可靠的有关数据．

二、数学模拟法

数学模拟是指把两个物理本质完全不同，但具有相同的数学形式的物理量，用其中一种物理量对另一种物理量的模拟．例如实验二十一中，静电场与稳恒电流场本来是两种不同的物理量，但这两种物理量所遵循的物理规律具有相同的数学形式，因此，我们可以用稳恒电流场来模拟难以直接测量的静电场，用稳恒电流场中的电位分布来模拟静电场的电位分布．

力电模拟也是一种常用的数学模拟．在实际问题中，改变一些力学量，不是轻而易举的事，而在实验电路中改变电阻、电容和电感的数值是很容易实现的．例如，质量为 m 的物体在弹性力 $-kx$、阻尼力 $-\alpha\dfrac{dx}{dt}$ 和策动力 $F_0\sin\omega t$ 的作用下，其振动方程为

$$m\frac{d^2x}{dt^2}+\alpha\frac{dx}{dt}+kx=F_0\sin\omega t$$

而对 RLC 串联电路，加上交流电压 $V_0\sin\omega t$ 时，电荷 Q 的运动方程为

$$L\frac{d^2Q}{dt^2}+R\frac{dQ}{dt}+\frac{1}{C}Q=V_0\sin\omega t$$

上述两式是形式上完全相同的二阶常系数常微分方程，利用其系数的对应关系，就可把

上述力学振动系统用电学振动系统来进行模拟.

把上述两种模拟法很好地配合使用,能收到更好的效果.

用计算机进行实验的辅助设计和模拟实验,是一种全新的模拟方法,随着计算机的不断发展和广泛应用,物理实验的面貌将发生很大的变化.

第六节 干涉法

无论是声波、水波或光波,只要满足相干条件,相邻干涉条纹的光程差均等于相干波的波长.因此,通过计量干涉条纹的数目或条纹的改变量,实现对一些相关物理量的测量,称为干涉法.例如物体的长度、位移与角度,薄膜的厚度,透镜的曲率半径,气体或液体的折射率等等.当选用相干光波时,可实现对以上物理量的微米量级、甚至亚微米量级的精确测量.

在著名的牛顿环实验中,通过对牛顿环等厚干涉条纹的测量可求出平凸透镜的曲率半径.应用迈克尔逊干涉仪,通过对干涉条纹的计量,可准确地测定光的波长、透明介质的折射率、薄膜的厚度以及微小的位移等物理量.

测量振动频率的重要方法之一就是共振干涉法.将一未知振动施加于频率可调的已知振动系统,调节已知振动系统的频率,当两者发生共振时,则此已知频率即是该未知系统的固有频率.如振簧式频率计的工作原理就是共振干涉法.

在用驻波法测定声波波长实验中,根据驻波是由振幅、频率和传播速度都相同的两列相干波在同一直线上沿相反方向传播时叠加而形成的一种特殊形式的干涉现象,当其反射波的频率与入射波的频率相同时,将形成共振,此时驻波最为显著.基于这一原理,通过改变反射面和发射面的距离,用压电陶瓷换能器将声波的信号转换为电信号,通过示波器所呈现的李萨如图形等来确定驻波的波节位置和相应的波长,从而测定声波的波长.

第七节 转换法

一、转换测量的定义与意义

许多物理量,由于属性关系无法用仪器直接测量,或者即使能够进行测量,但测量起来也很不方便、且准确性差,为此常将这些物理量转换成其他能方便、准确测量的物理量来进行测量,之后再反求待测量,这种测量方法叫转换法.最常见的玻璃温度计,就是利用在一定范围内材料的热膨胀与温度的关系,将温度测量转换为长度测量.由上述转换法测量的定义可知,转换法测量至少有下述几方面的意义.

1. 把不可测的量转换为可测的量

质子衰变为此类问题的一个典型.长期以来人们认为质子是一种稳定的粒子,但进一步的理论预言,质子的寿命是有限的,质子也会衰变成正电子及介子,其平均寿命约 10^{31} 年.这个时间是一个不可测出的时间,也是等待不到的时间,地球也只存在几十亿年(10^9 年).于是解决的途径是:如果用 10^{33} 个质子(每吨水约有 10^{29} 个质子),则一年内可有近100个质子发生衰变,使原来根本没有可能实现的事情现在变成有可能实现了.这里把时间几率转换为空间几率,从而把不能测的物理量变为可以测量的了.

我国古代曹冲称象的故事,就包含了把不能直接测量的大象的重量变成可测的石块的重量这一转换法思想.

2. 把不易测准的量转换为可测准的量

有时某个物理量虽然在某种条件下是可以测定的,其实验方案也可以实现,但是这种测量只能是粗略的测量,如果换成其他途径则可测得准确些.最典型的例子就是利用阿基米德原理测量不规则物体的体积,把不易测准的不规则物体的体积转换成容易准确测量的浮力来测量.

3. 用改变量的测量替代物理量的测量

把物理量的测量转换成该物理量的改变量的测量也是转换测量法的一种.在基础实验中,金属丝杨氏模量的测定就是通过金属丝长度的改变量 ΔL 的测量来进行的.

4. 绕过一些不易测准的量

在实际的某一次实验或测量工作中,可以测量的量,可以选择的条件是众多的,在这样的情形下,可以在一定的范围内,绕过一些测不准或不好测的量,选择一些容易测准的量来进行测量.例如在综合实验中,光电效应法测普朗克常量 h 利用了爱因斯坦的光电效应方程

$$V_S = \left(\frac{h}{e}\right) \cdot \nu - \frac{W_0}{e}$$

测出不同入射光频率 ν 对应的光电流截止电压 V_S,做出 $V_S - \nu$ 关系直线,由该直线的斜率可方便地求出普朗克常量 h,而不必考虑金属的逸出功 W_0 究竟为多少.

二、两种基本的转换测量法

1. 参量转换法

利用各种参量变换及其变化的相互关系来测量某一物理量的方法称为参量转换法.例如在拉伸法测金属丝的杨氏模量实验中,依据胡克定律在弹性限度内,应力 F/S 与应变 $\Delta L/L$ 成正比,即

$$\frac{F}{S} = E \cdot \frac{\Delta L}{L}$$

其比例系数即为金属丝的杨氏模量.利用此关系式,将关于杨氏模量 E 的测量转换为应力 F/S 与应变 $\Delta L/L$ 的测量了.

2. 能量转换法

能量转换法是利用换能器(如传感器)将一种形式的能量转换为另一种形式的能量来进行测量的方法,一般来说是将非电学量转换成电学量.如热电转换,就是将热学量转换为电学量的测量;压电转换,就是将压力转换为电学量的测量;光电转换,就是将光学量转换为电学量的测量;磁电转换,就是将磁学量转换为电学量的测量.

能量转换法的主要优点有:

(1)非电学量转换成电学量信号,由于电信号容易传递和控制,因而可方便地进行远距离的自动控制和测量.

(2)对测量结果可以数字化显示,并可以与计算机相连接进行数据处理和在线分析.

（3）电测量装置的惯性小、灵敏度高、测量幅度范围大、测量频率范围宽.

因此，能量转换法在科学技术与工程实践中得到了广泛的应用，特别在静态测试向动态测试的发展中显示出更多的优越性.

三、转换法测量与传感器

转换法测量最关键的器件是传感器. 传感器种类很多，从原则上讲所有物理量都能找到与之相应的传感器，从而将这些物理量转换为其他信号进行测量.

一般传感器由两个部分组成，一个是敏感元件，另一个是转换元件. 敏感元件的作用是接收被测信号，转换元件的作用是将所接受的待测信号按一定的物理规律转换为另一种可测信号. 传感器性能的优劣由其敏感程度以及转换规律是否单一来决定. 敏感程度越高，测量越精确；转换规律越单一，干扰就越小，测量效果就越好. 例如，在综合性实验中，用磁阻传感器测量地磁场，磁阻传感器就是一种磁电转换器件，其基本原理是霍尔效应和磁阻效应. 在实验十九中，用集成霍尔传感器作探测器探测亥姆霍兹线圈的磁场，也是将磁学量的测量转换为电学量的测量来进行探测的.

传感器是现代检测、控制等仪器设备的重要组成部分，由于电子技术的不断进步，计算机技术的快速发展，传感器在现代科技与工程实践中的重要地位越来越突出，已经成为一门新兴的科学技术.

第三章 基础实验

实验一 基本测量

长度是最常见的基本物理量,其测量方法和所用仪器,由长度的大小和对测量精度的要求来决定,对特大或微小的长度,需要光学的方法进行测量. 这里仅介绍米尺、游标卡尺、螺旋测微计、读数显微镜等不同精度的测长仪器及其使用方法.

实验目的

(1) 掌握游标卡尺、螺旋测微计和读数显微镜的使用方法;
(2) 巩固有关误差、实验结果不确定度和有效数字的知识,熟悉数据记录、处理及测量结果表示的方法.

实验仪器

游标卡尺、螺旋测微计、读数显微镜、圆柱体、小钢球、铜线.

实验原理

1. 游标卡尺
(1) 游标卡尺的结构与读数原理
用米尺测量物体的长度一般可以测到毫米的十分位,但末位是估计的. 为了提高测量的准确度,在米尺上附加一个能够滑动的有刻度的小尺,叫做游标. 利用游标可以把米尺估读的那位数值较准确的读出来.

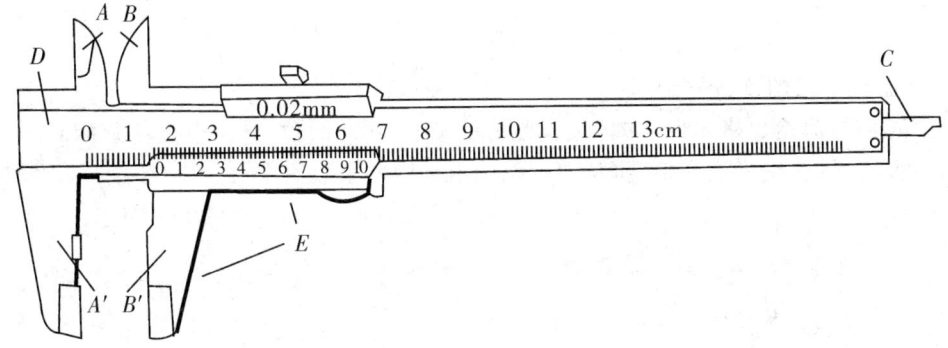

图 3-1

游标卡尺由两部分组成(见图 3-1),与量爪 A,A' 相连的叫主尺;与量爪 B,B' 及深度

尺 C 相连的叫游标.游标可紧贴主尺滑动,外量爪 A', B' 用来测量厚度和外径;内量爪 A, B 用来测量内径;深度尺 C 用来测量深度,它们的读数值都由游标的"0"线与主尺的"0"线之间的距离表示出来.

游标卡尺在结构上的特点是:游标上 n 个分格的总长度与主尺上 $n-1$ 个最小的分格的总长度相等,设主尺一个最小的分格的长度为 y,游标一个分格的长度为 x,则有

$$nx = (n-1)y$$

那么,主尺一个分格与游标一个分格的差值

$$\Delta y = y - x = \frac{1}{n}y$$

即为游标卡尺的最小分度值,也叫做游标卡尺的精度.一般采用的游标尺为 $y=1\text{mm}$,有 $n=10, 20, 50$ 三种,对应的小分度值 Δy 分别为 $0.1\text{mm}, 0.05\text{mm}, 0.02\text{mm}$. 下面以 $n=10$ 的游标卡尺为例说明读数原理,如图 3-2,主尺上 $y=1\text{mm}$,游标上每分格 $x=\frac{9}{10}\text{mm}$,可知 $\Delta y = 0.1\text{mm}$. 当量爪 A, B 合拢时,游标尺"0"刻线与主"0"刻线相对准,游标第 10 条线与主尺 9mm 的刻线对准,其他刻线却不对准,此即为初读数 0. 因为主尺一分格与游标一分格差 0.1mm,故知游标上第一条线在主尺第一条线的左边 0.1mm 处.若将游标尺"0"刻线右移 0.1mm 时,则游标第一条线与主尺刻线对齐;若将游标尺"0"刻线右移 0.2mm 时,则游标尺第二条线与主尺刻线对齐;…… 所以游标尺"0"刻线在 1mm 范围内向右移动的距离,可由游标上与主尺刻线对齐的那一条线的序号读出. 例如,游标上第"2"条线与主尺刻线对齐时,则表示游标尺"0"刻线向右移动了 0.2mm(见图 3-3). 因此,游标尺所起的作用相当于用游标尺上的"0"刻线将主尺上一个分格刻上 10 条刻线,使 $\frac{1}{10}\text{mm}$ 的读数准确了.

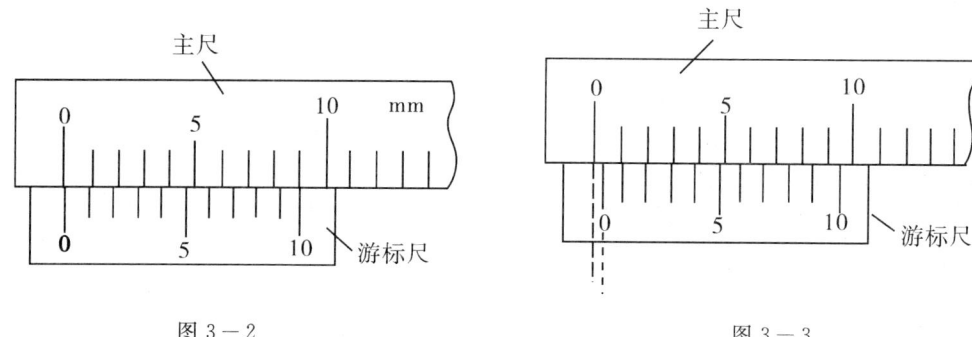

图 3-2   图 3-3

(2) 游标卡尺的读数方法

注意:游标只给出毫米以下的读数,当测量大于 1mm 的长度时,应先从游标尺"0"刻线在主尺的位置读出毫米整数值,再从游标上读出毫米的小数值. 游标卡尺测量长度 L 的一般公式为

$$L = L_0 + K \cdot \frac{Y}{n}$$

L_0 是游标尺"0"刻线所在处主尺上刻度的整毫米数,K 是游标的第 K 条线与主尺的某一条线对齐数. 常用五十分游标卡尺($n=50$),游标尺上 50 格的长度等于主尺上 49mm,其 $\Delta y = 0.02\text{mm}$. 游标尺上刻有 $0, 1, 2, \cdots, 9$,因为当游标尺的第 15 条线与主尺的某刻度对齐

时,小数部分为 $15 \times \frac{1}{50} \approx 0.3$ mm,所以在游标尺的第15条线上标出"3".

(3) 游标卡尺的零点修正

游标卡尺用久了可能磨损,故需做零点修正.测量前,把量爪 A,B 合拢,检查游标尺"0"刻线与主尺"0"刻线是否对齐,如对不齐时,应记下初始读数并对测量的读数加以修正.

2. 螺旋测微计

(1) 螺旋测微计的结构与读数原理

螺旋测微计也称千分尺,是比游标卡尺更精密的仪器.在实验室中,常用它来测量小球的直径、金属丝的直径和薄板的厚度等,其准确度可达 0.01mm.

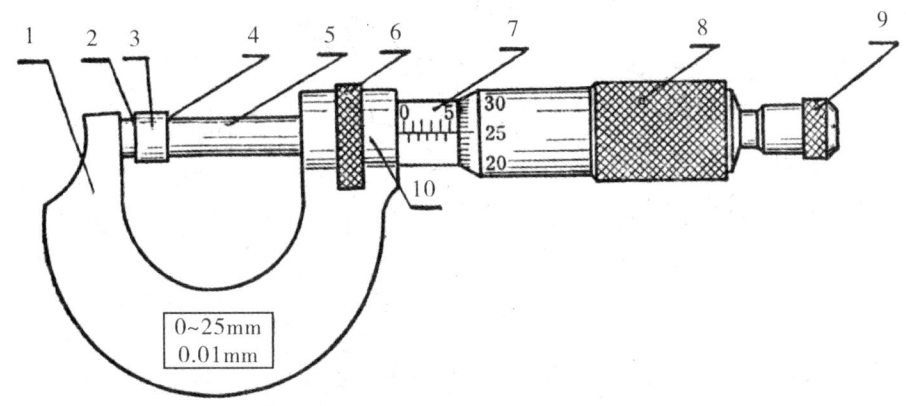

1.尺架;2.测砧测量面 A;3.待测物体;4.螺杆测量面 B;5.测微螺杆;
6.锁紧装置;7.固定套管;8.微分筒;9.测力装置;10.螺母套筒.

图 3—4

螺旋测微计的主要部分是测微螺旋,如图 3—4 所示,它由一个精密的测微螺杆和螺母套管(其螺距是 0.5mm)组成,测微螺杆的后端还带一个具有 50 个分度的微分筒.当微分筒相对于螺母套管转过一周时,测微螺杆就会在螺母套管内沿轴线方向前进或后退 0.5mm. 同理,当微分筒转过一个分度时,测微螺杆就会前进或后退 $\frac{1}{50} \times 0.5$ mm(即 0.01mm).因此,从微分筒转过的刻度就可以准确地读出测微螺杆沿轴线移动的微小长度.为了读出测微螺杆移动的毫米数,在固定套管上刻有毫米分度刻线.

在螺旋测微计上,有一个弓形尺架,在它的两端安装了测砧和测微螺杆,它们正好相对.当转动螺杆使两测量面 A 与 B 刚好接触时,微分筒锥面零分度刻线就应与固定套管上的零分度刻线对齐,同时微分筒上的零分度刻线也应与固定套管上的水平准线对齐,这时的读数是 0.000mm(见图 3—5(a)).

测量物体尺寸时,应先将测微螺杆退开,把待测物体放在测量面 A 与 B 之间,然后轻轻转动测力装置,使测杆和测砧的测量面刚好与物体接触,这时在固定套管的标尺上和微分筒锥面上的读数就是待测物体的被测部位的尺寸.读数时,应从标尺上读整数部分(读到半毫米),从微分筒上读小数部分(估读到最小分度的 $\frac{1}{10}$,即 0.001mm),然后两者相加.例如,图 3—5(b) 中的读数是 5.383mm;图 3—5(c) 中的读数是 5.883mm.二者的差别就在于微分筒端面的位置,前者没有超过 5.5mm,而后者超过了 5.5mm.

测微螺旋的装置,在很多精密仪器上都能见到,它们的螺距可能是不一样的,通常有 0.5mm 和 1mm 的,也有 0.25mm 的.在微分筒上的分度也不同,上面三种螺旋的微分筒分度,一般是 50 分度、100 分度和 25 分度.使用测微螺旋以前,应先考察螺杆、螺距和微分筒分度,确定读数关系.

(2) 注意事项

螺旋测微计是精密仪器,使用时必须注意下列各项:

① 测量前应检查零点读数.零点读数,就是当测量面 A 与 B 刚好接触时标尺上和微分筒上的读数.如果零点读数不是零,就应将数值记下来.进行测量时,测出的读数应减去这一零点读数.如果零点读数是负值,在测量时同样要减去(实际上就是加上这个值的绝对值).

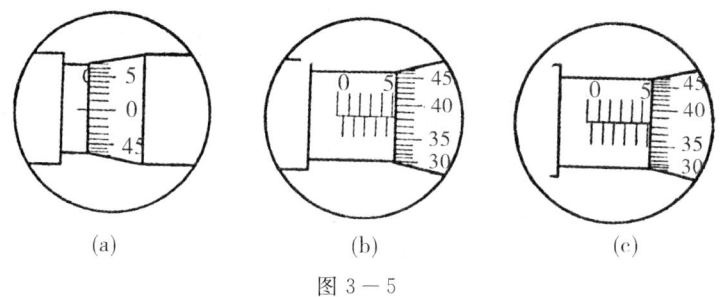

图 3-5

② 测量面 A,B 和被测物体间的接触压力应当微小.因此,旋转微分筒时,必须利用测力装置,它是靠摩擦带动微分筒的,当测杆接触物体时,它会自动打滑.

③ 测量完毕后,应使测量面 A 与 B 间留出一个间隙,以避免因热膨胀而损坏螺纹.

实验内容及步骤

1. 用游标卡尺测量圆管的体积

(1) 测量前,先核准游标卡尺的零分度刻线.将量爪合拢,检查游标尺的"0"分度刻线是否与主尺的"0"分度刻线对齐,如未对齐,则需记下零分度刻线读数,以便进行修正.

(2) 测量时,用外量爪测外径 D_1 和高 H,用内量爪测内径 D_2.左手拿待测物,右手持尺,大拇指轻转小轮,使待测物轻轻卡住即可读数,不要使物体在被卡住时用力移动,以免损坏量爪.

(3) 重复测量圆管的内径、外径和高各 6 次,并记下读数,同时也记下游标卡尺的仪器误差 $\Delta_{仪}$.

2. 用螺旋测微计测量小球的体积

(1) 测量前,进行"零"点核准.在测砧与测杆之间未放物体(小球)时,轻轻转动测力装置,待听到发出"轧、轧"之声时即停止转动.然后观察微分筒"0"分度刻线与固定套管的水平准线是否对齐.若未对齐,则此时的读数为零点读数.零点读数有正、负,测量结果需予以修正.如图 3-6 所示.

(2) 测量时,将待测物放于测砧与测杆之间,转动微分筒,当测杆与待测物快要接触时,再轻转测力装置,听到"轧、轧"声音时停止转动,进行读数.

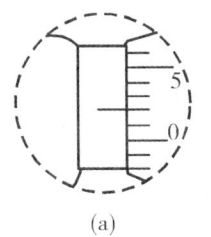 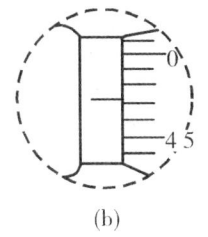

(a)　　　　　　　(b)

(a) $D_0 = 0.021$ mm　　(b) $D_0 = -0.029$ mm

图 3－6

(3) 重复测小球直径 6 次，记下每次的读数及螺旋测微计的零点读数．

(4) 测量完毕后，要使测砧与测杆之间留有一定的空隙，以免受热膨胀时两接触面因挤压而损坏螺纹．

3. 用读数显微镜测量微小物体的直径（如图 3－7）

(1) 把铜丝或棉线置于显微镜的正下方，使从目镜中能看到明亮均匀的光照．

(2) 调节读数显微镜的目镜，使十字叉丝清晰；自下而上调节物镜直至清晰地观察到铜丝或棉线位于视域中心，调节目镜系统，使叉丝横丝与读数显微镜的标尺平行，消除视差．平移读数显微镜，观察待测的铜丝或棉线左右是否都在读数显微镜的读数范围之内．

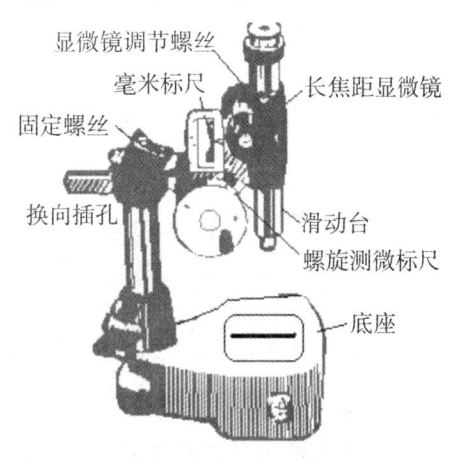

图 3－7

(3) 转动鼓轮，使叉丝竖线尽量与铜丝或棉线的一端相切，记录该读数，然后继续转动测微鼓轮使叉丝竖线移动一个直径的距离与另一个端点相切，记录该读数，两端点位置之差，为待测铜丝或棉线的直径．重复 6 次，数据记入表 3 中．注意在一次测量过程中，测微鼓轮应沿一个方向旋转，中途不得反转，以免引起回程差．

数据记录与处理

1. 测量数据记录表

(1) 用普通游标卡尺测圆管的内、外直径和高（见表 1）．

表 1　数据表　　零点读数：_____；仪器误差：_____；单位：_____

项目 N	外径 D_1	内径 D_2	高度 H
1			
2			
3			
4			
5			
6			

(2) 用普通螺旋测微计测小球的直径(见表2).

表2　数据表　　　　零点读数 D_0：_____；仪器误差：_____；单位：_____

项目 N	$D_读$	$D = D_读 - D_0$
1		
2		
3		
4		
5		
6		

(3) 用读数显微镜测量铜丝和棉线的直径(见表3).

表3　数据表

项目 N	铜丝的直径 D		
	x_1	x_2	$D = |x_1 - x_2|$
1			
2			
3			
4			
5			
6			

2. 数据处理

(1) 对多次直接测量结果的总不确定度的估计：

先求各直接测量的最佳值(平均值)：$\bar{x} = \dfrac{1}{n}\sum x_i$

然后求实验结果总不确定度

其中 $S_x = \sqrt{\dfrac{\sum(x_i - \bar{x})^2}{n-1}}$

总不确定度为 $u_x = \sqrt{S_x^2 + u_仪^2}$

最后把测量结果表示为 $x = \bar{x} \pm u_x$(单位)

(2) 间接测量结果的计算及合成不确定度的确定.

① 圆管的体积：

$$\bar{V} = \dfrac{\pi}{4}(\bar{D}_1^2 - \bar{D}_2^2) \cdot \bar{H}$$

$$u_V = \sqrt{(\dfrac{\pi}{2}\bar{H}\bar{D}_1 u_{D_1})^2 + (\dfrac{\pi}{2}\bar{H}\bar{D}_2 u_{D_2})^2 + [\dfrac{\pi}{4}(\bar{D}_1^2 - \bar{D}_2^2)u_H]^2}$$

结果记为

$$V = \bar{V} \pm u_V (单位)$$

② 钢球的体积：

$$\overline{V} = \frac{1}{6}\pi \overline{D}^3$$

$$u_V = 3\frac{u_D}{\overline{D}}\overline{V}$$

结果记为 $V = \overline{V} \pm u_V$（单位）

③ 铜丝的直径： $L = \overline{L} \pm u_L$（单位）

思考题

1. 一个游标卡尺，主尺的最小刻度是 0.5mm，游标上的刻度是把 24.5mm 长度分成 50 等份，这个游标卡尺的精度是多少？

2. 一个角游标，主尺 29 分格（每分格 $y = 0.5° = 30'$）对应于游标 30 分格，问这个角游标的精度 $\frac{y}{n}$ 是多少？

3. 螺旋测微计上的测力装置有何用处？测量时不用测力装置是否可以？为什么？

实验二　牛顿第二定律的验证

在力学实验中，因物体间存在摩擦力，致使诸如运动学规律、牛顿定律、动量守恒以及能量守恒等基本力学规律的实验存在着较大的误差．气垫技术的引入给我们提供了气垫导轨、气垫桌等近似无摩擦的力学实验装置．本实验利用气垫导轨和光电计时系统使牛顿第二定律的验证获得较理想的结果．

实验目的

(1) 熟悉气垫导轨的构造，学习正确调整和使用气垫导轨的方法；
(2) 掌握用光电计时系统测量滑块运动的瞬时速度；
(3) 测量滑块运动的加速度，验证牛顿第二定律．

实验仪器

气垫导轨和附件（光电门 2 个，滑块 1 个，砝码片 6 个，砝码盘，挡光片，配重块 4 块），计时计数测速仪，气源，天平．

【仪器简介】

为了模拟物体在一维空间的无摩擦运动，并能测出物体运动的瞬时速度和加速度，本实验采用了气垫导轨装置和光电测量系统．气垫导轨的全套设备包括导轨、气源、计时系统三大部分．

1. 导轨

导轨整体结构如图 3-8 所示．

导轨是一根约 2m（或 1.5m）的三角形铝管，一端用堵头封死，另一端装进气管，与气源相连，可向进气管腔内送入压缩空气，导轨的两个向上的侧面上，钻有两排等距离的喷气小

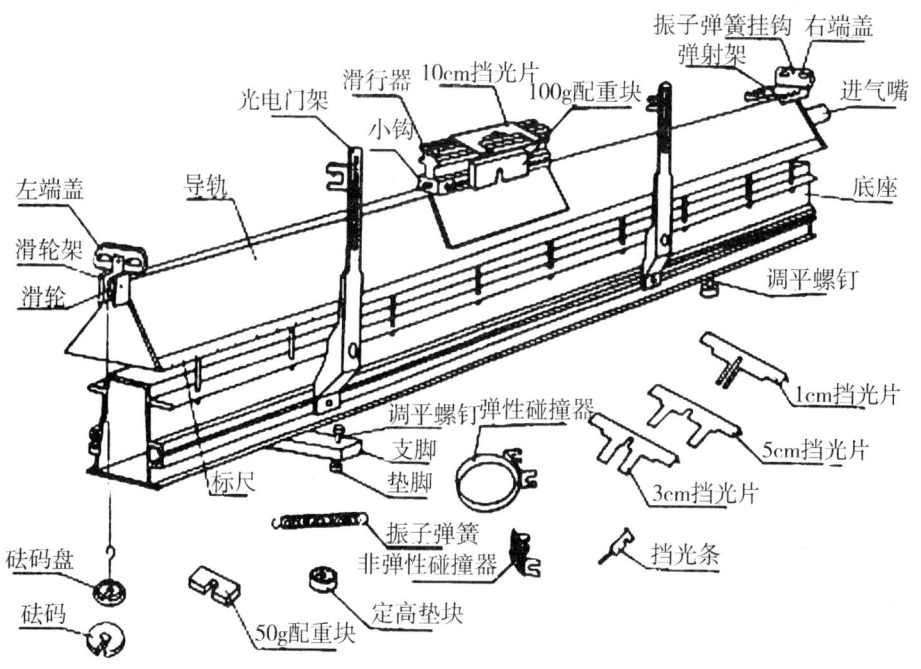

图 3-8

孔,喷气孔径 0.4mm,压缩空气进入管腔后由喷气孔喷出.导轨两端还装有缓冲弹簧.

整个导轨安装在工字铸铝梁上.在工字梁下面有用来调节导轨水平的螺栓,导轨单底脚螺栓下面还可以垫上垫块来改变导轨的倾斜度.在工字梁侧面装有用以测量光电门位置的标尺.导轨的一端装有轻质滑轮.

现将图 3-8 中标出的有关部件说明如下:

(1) 光电门:共计两个,实验中光电门固定在导轨带刻度尺的一侧,借助于光电门支架内侧的指针,可以读出光电门在导轨上的坐标值.光电门由光敏二极管和红外发光二极管呈上下安装而构成,聚光灯点亮时,正好照在光敏二极管上,利用光敏二极管受光照射和不受光照射的电阻阻值差异可获得电压控制信号,用来控制计时器.

(2) 弹射架:上面绕有橡皮筋,用来弹射滑块,当滑块与导轨端盖相碰时,也起缓冲作用.

(3) 碰撞弹簧:为避免滑块与滑块之间、滑块与导轨端盖之间的直接碰撞,在导轨端盖上和碰撞实验中两滑块的相向端分别安装碰撞弹簧.

(4) 调平螺钉:共计三个,位于支脚两端的调平螺钉主要用于调节轨面两侧的横向水平,单脚端的调平螺钉用于调节导轨的纵向水平.实验中若需要改变导轨的斜度,可将定高垫块垫放在导轨单脚端的垫脚下面.

(5) 滑块:是导轨上的运动物体,由直角形铝板制作,其内表面可以与导轨的两个侧面密合,当气流从导轨两侧面上的小孔中高速喷出时,在滑块和导轨之间形成很薄的空气层,使滑块悬浮在导轨上,故此滑块可以在导轨上作近似无摩擦的直线运动.滑块中部的上方水平安装着挡光片,与光电门和计时器相配合,测量滑块经过光电门的时间和速度.滑块上还可以安装配重块(即金属片,用以改变滑块的质量)、弹性碰撞器(弹簧)、非弹性碰撞器(尼龙搭扣)等配件,用于完成不同的实验.

(6) 挡光片:挡光片有 U 形挡光片如图 3-9(a) 和矩形挡光片如图 3-9(b). U 形挡光片又有 Δx 为 1.00cm,3.00cm,5.00cm,10.00cm 的挡光片供选择.

气垫导轨对轨面的要求很高,必须倍加爱护,切勿压、划、敲、磨,以免损伤.导轨表面和与其接触的滑块内表面都是经过精密加工的,两者配套使用,不得随意更换.严禁在导轨未通气前将滑块放在导轨上滑动.更换或安装滑块上的附件时,都必须把滑块从导轨上取下再操作.实验结束,应将滑块从导轨上取下,平放在桌面上.

如果导轨的表面或者滑块内表面沾有污物,可用棉花签或纱布沾少许酒精,将污物擦干净.

导轨表面要保持洁净.导轨表面上的气孔易被油泥尘埃堵塞,发现气孔堵塞,可用小于孔径的细钢丝疏通.实验完毕应罩上防尘罩,导轨严禁放在潮湿或有腐蚀性气体的地方.

2. 气源

本实验采用低噪声气源(微音气泵).气泵接通电源后,电机的热量全靠输出气流带走,所以使用气泵时,必须保证进气孔无脏物和气垫导轨的出气畅通,否则易造成电机过热而损坏气泵.

3. 计时系统

计时系统由光电门和 MUJ-5C/5B 计时计数测速仪(简称测速仪或计时器)组成.

在导轨的一个侧面安装位置可以移动的光电门,它配合计时计数测速仪能测定滑块在气垫导轨上不同位置的速度.将光电门通过导线和计时器的光控输入端相接,当光电门中的发光二极管射向二极管的光被运动滑块上的挡光片所遮挡时,计时器的光电控制器立即输出计时脉冲,计时器开始计时,待滑块通过,挡光结束,光电控制器输出一个停止计时脉冲,使计时器停止计时,这时计时器显示的数字就是从开始挡光到挡光结束之间的时间间隔.若挡光片的宽度为 Δx,计时器所显示的时间为 Δt,则可求得滑块经过光电门时的平均速度 $\bar{v} = \frac{\Delta x}{\Delta t}$,如适当的减小挡光片的宽度 Δx,以致挡光片通过光电门的时间 Δt 非常短暂,则上述平均速度就近似为瞬时速度.

MUJ-5C/5B 计时计数测速仪采用单片微处理器程序化控制,是一种新式智能化仪器,可广泛应用于各种计时、计数、计频、测速实验.在与气垫导轨配套使用时,除具有一般数字计时器的功能,还具有将所测时间直接转换为速度、加速度值的特殊功能.本机具有记忆、存储功能,可对 20 组实验数据进行记忆、存储和查看.仪器面板上设置四个操作键的同时,还设置了可转换的八种功能的时标基准,根据测量结果自动定位.本机所采集的数据均为挡光片前沿触发.该仪器背面的 P_1 和 P_2 是光电门信号的输入端口,仪器可自动判定光电门端口,提取数据时,显示屏可出现相应的光电门端口的提示.仪器中编入了与气垫导轨等实验相适应的数据处理程序,可将所测时间直接转换为速度、加速度值,在 LED 数码显示屏上显示出各测量结果,测量单位指示灯显示对应的物理量单位.

该计时器的功能与使用方法介绍如下(与本实验无关的功能暂不作介绍):

(1) 功能键:可实现计时器的功能选择和数据清零.

如按下功能键前,光电门遮过光,则清零功能复位.光电门没遮过光,按功能键,仪器将选择新的功能.或按下功能键不放,可循环选择功能,至您所需的功能灯亮时,放开此键即可.本实验主要使用计时2功能,即测量滑块经过 P_1 和 P_2 两光电门时滑块上挡光片挡光的时间间隔 Δt 或滑块的速度 v.

(2) 转换键:可实现测量数据的单位换算;挡光片宽度值 Δx 的设定和简谐运动周期值的设定.

在计时、加速度、碰撞功能时每按一次(<1.0s)转换键,显示屏上的测量值在时间或速度之间转换.仪器显示的速度值实际上是机内微处理器根据测定的时间值和设定的挡光片宽度值进行运算转换而得.每次开机,挡光片宽度自动设定为 1.00cm,若重新设定挡光片的宽度,可按下转换键大于 1s 时间,按至显示屏上出现需要的挡光片宽度时,松开转换器.

(3) 取数键:可查看机内存储的实验数据.

本仪器会自动保留前 20 组测量结果(自上一次清零后开始记录),按下取数键,可依次显示存储的测量结果.当显示"E×"时,提示将显示存入的第 × 组测量结果;每个测量结果将显示约 10s,然后再显示下一组测量结果.

在显示存入值过程中,按下功能键,会清除已存入的数值.

注:计时 $1(S_1)$:测量对任一光电门的一次挡光时间,用矩型档光片可连续测量.

计时 $2(S_2)$:测量光电门连续两次挡光的时间间隔,用 U 型档光片可连续测量.

加速度(a):测量滑块通过每个光电门的时间或速度以及通过相邻光电门的时间或这段路程的加速度.

要进行下一个加速度的测量前,需先按功能键(否则仪器不再计入新数据),显示值复位至"0.00"(但其数据仍在存储器中).由两个光电门进行加速度测量时,仪器可存入前四次实验数据.

碰撞(PZh):碰撞试验中测量两滑块通过 P_1 和 P_2 端口光电门的速度.

周期(T):测量简谐运动中若干周期的时间.

实验原理

验证 $F=ma$ 这一经典公式,F 和 m 可测量得较为精确.因此,要想得到理想的实验效果,关键在于加速度的测量.要测准加速度,由运动学公式知,需精确测量速度.以滑块为研究对象,说明如下:

1. 速度的测定

瞬时速度是质点在某一点(或某时刻)附近,无限短的时间间隔内的平均速度的极限值,即:

$$v = \lim_{\Delta t \to 0} \frac{\Delta x}{\Delta t} \tag{1}$$

在滑块上装置一矩型挡光片.如图 3—10 所示,设挡光片宽为 Δx,运动到光电门处的遮光时间为 Δt(用测速仪 S_1 档测出),则滑块通过光电门的平均速度

$$\bar{v} = \frac{\Delta x}{\Delta t} \tag{2}$$

由于 Δx 比较小,且使滑块在 Δx 范围内的速度变化也比较小,故可以把 v 近似看成滑块经过光电门的瞬时速度.

若在滑块上装的是 U 形挡光片,如图 3-9(a) 所示,挡光片的四条边互相平行,第一条边到第三条边的宽度为 Δx,且比较小,运动到光电门处两次挡光之间的时间为 Δt(用测速仪 S_2 档测出),用公式(2)算出滑块经过光电门的瞬时速度.

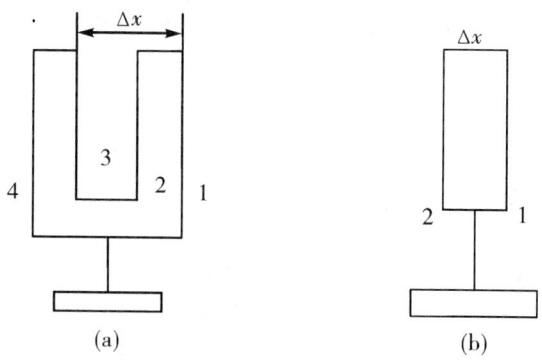

图 3-9

2. 加速度的测定(用"加速度"功能档,U 形挡光片)

若滑块在水平方向上受一恒力,它将做匀加速运动,其加速度的大小

$$a = \frac{v_2^2 - v_1^2}{2s} \quad (3)$$

或

$$a = \frac{v_2 - v_1}{t} \quad (4)$$

其中,s 为两光电门之间的距离;v_1, v_2 为滑块经过距离两端的始、末速度;t 为滑块经过距离 s 的时间.可用加速度档,U 型挡光片测出 v_1, v_2, t,再按(4)式算出 a.

3. 验证牛顿第二定律

在水平导轨上,用系有砝码盘的细线跨过导轨滑轮连接滑块,如图 3-10 所示.

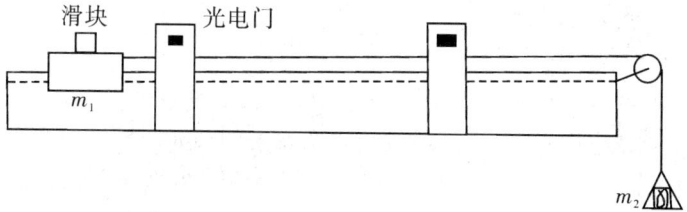

图 3-10

若滑块质量为 m_1,砝码盘与砝码质量为 m_2,细线的张力为 T,略去阻力和细线的质量,则有

$$F = m_2 g - T = m_2 a$$
$$T = m_1 a$$

解得

$$F = m_2 g = (m_1 + m_2) a$$

令

$$m_1 + m_2 = M$$

则

$$F = Ma$$

验证此定律可分为两步:

(1) 验证质量 M 一定时,其所受的合外力 F 与物体的加速度 a 成正比;

(2) 验证合外力 F 一定时,物体的加速度 a 与其质量 M 成反比.

实验内容及步骤

实验前要仔细阅读导轨和测速仪说明部分,然后将两个光电门大致固定在导轨的三等份处.开启气源,用一窄纸条检查导轨两侧面从小孔喷出的气体是否均匀.

1. 练习计时器的基本使用

将光电门的信号线插入 P_1 和 P_2 端口,开启电源,显示屏示值为"0.00".

按功能键,选择 S_2 功能,利用笔杆对每个光电门进行偶数次遮光操作,观察计时器计时是否正常.

按转换键,熟悉数据显示的单位转换.

按取数键,练习查看存储数据.

利用功能键,练习当前数据的清零和存储数据的清零.

2. 调平气垫导轨

气垫导轨水平状态的调整是实验前的重要准备工作,可按如下步骤进行:

(1)粗调:在导轨中部相隔50cm放置两个光电门.接通气源确定导轨通气良好(要保证共用同一个气泵的两组气垫的气路都要畅通,气泵的出气压力不要过大).检查导轨两端的缓冲装置,在滑块上安装 $\Delta x = 5.00$cm 的挡光片,将滑块轻轻置于光电门之间的导轨段上,调节导轨的单脚调平螺钉,使滑块在导轨上保持不动或稍微左右摆动.

(2)细调:设置计时器在 S_1 功能.给滑块一个适度的初速度,观察滑块经过前后光电门的时间 Δt_1,Δt_2,仔细调节导轨的单脚调平螺钉,使得滑块在导轨上往返运动时,每经过前一个光电门的时间 Δt_1 总是略小于经过后一个光电门的时间 Δt_2(想一想,为什么?).一般我们认为,满足了 $\Delta t_1 < \Delta t_2$,且滑块在往返运动时对应的 $(\Delta t_2 - \Delta t_1) \leqslant 3.0$ms 大体相同,则导轨已调成水平.

3. 用计时器(测速仪)测时间

(1)计时1档:用矩形挡光片(由图3-9(b)所示),1边通过光电门计时器开始计时,2边通过光电门时计时器停止计时,可测得通过挡光片宽度的挡光时间 Δt.

(2)计时2档:用U形挡光片由图3-9(a)所示,1边(为第一挡光边)经过光电门时开始第一次挡光,计时开始,直到3边(为第二挡光边)经过光电门时,开始第二次挡光,计时停止,可测得连续两次挡光的时间间隔.

4. 观察匀速直线运动并测量速度

给滑块一初速,分别记下滑块上的挡光片连续往返四次经过两个光电门时计时器显示的时间 Δt_1、Δt_2,由挡光片的宽度 Δx,算出 v_1 和 v_2,并将数据填入表1中.

5. 验证牛顿第二定律

在调好的水平导轨上进行实验,称出滑块与挡光片的共同质量,将滑块用细线与砝码盘相连挂在导轨滑轮上

(1)验证质量不变时,物体的加速度与所受合外力成正比,用"加速度功能档和U型挡光片".

① 如图3-10所示,将一定质量的砝码放在滑块上,再将滑块从某一位置P点静止开始释放.在砝码盘与盘中砝码的重量作用下,滑块在气垫上加速运动.分别记下滑块上的挡光

片通过两个光电门的时间 Δt_1 和 Δt_2 及滑块经过两个光电门之间的时间.把 t, v_1, v_2, a,填入表2,重复数次测量(滑块运动的起始位置不要变动,才可把所得数据取平均).

② 分别依次将滑块上的砝码移至砝码盘中,既改变运动物体所受的合力而又保持物体系的质量不变,每移一次砝码,要重复步骤 ①.将测量结果填入表2中,其中 F 表示合外力,即砝码盘和盘中砝码的重量值.

(2) 验证物体所受外力不变时,物体的加速度与质量成反比.

保证砝码盘与盘中砝码的质量不变,即使物体所受的合外力不变,改变滑块上负载的质量(注意:负载的改变量不要取得太小,而滑块承受负载又不能太大,所以必要时串联两个小滑块.串联办法可用橡皮泥或尼龙搭扣连接).重复实验步骤(1)中的 ①,将测量结果填入表3中.

(3) 用电子天平称量滑块及配重块的质量.作 $a \sim \dfrac{1}{M}$ 曲线.

数据记录与处理

表1 滑块在气垫导轨上做匀速直线运动的数据表　　$\Delta x = \underline{\qquad}$ cm

滑块向左方运动					滑块向右方运动				
Δt_1	Δt_2	v_1	v_2	$v_2 - v_1$	Δt_1	Δt_2	v_1	v_2	$v_2 - v_1$

表2 验证物体质量不变时物体的加速度与所受外力成正比的数据表

$M = m_1 + m_2 = \underline{\qquad}$ g; $\Delta x = \underline{\qquad}$ cm

次数	$F_1 = \underline{\quad}$ N						$F_2 = \underline{\quad}$ N						$F_3 = \underline{\quad}$ N					
	Δt_1	Δt_2	t	v_1	v_2	a	Δt_1	Δt_2	t	v_1	v_2	a	Δt_1	Δt_2	t	v_1	v_2	a
1																		
2																		
3																		
	$\bar{a}_1 = \underline{\quad}$ cm·s^{-2}						$\bar{a}_2 = \underline{\quad}$ cm·s^{-2}						$\bar{a}_3 = \underline{\quad}$ cm·s^{-2}					

表中的 a 用公式(3)或(4)计算(或直接记录测速仪面板上的加速度数据).由测量的加速度数据作 a-F 图线.所得图线应是一条直线.对于偏离直线较远的点,应计算该点值的极限误差,审查该点的偏离是否超过实验误差范围.最后才确认该运动系统,在实验误差范围内,运动系统的质量不变时,加速度与所受外力成正比.

表3　验证物体所受外力不变时物体的加速度与质量成反比的数据表

$F=$ ___ N　　　$\Delta x=$ ___ cm

次数	$M_1=$ ___ g						$M_2=$ ___ g						$M_3=$ ___ g					
	Δt_1	Δt_2	t	v_1	v_2	a	Δt_1	Δt_2	t	v_1	v_2	a	Δt_1	Δt_2	t	v_1	v_2	a
1																		
2																		
3																		
	$\bar{a}_1=$ ___ cm·s^{-2}						$\bar{a}_2=$ ___ cm·s^{-2}						$\bar{a}_3=$ ___ cm·s^{-2}					

由数据点作$\frac{1}{a}-M$图,并说明外力不变时物体的质量与加速度的关系.

表1至表3三个数据表格,仅作实验数据的记录和整理时的参考.作图的测量点要尽可能多些.

注意事项

1. 调节导轨时,应先开启气源,再放置滑块.
2. 实验完毕,必须先拿下滑块,再关闭气源开关.严禁在通气前将滑行器放在导轨工作面上滑动!更换或安装滑块上的附件时,都必须把滑块从导轨上取下再操作.
3. 本实验采用各自独立的气源供气,为延长气泵的使用寿命、避免气泵升温过高、减少造成污染,要求操作者在凡不需要供气时,便立即关闭气源开关,不要长时间的连续供气.
4. 气轨不允许与其他东西撞击,否则将破坏导轨表面精度,甚至损坏仪器.实验时应注意不要使滑行器和挡光片碰到光电门,以保证实验的正常进行及实验结果的准确性.
5. 滑行器的内表面光洁度较高,应严防划伤、碰坏,更不允许将滑行器掉在地上.

思考题

(1) 为什么调整滑块做匀速运动过程中,滑块通过两个光电门的时间总不能完全一样?
(2) 试求加速度的相对误差和绝对误差,确定加速度测量值的有效数字.

实验三　动量守恒定律的验证

动量守恒定律是自然界的一条普遍规律.它揭示了物体之间发生相互作用时的机械运动转移的规律.定律指出,当物体系统不受外力或外力的矢量和为零时,系统的总动量保持不变.借助气垫导轨的漂浮作用,极大地减少了运动物体所受的摩擦阻力,使定量验证动量守恒的精度大大提高.

实验目的

(1) 验证动量守恒定律;
(2) 了解弹性碰撞和非弹性碰撞的特点;
(3) 进一步掌握气垫导轨和计时计数测速仪的使用方法.

实验仪器

气垫导轨一套、计时计数测速仪、气源、物理天平等.

实验原理

如果物体系统不受外力或外力矢量和为零,系统的总动量保持不变. 本实验中,质量为 m_1 和 m_2 的两滑块在水平气垫导轨上运动时,所受摩擦阻力可以忽略,它们碰撞时仅受系统内力作用,在水平方向不受外力,故水平方向的动量守恒.

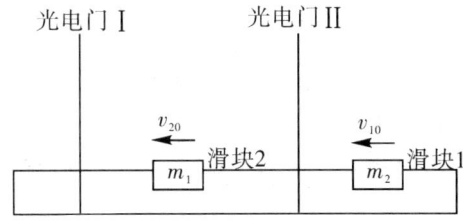

图 3-11

如图 3-11 所示:设 v_{10}, v_{20} 是两滑块在碰撞前的速度. v_1, v_2 是碰撞后的速度,则:

$$m_1 v_{10} + m_2 v_{20} = m_1 v_1 + m_2 v_2$$

在给定了速度的正确方向后,上式可写成:

$$m_1 v_{10} + m_2 v_{20} = m_1 v_1 + m_2 v_2 \tag{1}$$

1. 完全弹性碰撞

物体做完全弹性碰撞时,机械能守恒:

$$\frac{1}{2}m_1 v_{10}^2 + \frac{1}{2}m_2 v_{20}^2 = \frac{1}{2}m_1 v_1^2 + \frac{1}{2}m_2 v_2^2 \tag{2}$$

由式(1)、式(2)联立解得:

$$v_1 = \frac{(m_1 - m_2)v_{10} + 2m_2 v_{20}}{m_1 + m_2}$$

$$v_2 = \frac{(m_2 - m_1)v_{20} + 2m_1 v_{10}}{m_1 + m_2}$$

在实验中,令 m_2 静止($v_{20} = 0$),则:

$$v_1 = \frac{m_1 - m_2}{m_1 + m_2} v_{10}, \qquad v_2 = \frac{2m_1}{m_1 + m_2} v_{10}$$

如果两滑块的质量相等,$m_1 = m_2$,则:

$$v_1 = 0, \qquad v_2 = v_{10}$$

即质量相等的两滑块在碰撞中交换速度.

如果两个滑块的质量不相等,$m_1 \neq m_2$,则:

$$v_1 = \frac{m_1 - m_2}{m_1 + m_2} v_{10}, \qquad v_2 = \frac{2m_1}{m_1 + m_2} v_{10}$$

2. 完全非弹性碰撞

在完全非弹性碰撞中,两物体粘在一起,然后以相同的速度运动,这时 $v_1 = v_2 = v$. 仍令 $v_{20} = 0$,由式(1)得:

$$m_1 v_{10} = (m_1 + m_2) v$$

即

$$v = \frac{m_1 v_{10}}{m_1 + m_2}$$

若 $m_1 = m_2$,则:

$$v = \frac{v_{10}}{2}$$

3. 恢复系数和动能比

碰撞前后两物体相对速度之比称为恢复系数,用 e 表示:

$$e = \frac{v_2 - v_1}{v_{10} - v_{20}} \tag{3}$$

若 $e = 1$,即 $v_{10} - v_{20} = v_2 - v_1$,是完全弹性碰撞;若 $e = 0$,即 $v_2 = v_1$,是完全非弹性碰撞;若 $0 < e < 1$,是一般弹性碰撞.

此外,碰撞前后的动能比 R 也是反映碰撞性质的物理量,在 $v_{20} = 0$ 时,有:

$$R = \frac{\frac{1}{2} m_1 v_1^2 + \frac{1}{2} m_2 v_2^2}{\frac{1}{2} m_1 v_{10}^2} \tag{4}$$

将式(1),式(3)代入式(4),得:

$$R = \frac{m_1 + m_2 e^2}{m_1 + m_2}$$

如果 $m_1 = m_2$,则:

$$R = \frac{1}{2}(1 + e^2)$$

当物体做完全弹性碰撞时,$e = 1$,则 $R = 1$,碰撞前后没有动能损失;当物体做完全非弹性碰撞时,$e = 0$,则 $R = \frac{1}{2}$,物体在碰撞中动能损失一半;当物体做非完全弹性碰撞时,$0 < e < 1$,则 $\frac{1}{2} < R < 1$.

实验内容与步骤

1. $m_1 = m_2$ 时的弹性碰撞

(1)用天平称量 m_1 和 m_2,使 $m_1 = m_2$.

(2) 调节导轨水平,粗调,在导轨中部相隔 50cm 放置两个光电门.接通气源,将滑块轻轻放在两光电门之间的导轨上,调节导轨调平螺钉,使滑块在导轨上保持静止或稍微左右摆动;细调,接通计时计数测速仪,设置计时功能,给滑块一个适当的速度,观察滑块经过前后光电门的时间 Δt_1,Δt_2,调节导轨调平螺钉,使 $\Delta t_2 - \Delta t_1 < 3\text{ms}$.

(3) 将 m_2 放在两个光电门之间靠近光电门 Ⅱ 处,使其静止;再将 m_1 放在光电门 Ⅰ 的外侧,反向推动它,使它与导轨端部的弹簧片碰撞回来通过光电门 Ⅰ 后与 m_2 碰撞.

(4) 记录 m_1 经过光电门 Ⅰ 的速度 v_{10} 和经过碰撞后 m_2 经过光电门 Ⅱ 的速度 v_2.多次测量,将数据填入表格.

2. $m_1 \neq m_2$ 时的弹性碰撞

(1) 在滑块 1 上对称加配重块后,其总质量为 m_1.

(2) 重复步骤 1 中的第(3)项.

(3) 记录 m_1 经过光电门 Ⅰ 的速度 v_{10} 和经过碰撞后 m_2,m_1 先后经过光电门 Ⅱ 的速度 v_2,v_1.将数据填入表格.

3. 完全非弹性碰撞

(1) 去掉滑块 2 上的挡光片,在两滑块上装尼龙搭扣或橡皮泥(应装正,使两滑块能在质心连线上正碰,以减少振动),并使 $m_1 = m_2$.

(2) 重复步骤 1 中的第(3)项.

(3) 记录 m_1 经过光电门 Ⅰ 的速度 v_{10} 和碰撞后连滑块粘在一起经过光电门 Ⅱ 的速度 v.多次测量,将数据填入表格.

注意事项

① 实验中不宜频繁关闭气源(尤其是两组共用一个气源时),所以要注意实验过程中随时拿下滑块,以免滑块静止留在气轨上影响气路、阻碍气泵散热.

② 严禁在导轨未通气前将滑块放在导轨上滑动.更换或安装滑块上的附件时,都必须把滑块从导轨上取下再操作.

数据与结果

表1 系统不受外力或所受外力的矢量和为零时,验证碰撞前后的动量是否守恒数据表

	弹性碰撞			弹性碰撞			完全非弹性碰撞		
滑块质量	$m_1 = m_2 = \_\_$ kg			$m_1 \neq m_2$ $m_1 = \_\_$ kg $m_2 = \_\_$ kg			$m_1 = m_2 = \_\_$ kg		
实验次数	1	2	3	1	2	3	1	2	3
v_{10}(m/s)									
v_{20}(m/s)									

续表

v_1(m/s)										
v_2(m/s)										
$P_1 = m_1 v_{10} + m_2 v_{20}$										
$P_2 = m_1 v_1 + m_2 v_2$										
$\Delta P = P_2 - P_1$										
$e = \dfrac{v_2 - v_1}{v_{10} - v_{20}}$										
$R = \dfrac{1}{2}(1 + e^2)$										

由完全弹性碰撞的测量结果计算碰撞前后的动量比及其平均值和标准误差 σ. 并检查各比值的平均值与 1 之差是否小于 $\pm 3\sigma$(极限误差). 如果均未超出,则可认为间接验证了在实验误差范围内动量守恒定律是正确的.

思考题

1. 为了验证动量守恒定律,应如何保证实验条件以减少测量误差?
2. 将 e, R 的实验值与理论值比较,分析产生误差的原因.

实验四　用落体法测定重力加速度

地球上各地区重力加速度的数值,随地理纬度和海拔高度不同而不同. 赤道附近重力加速度最小,两极最大. 一个常用的重力加速度 $g(\text{m/s}^2)$ 与纬度 φ、海拔高度 $H(\text{m})$ 关系的经验公式为:$g = 9.78049(1 + 0.005288\sin^2\varphi - 0.000006\sin^2\varphi)$

测定重力加速度常用的有摆动法和落体法. 本实验采用光电计时的落体仪测定重力加速度,并通过对几种测量方法的分析和比较,讨论如何减小实验中的主要系统误差,以提高测量精度.

实验目的

(1) 学会应用光电计时装置;
(2) 掌握用自由落体测定重力加速度的方法;
(3) 正确分析各种方法测 g 值的误差.

实验仪器

自由落体仪及附件,光电计时装置等.
【仪器简介】
落体仪配套有两个光电门,电磁铁吸球架(全套),捕球器(小布兜),小钢球(直径

9.000mm),铅锤及尼龙线.

光电计时装置:计时计数测速仪与光电门及电磁铁吸球架由专用导线连接.两个光电门插入计时器的背面 P_2 一组插口,电磁铁插入计时器背面 P_1 的第一个插口.

光电计时方式:

(1) 联动计时方式(用计时器的"g"档):当接通电磁铁装置的电路之后,按下电磁铁开关,则计时器就开始计时.当小球下落至第一个光电门时,计时器停止计时,记录的时间为断开电磁铁开关的瞬间到光电门之间的时间 t,该高度为 h.若在小球下落过程中装置两个光电门时,则小球下落一次可显示两个时间 t_1 和 t_2 值.(t_1 和 t_2 分别为从断开电磁铁开关到两个光电门的时间)以上称为联动计时原理.由此可知,用"g"档计时可装置一个光电门,也可装置两个光电门.

(2) 双光电门计时(用计时 2 档则简称为 S_2 档)

当采用 S_2 档双光电门计时方式时,断开电磁铁开关,小球下落,但计时器并未开始计时,当小球下落至第一个光电门时,计时器开始计时,再继续经第二个光电门时,则计时器停止计时,则显示的时间为小球下落经过两个光电门时间间隔 t.两个光电门之间的间隔用 h 表示.

(3) 由上述两种计时方式的原理可知:

① 当采用"g"档(联动计时方式)时,由于电磁铁存在剩磁,断开电磁铁开关,小球并未立即下落,但计时器已经开始计时,到小球经过光电门时停止计时,则显示的时间 t 大于小球从初始位置下落到光电门之间对应的 t',即 $t > t'$,所以对测重力加速度产生了误差,并且由于临界位置(初始位置)难以准确确定,则对小球下落 t 时间内的高度 h 难以准确确定,则仍对测重力加速度产生误差(系统误差).为了减小测 h 的误差,改进的方法为下述测量方法中的测法二.

② 当采用 S_2 档的双光电门计时方式时,因为第一个光电门的位置与小球下落的初始位置有一小段间隔,所以此种计时方式既消除了临界位置不好确定导致的误差,又避免了剩磁因素的影响,则减小了测量 h 和 t 的误差,提高了测重力加速度的精度.

实验原理

根据自由落体公式

$$h = \frac{1}{2}gt^2$$

则:
$$g = \frac{2h}{t^2} \qquad (1)$$

只要测出小球下落的时间 t,及对应 t 时间内下落的高度 h,就可由(1)式计算出 g 值.根据光电计时方式的不同,分别给出以下三种测量方法.

测法一

由图 3—12 所示:以小球下落瞬间开始计时.

① 用双光电门计时(S_2 档):将光电门 E_1 置于被吸小球下边沿位置 x_0,光电门 E_2 置于 x_1 的位置,断开电磁铁开关,测量小球下落的时间 t_1 和对应的高度 h_1,则可由(1)式测出 g

值.此方法关键是上光电门准确位置的确定(实验中用 S_1 档确定,S_1 档的功能是测量对任一光电门的挡光时间).

②用联动计时(即用"g"档):仅用一个光电门置于 x_1 即可.若仍用"g"档,而用两个光电门,光电门 E_1 置于 x_1 位置,光电门 E_2 置于 x_2 位置,则小球下落一次可测两个 g 值(仍由(1)式计算),关键仍是小球初始位置的准确确定(仍用 S_1 档确定初始位置 x_0).

用上述方法测量不容易准确确定 h 值,因为小球下落的初始位置难以准确确定,又因小球下落经过光电门到达什么位置时才算挡住光是不容易确定的,所以 t 就测不准了,这样会带来较大的的测量误差.

测法二

为了解决确定 h 的困难,可以采用如图 3-13 所示的方法.

用联动计时"g"档,并用两个光电门,光电门 E_1 放在 x_1 的位置,光电门 E_2 放在 x_2 的位置,断开电磁铁开关,小球下落,并记下小球从初始位置 x_0 到 x_1 之间的距离 h_1 及 x_0 到 x_2 之间的距离 h_2.测出小球下落的时间 t_1 和 t_2.

则有:
$$h_1 = \frac{1}{2}gt_1^2 \qquad (2)$$
$$h_2 = \frac{1}{2}gt_2^2 \qquad (3)$$

由(2)、(3)可得:
$$g = \frac{2(h_2-h_1)}{t_2^2-t_1^2} = \frac{2(x_2-x_1)}{t_2^2-t_1^2} \qquad (4)$$

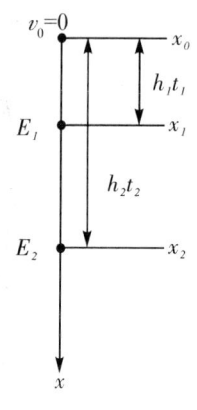

图 3-12

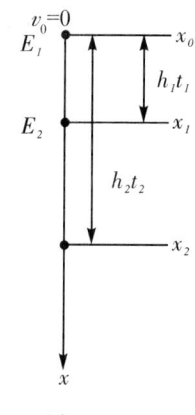

图 3-13

这样就不用测 h_1 和 h_2,只需由立柱上的刻度直接读出 h_2-h_1 即可,则减小了测 h 的误差.但此种方法不能消除剩磁因素的影响,为提高测量小球下落时间的准确性,可采用多次测量求其下落时间的平均值,以提高测 g 的准确度.

测法三

用 S_2 档即用两个光电门,属双光电门计时方式,由图 3-14 所示:光电门 E_1 置于 x_0 的位置,光电门 E_2 放在 x_1 的位置,小球下落到 x_0 时有初速度 v_0,依据落体运动原理有:
$$h_1 = v_0 t_1 + \frac{1}{2}gt_1^2 \qquad (5)$$

保持上光电门位置 x_0 不变,将光电门 E_2 移至 x_2 的位置,让小球再一次从初始位置下落,测得小球下落经两光电门的时间为 t_2,则有:
$$h_2 = v_0 t_2 + \frac{1}{2}gt_2^2 \qquad (6)$$

由(5)、(6)两式可得:
$$g = \frac{2(\frac{h_2}{t_2}-\frac{h_1}{t_1})}{t_2-t_1} \qquad (7)$$

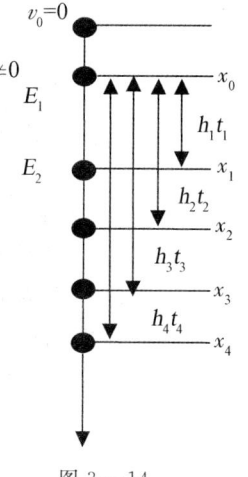

图 3-14

较上述两种方法,本方法测量的 h 和 t 准确度较高,但是测量和计算过程较为麻烦.

实验内容及步骤

1. 仪器组装
(1) 将落体仪的三角支架打开到最大位置,将三角支架上的螺钉紧固,使其不能活动;
(2) 将电磁铁吸引小球的装置、光电门、接球架固定于立柱上.

2. 使用
(1) 调节立柱竖直.将重锤线悬挂在电磁铁吸引小球的装置左面的校正板挂钩上,将两个光电门拉开一定的距离,调节底座平衡螺丝,使垂线刚好处在 x 和 y 轴两个方向的正中间位置,保证小球下落过程中,保持遮光位置的准确性,保证测量 t 的准确度.
(2) 接通计时计数测速仪的电源,用 S_1 档检查两光电门是否挡光计时(其方法是用手指在光电门中间上下晃动检验测速仪是否正常工作).
(3) 用计时器 S_1 档,准确调出初始位置 x_0(应反复多次调节),并记录该位置的标尺读数 x_0 值,初始位置的确定方法如下:用计时器 S_1 档将光电门 E_1 置于立柱上端,接通电磁铁开关,吸住钢球,将光电门 E_1 缓缓由下向上移动直至计时器开始显示数字,再向下移动一微小距离,当计时器停止计时,此时光电门 E_1 的位置可作为临界位置(即初始位置 x_0).

3. 测量
(1) 用测法一测量 t 及 h,计算 g 并和标准值进行比较.
(2) 用测法二测量 t_1 和 t_2 及 h_1 和 h_2,计算 g 和 E_r.
(3) 用测法三测量 t 和 h,计算 g 和 E_r.
注:用测法三时,要求第二个光电门从 x_2 的位置开始每隔 10.00cm 下移一次,并依次测出各对应的 t 值和 h 值.
(4) 每种方法要求至少测量 6 次,求 g 的平均值.

注意事项

1. 当采用测法一时应多次测量以准确确定 x_0 值,保证测量值 h 的准确性.
2. 每次测量中当小球被吸在电磁铁尖端时,必须待小球不晃动时才能断开电磁铁开关使其下落.
3. 当开启电磁铁开关,小球不能被吸住时,若电路联接没有问题,则可将小球往地面上摔几下(除去小球剩磁),即可被吸住.
注意:在整个测量过程中严禁立柱晃动.
数据记录与处理
1.记录各种测量方法的数据.

表1　测法一测量数据表

$$v_0 = 0, g = \frac{2h}{t^2}, x_0 = \underline{\qquad}(\text{cm})$$

序号	h/cm	t/s				$g/(\text{m}\cdot\text{s}^{-2})$	$\bar{g}/(\text{m}\cdot\text{s}^{-2})$	E_r
		1	2	3	平均			
1	40.00							
2	50.00							
3	60.00							

表2　测法二测量数据表

$$v_0 = 0, g = \frac{2(x_2 - x_1)}{t_2^2 - t_1^2}$$

序号	(x_2-x_1)/cm	t/s				$g/(\text{m}\cdot\text{s}^{-2})$	$\bar{g}/(\text{m}\cdot\text{s}^{-2})$	E_r
		1	2	3	平均			
1	50.00							
2	70.00							
3	90.00							

表3　测法三测量数据表

$$v_0 \neq 0, g = \frac{2(\frac{h_2}{t_2} - \frac{h_1}{t_1})}{t_2 - t_1}$$

	h/cm	t/s				h'/cm	t'/s			
		1	2	3	平均		1	2	3	平均
1										
2										
3										
4										
5										
6										

2. 按公式计算重力加速度 g，并计算相对误差 E_r. ($g_\text{标} = 9.785\text{m/s}^2$)

思考题

1. 若仅用一个光电门测量时，如何测 g 值？试简述测量方法.
2. 分析各种方法测 g 时产生误差的原因，并分析如何减小测量误差.

实验五　液体表面张力系数的测量

液体表面张力是表征液体性质的重要参数.拉脱法是测量液体表面张力系数常用的方法之一.拉脱法常用的测力工具有约利氏秤和力敏传感器.下面分别介绍其测量方法,供实验时选用.

约利氏秤法

实验目的

(1) 了解约利氏秤的构造和使用方法；
(2) 学会用拉脱法测定液体的表面张力系数.

实验器材

约利氏秤、Π形金属(铂)框、玻璃杯、酒精灯、游标卡尺、温度计、镊子、蒸馏水、砝码.

实验原理

由于液体分子间的相互作用,液体表面具有趋于缩小的性质.液体收缩表面的力叫做表面张力,其大小与液面分界线的长度 l 成正比,即

$$f = \alpha l \tag{1}$$

式中 α 叫做液体表面张力系数,它表示液面单位长度分界线上的表面张力,在国际制中单位 $N \cdot m^{-1}$.它的大小与液体的种类、纯度及温度有关,温度升高时,α 值变小.

将Π形金属框浸入液体中,通过弹簧将其缓慢拉起,在框内将形成一层液膜,如图 3-15 所示,此时金属框在竖直方向上受到三个力的作用:弹簧的拉力 F,框的重力 W,液膜表面张力 $2f$(有两个液面),如图 3-16 所示.设两侧液面与竖直方向成 θ 角,则表面张力在竖直方向上的分力为 $2f\cos\theta$.若不计框所受浮力及水膜的重力,金属框在竖直方向的平衡条件为:

$$F = 2f\cos\theta + W \tag{2}$$

当缓慢地拉起金属框时,随着Π形框的上升,θ 角将逐渐减小,而 F 将不断增大.在水膜破裂瞬间,$\theta = 0$,F 达到最大值 F_m.因此由式(1)和式(2)可得 α 为:

$$\alpha = \frac{F_m - W}{2l} \tag{3}$$

式中 l 为Π形框宽度.利用约利氏秤可测得式(3)中($F_m - W$)的大小.若弹簧在Π形框重力 W 作用下伸长为 x_0,$W = kx_0$,被拉脱时伸长为 x,则 $F_m = kx$,因此($F_m - W$) = $k(x - x_0) = k\Delta x$),代入式(3)可得 α 为:

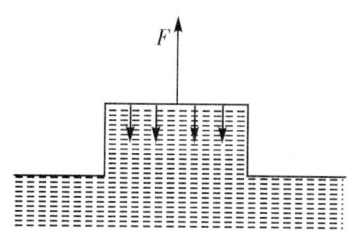
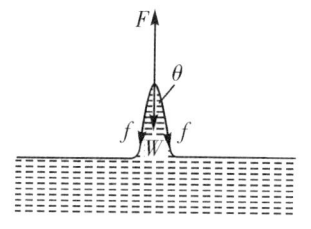
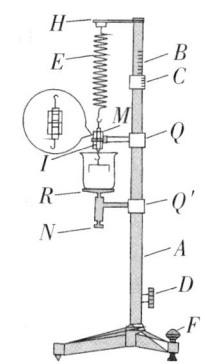

图 3-15 Π形金属框拉膜情况　图 3-16 Π形金属框受力示意图　图 3-17 约利氏秤

$$a = \frac{k\Delta x}{2l} \quad (4)$$

由式(4)可知,若测出 $k, \Delta x$ 及 l 各量,可求出表面张力系数 a.

【仪器简介】

约利氏秤实际上是一个精细弹簧秤,常用来测微小的力,其结构如图 3-17 所示. 其中 A 为固定金属支架的外管,它的上端装有一游标 C,A 内套装一金属圆杆 B,B 杆上有毫米分度的主尺,与游标 C 组成游标尺. 调节螺旋 D 可使 B 杆上下移动,B 杆上主尺伸出 A 管的长度可从游标尺上读出. 精细弹簧 E 悬挂于 B 杆上端的横梁 H 上,可随 B 杆上下移动,在弹性限度内,E 的伸长服从胡克定律. 弹簧下端挂一平面反射镜 I,叫做指标镜,镜面上有一条水平刻线. 指标镜处的玻璃管内,叫做指标管,其上有一条水平刻线. 指标镜下端挂钩可挂砝码盘,Π形金属框等. R 为一平台,其高度可由螺旋 N 及紧固夹 Q 调节,紧固夹 Q' 可调节指标管的高度. 调节 F 可使秤体竖直. 指标管上的刻线实际上就是测量弹簧长度的参照线,实验时要使其上的刻线和指标镜中的像与指标镜中的刻线达到"三线"重合,这样弹簧下端的位置才能保持不变,此时方可从游标尺上读数.

实验内容与步骤

1. 测定弹簧劲度系数

(1) 按图 3-17 挂好弹簧、指标镜、指标管和砝码盘,并调节三脚底座螺丝 F,使指标镜 I 处于竖直方向并呈自由悬挂状态. 调节螺旋 D 使指标管上的刻线及其在指标镜中的像与指标镜中间刻线达到"三线"重合,把此时游标尺读数 S_0 记入表 1 内.

(2) 在砝码盘上加 1g 砝码,调节螺旋 D 使"三线"重合,把此时游标尺的读数 S_1 记入表 1 内.

(3) 此后每加 1g 砝码,重复步骤(2)测量一次,直至加到 7g,把每次游标尺上的读数 S_2, $S_3, \cdots, S_7$ 记入表 1 内. 然后逐次减 1g 砝码,测出相应的 $S'_7, S'_6, \cdots, S'_1$,用逐差法计算出弹簧的劲度系数 k.

2. 测量水的表面张力系数

(1) 用游标卡尺或米尺测量 Π形金属框的宽度 l,测三次,取其平均值. 用镊子夹往 Π形框置于酒精灯上烧红去污,自然冷却后挂于指标镜下.

(2)将指标管固定在适当位置上,调节螺旋 D,使"三线"重合,把此时游标尺的读数 x_0 记入表 2 内.

(3)用蒸馏水冲洗玻璃烧杯,然后倒入待测蒸馏水并置于平台 R 上,用温度计测出水温 T.

(4)调节螺旋 N,使平台上升,让Ⅱ形框的横梁刚刚浸入水中后,再缓慢调节螺旋 D 使 B 杆上升,同时缓慢调节螺旋 N 使平台下降,这时Ⅱ形框将拉起一层水膜.在拉膜的过程中始终要求"三线"重合,直至液膜破裂,把拉脱时游标尺的读数 x_1 记入表 2.

(5)重复步骤(4)两次,把相应的游标尺读数 x_2,x_3 记入表 2 内.

数据记录与处理

表 1　测定弹簧劲度系数 k(逐差法)

砝码质量 ($M\times 10^{-3}$)kg	游标尺读数 $S(\times 10^{-3}\text{m})$		
	增加砝码	减砝码	平均值
0	S_0	S'_0	$\overline{S}_0$
1	S_1	S'_1	$\overline{S}_1$
2	S_2	S'_2	$\overline{S}_2$
3	S_3	S'_3	$\overline{S}_3$
4	S_4	S'_4	$\overline{S}_4$
5	S_5	S'_5	$\overline{S}_5$
6	S_6	S'_6	$\overline{S}_6$
7	S_7	S'_7	$\overline{S}_7$

加 4g 砝码时,弹簧的伸长量:

$\Delta S_1 = \overline{S}_4 - \overline{S}_0 = $ _____ m　　$\Delta S_2 = \overline{S}_5 - \overline{S}_1 = $ _____ m

$\Delta S_3 = \overline{S}_6 - \overline{S}_2 = $ _____ m　　$\Delta S_4 = \overline{S}_7 - \overline{S}_3 = $ _____ m

平均值 $\overline{\Delta S} = \dfrac{\Delta S_1 + \Delta S_2 + \Delta S_3 + \Delta S_4}{4} = $ _____ m

$\overline{\Delta(\Delta S)} = \dfrac{|\Delta S_1 - \overline{\Delta S}| + |\Delta S_2 - \overline{\Delta S}| + |\Delta S_3 - \overline{\Delta S}| + |\Delta S_4 - \overline{\Delta S}|}{4} = $ _____ m

弹簧的劲度系数: $\overline{k} = \dfrac{\Delta g}{\overline{\Delta S}} = \dfrac{4\times 10^{-3}\times 9.8}{\overline{\Delta S}} = $ _____ $\text{N}\cdot\text{m}^{-1}$

相对误差: $E = \dfrac{\overline{\Delta k}}{\overline{k}} = \dfrac{\overline{\Delta(\Delta S)}}{\overline{\Delta S}} = $ _____

绝对误差: $\overline{\Delta k} = E\cdot\overline{k} = $ _____ $\text{N}\cdot\text{m}^{-1}$

测量结果: $k = \overline{k} \pm \overline{\Delta k} = $ _____ $\pm$ _____ $\text{N}\cdot\text{m}^{-1}$

表2 测水的表面张力系数 α　　水温_____℃

游标尺读数 $x(\times 10^{-3}\text{m})$				弹簧伸长量 $\Delta x(\times 10^{-3}\text{m})$				框宽 $l(\times 10^{-3}\text{m})$			
x_0	x_1	x_2	x_3	Δx_1	Δx_2	Δx_3	$\overline{\Delta x}$	l_1	l_2	l_3	$\bar{l}$

$$\bar{\alpha} = \frac{\bar{k} \cdot \overline{\Delta x}}{2\bar{l}} = \underline{\qquad} \text{ N}\cdot\text{m}^{-1}$$

相对误差：$E = \dfrac{\overline{\Delta \alpha}}{\bar{\alpha}} = \dfrac{\overline{\Delta k}}{\bar{k}} + \dfrac{\overline{\Delta(\Delta x)}}{\overline{\Delta x}} + \dfrac{\overline{\Delta l}}{\bar{l}} = \underline{\qquad}$

绝对误差：$\overline{\Delta \alpha} = E \cdot \bar{\alpha} = \underline{\qquad} \text{ N}\cdot\text{m}^{-1}$

测量结果：$\alpha = \bar{\alpha} \pm \overline{\Delta \alpha} = \underline{\qquad} \pm \underline{\qquad} \text{ N}\cdot\text{m}^{-1}$

注意事项

(1) 约利氏秤的弹簧十分精密，实验时切勿使其超负荷，以免损坏.

(2) 实验所用烧杯、镊子的尖端及Ⅱ形框的清洁与否直接影响实验结果，切勿用手触摸.

(3) 拉膜过程中，动作要缓慢，观察时眼睛应与刻线处于同一水面，以减少误差.

思考题

1. 影响实验结果的因素有哪些？为什么？
2. 用作图法如何求解弹簧的劲度系数？

力敏传感器法

实验目的

(1) 学习力敏传感器的定标方法；
(2) 测量液体的表面张力系数；
(3) 观察拉脱法测液体表面张力的物理过程和物理现象,加深对物理规律的认识.

实验仪器

液体表面张力系数测定仪(FD-NST-Ⅰ)、游标卡尺(0.02mm).
仪器描述：

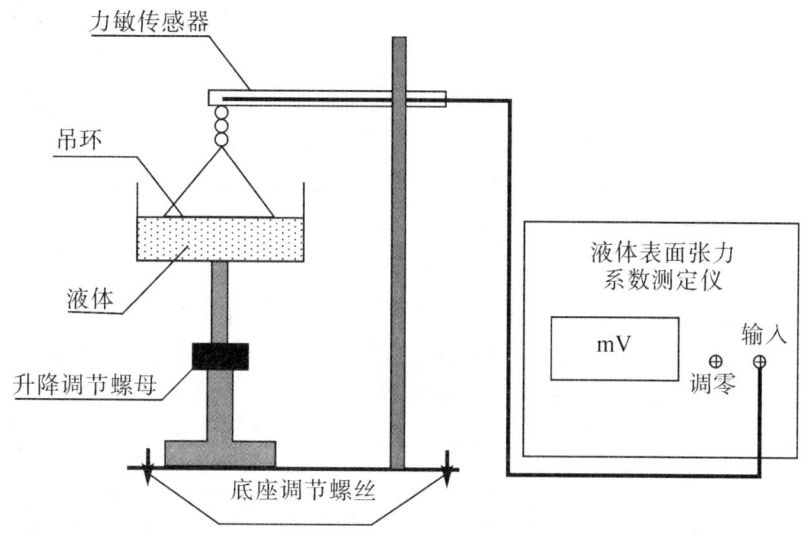

图 3－18　液体表面张力系数测定实验装置

1. FD-NST-Ⅰ型液体表面张力测定仪

图 3－18 为实验装置图,其中,FD-NST-Ⅰ型液体表面张力测定仪包括硅扩散电阻,非平衡电桥的电源和测量电桥失去平衡时输出电压大小的数字电压表.其他装置包括铁架台,微调升降台,装有力敏传感器的固定杆,盛液体的玻璃皿和圆环吊环等,实验证明,当环的直径在 3cm 附近而液体和金属环接触的接触角近似为零时.运用公式(1)测量各种液体的表面张力系数的结果较为正确.

2. 硅压阻式力敏传感器的结构及原理

传感器是将感受的物理量、化学量等信息,按一定的规律转换成便于测量和传输的信号的装置.传感器结构如图 3－19 和图 3－20 所示,其中硅力敏传感器芯片由电桥线路组成.当挂钩端受到力的作用时,固定在弹性梁上的电阻器件发生弯曲导致电阻 R_x 变化,变化的结果又导致电桥上、下两端电压 ΔU 变化,从而通过测量电压 ΔU 的变化可得出挂钩端受到的力的变化.

传感器输出量 ΔU 与相应输入量 ΔF 之比称为传感器的灵敏度 B,单位为 $\dfrac{\mathrm{mV}}{\mathrm{N}}$.它表示每增加 1N 的力,力敏传感器的电压改变量为 B mV.

$$\Delta U = B \cdot \Delta F$$

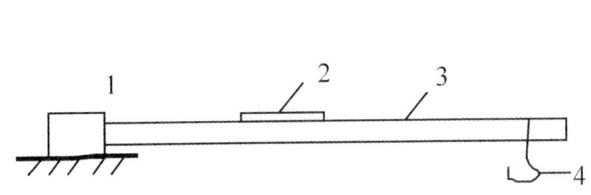
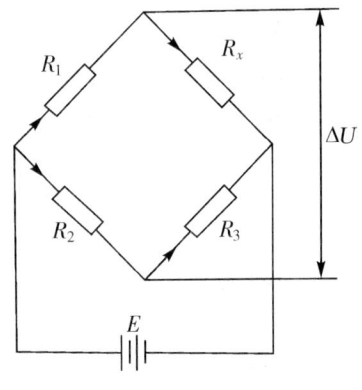

1.力臂固定点 2.硅力敏传感器芯片
3.弹性梁 4.挂钩

图 3－19 传感器结构简图

图 3－20 传感器原理

实验原理

由于液体分子间的相互作用,液体表面具有趋于缩小的性质.液体收缩表面的力叫做表面张力,其大小与液面分界线的长度 l 成正比,即

$$f = \alpha \cdot l \tag{1}$$

式中 α 叫做液体表面张力系数,它表示液面单位长度分界线上的表面张力,在国际制中单位 $\mathrm{N} \cdot \mathrm{m}^{-1}$.它的大小与液体的种类、纯度及温度有关,温度升高时,α 值变小.

下面以片状吊环为例,给出表面张力系数计算公式.
如图 3－21 所示,考虑一级近似,可以认为

$$f = f_1 + f_2 = \alpha \cdot \pi(D_1 + D_2) \tag{2}$$

式中,f 为表面张力,D_1,D_2 分别为吊环的外径和内径,α 为液体的表面张力系数.吊环在液膜拉破前瞬间有:

$$F_1 = f + W \tag{3}$$

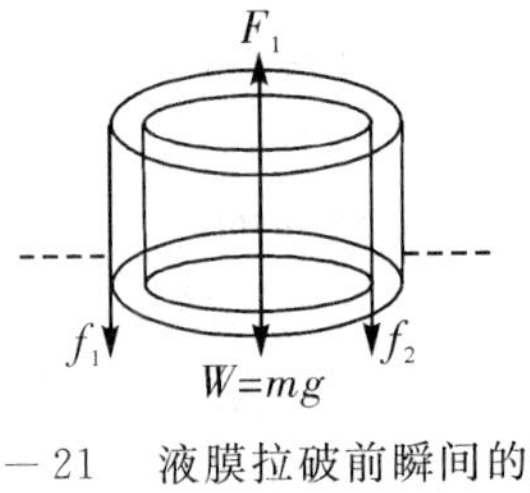

图 3－21 液膜拉破前瞬间的受力

W 吊环在液膜拉破后瞬间有:

$$F_2 = W \tag{4}$$

吊环在液膜拉破前后电压的变化值可表示为:

$$U_1 - U_2 = \Delta U = B \cdot \Delta F = B(F_1 - F_2) = B\alpha\pi(D_1 + D_2) \tag{5}$$

由(5)式可以得到液体的表面张力系数为:

$$\alpha = \dfrac{U_1 - U_2}{B\pi(D_1 + D_2)} = \dfrac{\Delta U}{B\pi(D_1 + D_2)} \tag{6}$$

其中:U_1 为液膜拉断前瞬间电压表的读数,U_2 为液膜拉断后瞬间电压表的读数.

实验中,通过测量待测液体表面脱离时所需的拉力,从而求得该液体表面张力系数的方法称为拉脱法.根据实验采取的器材不同可分为:吊环法、吊片法、片状吊环法等,下面为对

各种方法进行比较的结果.

（1）吊环法：使用金属细线制成吊环时，在液膜被拉破的瞬间接触角不接近于零，此时所测得的力是表面张力向下的分量，因而所得表面张力系数误差较大，必须用修正公式对测量结果进行修正.

（2）吊片法：虽然液膜被拉破的瞬间接触角趋近于零，但在具体测量时，由于吊片在拉脱过程中容易发生倾斜，实验时吊片的长度上限为 3～4cm，而在测量力时，则希望力大一点，有利于提高测量精确度.

（3）片状吊环法：设计有一定厚度的片状吊环.经过对不同直径吊环的多次试验，发现当调换直径等于或略大于 3.3cm 时，在液膜被拉破的瞬间液体与金属环之间的接触角接近于零，此时接触面总周长约为 20cm.在保持接触角为零时，能得到一个较大的待测力.

实验内容及步骤

1. 力敏传感器的定标

每个力敏传感器的灵敏度都有所不同，在实验前，应先将其定标，步骤如下：

（1）打开仪器的电源开关，将仪器预热 15min.

（2）在传感器横梁端挂钩中，挂上砝码盘，调节电子组合仪上的调零旋钮，使数字电压表显示为零.

（3）在砝码盘上分别加 0.5g，1.0g，1.5g，2.0g，2.5g，3.0g，3.5g 等质量的砝码，记录相应砝码作用下，数字电压表的读数值 U.

（4）用最小二乘法作直线拟合，求出传感器灵敏度 B 和相关系数 r.

2. 环的测量与清洁

（1）用游标卡尺测量金属圆环的外径 D_1 和内径 D_2.

（2）环的表面状况与测量结果有很大的关系，实验前应将金属片状吊环在酒精中浸泡 20～30s，然后用蒸馏水洗净.

3. 测量液体的表面张力系数

（1）调节片状吊环，使其下沿呈水平状

将传感器横梁与玻璃器皿调至合适位置.将片状吊环挂在传感器的挂钩上，调节升降台，将液体升至靠近吊环的下沿，观察吊环下沿与待测液面是否平行，如果不平行，将吊环取下，调节吊环上的细丝，反复比较吊环下沿与待测液面，直至平行.

（2）测量液膜拉断前、后数字电压表读数值

调节升降台，使其渐渐上升，将环片的下沿部分全部浸于待测液体中，然后反向调节升降台，使液面逐渐下降，这时，金属环片和液面间形成一环形液膜，继续下调液面，测出环形液膜即将拉断前一瞬间数字电压表读数值 U_1 和液膜拉断后一瞬间数字电压表读数值 U_2.

（3）测量水的温度 T

将数据代入公式(6)，求出液体的表面张力系数，并与标准值进行比较.

数据记录

表1 传感器灵敏度的测量

m/g	0.5	1.0	1.5	2.0	2.5	3.0	3.5
U/mV							

经最小二乘法拟合得 $B = $ _____ mV/N,拟合的线性相关系数 $r = $ _____

表2 水的表面张力系数的测量

金属环外径 $D_1 = $ _____ cm,内径 $D_2 = $ _____ cm,水的温度:$T = $ _____ ℃

编号	U_1/mV	U_2/mV	ΔU/mV	F/N	α/N·m^{-1}
1					
2					
3					
4					
5					

平均值:$\bar{\alpha} = $ _____ N·m^{-1}

附:水的表面张力系数的标准值:

α/N·m^{-1}	0.074 22	0.073 22	0.072 75	0.071 97	0.071 18
水的温度 /℃	10	15	20	25	30

注意事项

1.吊环水平须调节好,如果偏差1°,测量结果引入误差为0.5%;偏差2°,引入误差为1.6%.

2.在旋转升降台时须尽量缓慢,以减小液体的波动.

3.工作室不宜风力过大,以免吊环摆动,导致测量误差.

4.力敏传感器使用时用力不宜大于0.098N.过大的拉力传感器容易损坏.

5.实验结束须将吊环用清洁纸擦干,用清洁纸包好,放入干燥缸内.

思考题

1.表面张力与哪些因素有关?实验中应注意哪些因素才能减小误差?

2.若吊环的下沿所在平面与液面不平行,测得的表面张力系数是大了还是小了?为什么?

3.为什么要在液膜破裂前的一瞬间读出 U_1,而不是将数字电压表显示的最大值作为

U_1 值？

4. 金属环片在被拉动的整个过程中，数字电压表的读数是如何变化的？分析这样变化的原因.

实验六　金属杨氏弹性模量的测量（光杠杆法）

材料受外力作用时必然发生形变，杨氏模量（也称弹性模量）是衡量材料受力后形变能力大小的参数之一，亦即描述材料抵抗弹性形变能力的一个重要物理量. 它是生产、科研中选择合适材料的重要依据，是工程技术设计中常用的参数.

本实验采用静态拉伸法测定金属丝的杨氏模量. 虽然其中较多直接测量属于长度测量，但随其数量级不同仍采用了不同量具及测量方法. 而钢丝长度的改变量很小，用一般测量长度的工具不易精确测量，也难以保证其精度要求，对微小长度变化量用光杠杆放大原理予以测量，并用逐差法处理其测量数据.

实验目的

(1) 学会用拉伸法测金属丝的杨氏模量；
(2) 学会用光杠杆放大法测量长度微小变化量的原理及方法；
(3) 掌握用逐差法处理实验数据.

实验仪器

杨氏模量测定仪，光杠杆及望远镜尺组，螺旋测微计，游标卡尺和钢卷尺等.

实验原理

物体在外力作用下所发生的形变，可以分为弹性形变和范性形变两类. 本实验只研究弹性形变，因此应控制外力大小，不要使物体超过弹性限度.

纵向拉伸是弹性形变中最简单的一种. 设有一根长为 L、横截面积为 S 的金属丝在外力 F 作用下. 此时金属丝伸长 ΔL，金属丝的弹性力与外力平衡. 根据虎克定律，在弹性限度内，应变 $\Delta L/L$ 与应力 F/S 成正比，即

$$\frac{F}{S} = E \frac{\Delta L}{L} \tag{1}$$

式中，比例系数 E 称为杨氏（弹性）模量，其单位为 N/m^2，它仅与材料的性质有关. 若金属丝直径为 d，则 $S = \frac{1}{4}\pi d^2$ 代入上式得：

$$E = \frac{4FL}{\pi d^2 \Delta L} \tag{2}$$

通常用杨氏模量测定仪测金属丝的杨氏模量. 杨氏模量测定仪的三角底座上，装有两根立柱和调整螺丝. 由于伸长量 ΔL 很小，不能用一般工具测量，本实验采用光放大原理设计

的光杠杆及望远镜尺组进行测量．光杠杆的形状如图3-22所示，一块直立的平面镜装在三脚架的一端，两前脚放在平台上的横槽内，弯脚放在测定仪平台圆孔中圆柱体夹头的上端面上，调整圆柱体夹头在圆孔中的位置使光杠杆三脚尖处于同一水平面．当金属丝发生形变时，光杠杆的弯脚随之升降，镜面将向前或向后倾斜．在离镜面距离为 R 的望远镜尺组中可以看到标尺的读数发生变化．

图3-23是测量原理图．当金属丝被拉长 ΔL 时，光杠杆的镜面向后仰 θ 角，弯脚绕前两脚连线也转过 θ 角，由图可见

$$\mathrm{tg}\theta = \frac{\Delta L}{D}$$

式中，D 为光杠杆弯脚到两前脚连线的垂直距离．

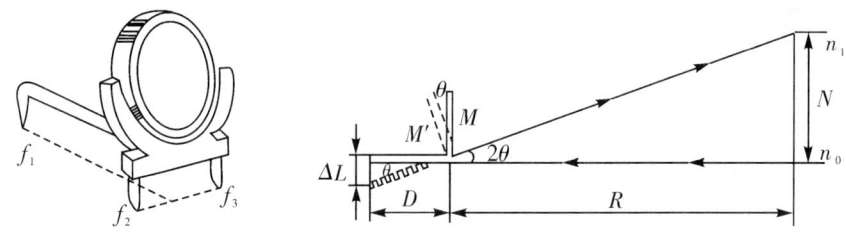

图 3-22　　　　　　　　　　图 3-23

若金属丝未伸长前，平面镜的法线与望远镜轴线一致，从望远镜中读得的标尺读数为 n_0，当金属丝伸长 ΔL 后读数为 n_1，两次读数之差 $N = n_1 - n_0$ 是与 ΔL 成正比的量．

由于镜面法线转过了 θ 角，这时入射光和反射光的夹角为 2θ，设镜面到标尺的距离为 R，则有

$$\mathrm{tg}2\theta \approx \frac{N}{R}$$

在本实验中由于 ΔL 很小，转过的 θ 角也很小，所以

$$2\mathrm{tg}\theta \approx \mathrm{tg}2\theta$$

由此可得

$$2\frac{\Delta L}{D} = \frac{N}{R}$$

即

$$\Delta L = \frac{D}{2R}N \tag{3}$$

可见只要测出 D，R 和 N，就可以求出金属丝的微小伸长量 ΔL．

实验时取 R 远大于 D，则 N 必然远大于 ΔL．这样，光杠杆就把原来不易测量的微小量 ΔL 转换成能在标尺上直接读出的数值较大的 N，$\frac{N}{\Delta L} = \frac{2R}{D}$ 即是光杠杆的放大倍数．若 D 为 $4.0\mathrm{cm} \sim 8.0\mathrm{cm}$，$R$ 为 $1.00\mathrm{m} \sim 2.00\mathrm{m}$，放大倍数就为 $25 \sim 100$ 倍．

将式(3)代入式(2)，得

$$E = \frac{8FLR}{\pi d^2 DN} \tag{4}$$

由上面推导过程可知，上式成立的条件是，不超过金属丝的弹性限度，θ 角很小，即 $\Delta L \ll D$，$N \ll R$，标尺保持竖直，望远镜保持水平，平面镜镜面与标尺平行，平面镜镜面与望远镜光轴垂直等，实验时要注意满足这些条件．

实验内容及步骤

1. 杨氏模量测定仪的调整

(1) 调节杨氏模量测定仪,使立柱铅直.

(2) 挂上砝码托并加上两个砝码(每个砝码的质量1kg)把金属丝拉直,检查圆柱体是否能在平台圆孔中自由滑动.

(3) 将光杠杆按前述要求放好.调整平台上圆孔中圆柱体夹头的上下位置,尽量使光杠杆三脚足尖在同一水平面上,使光杠杆的直杆呈水平状态,而后调节平面镜镜面竖直.

注意:在整个实验过程中,弯脚不能与金属丝或平台相碰.

2. 光杠杆及望远镜尺组的调节

(1) 将望远镜尺组安放在光杠杆镜面的正前方0.6m处,调节望远镜筒水平,标尺竖直,并调节望远镜筒在立柱上的位置使其和光杠杆镜面等高,并使标尺面正对光杠杆镜面所在的竖直平面.

(2) 镜外找像,先从望远镜上方沿镜筒轴线方向观察光杠杆的镜面,应该看到标尺的像.若无,可左右移动望远镜尺组的底座直至看到平面镜中有标尺的像.

(3) 旋转目镜调焦螺旋,使望远镜筒中的分化板十字叉丝恰好处于目镜的焦平面上,此时从目镜中看到清晰的十字叉丝,并无视差.

(4) 镜内找像,先调节望远镜调焦旋钮,使从目镜视场中能看到清晰的标尺刻度像,若无,则再观察望远镜上方缺口、准星是否正对平面镜中标尺像,并调节三者在一条水平线上,直至从目镜视场中看到清晰的标尺刻度像为准,而后调节望远镜筒前下方微调螺钉,使目镜视场中分化板上水平丝对准标尺像的某一整刻度,并记录标尺刻度读数.

3. 测量

(1) 轻轻地依次将1kg的砝码加到砝码托上,记录每次从望远镜中读得的尺像读数n_i(共七次).加砝码时要注意勿使砝码托摆动,并将砝码缺口交叉放置,以免倒下.

(2) 将砝码再轻轻依次取下,并记录每取下1kg时的读数n'_i.共记录七次读数.

应当注意,在增加或减少砝码的过程中,必须使砝码不摆动时再进行读数,当金属丝荷重相同时,读数应基本相同,若差距很大,必须先找出原因,再做实验.

(3) 用钢卷尺测量光杠杆镜面到标尺的距离R和上下夹子之间金属丝的原长L.

(4) 由印迹法(即将光杠杆拿下放在纸上压出三脚足尖的迹点)用卡尺测出光杠杆弯脚到两前脚连线的垂直距离D.

(5) 用螺旋测微计测量金属丝的直径d,要选择上、中、下三处位置共测量六次,用测得的平均值减去该螺旋测微计的零点读数即为d的测量值.

数据记录与处理

1. 用逐差法处理加码荷重数据

逐差法是实验中常用的一种处理数据的方法.根据误差知识,算术平均值是待测量的最佳值,故在实验中应进行多次测量.但有的实验如果简单地取平均值,并不能得到好的结果.

如本实验,每次加质量为 1kg,共加七次,所得读数为 $n_0, n_1, \cdots, n_7$. 而每加 1kg 的读数增量为 $N_i = n_i - n_{i-1}(i = 1, 2, \cdots, 7)$ 七个增量的平均值为

$$\overline{N} = \frac{1}{7}\sum(n_i - n_{i-1}) = \frac{n_7 - n_0}{7}$$

显然与中间值无关,只与始末两次测量值有关.这就相当于一次加 7 个砝码的单次测量.

为了保持多次测量的优点,可把一组偶数个数据分为前后相等的两部分,然后通过对应项的逐项求差,再求平均,这种方法为逐差法.如本实验前一半为 n_0, n_1, n_2, n_3,后一半为 n_4, n_5, n_6, n_7 对应项之差为 4 的读数增量,每千克的读数增量为:

$$N_1 = \frac{1}{4}(n_4 - n_0), N_2 = \frac{1}{4}(n_5 - n_1)$$

$$N_3 = \frac{1}{4}(n_6 - n_2), N_4 = \frac{1}{4}(n_7 - n_3)$$

再取平均: $\overline{N} = \frac{1}{4}(N_1 + N_2 + N_3 + N_4)$.

用逐差法处理数据的表格如下,其余表格自己设计.

用逐差法处理数据表格

F/kg	读数 n			每千克的读数增量
	增重 n_i/cm	减重 n_i'/cm	平均 $\overline{n_i} = \frac{(n_i + n_i')}{2}$/cm	
0				$N_1 = (n_4 - n_0)/4$
1				$N_2 = (n_5 - n_1)/4$
2				$N_3 = (n_6 - n_2)/4$
3				$N_4 = (n_7 - n_3)/4$
4				$N = \frac{1}{4}(N_1 + N_2 + N_3 + N_4)$ $F = mg = 9.8(\text{N})$
5				
6				
7				

注意事项

(1) 光路调整好后,在整个实验过程中不能碰撞或移动仪器.

(2) 增、减砝码时,动作要轻、慢.并随时观察,判断标尺读数是否合理,应等金属丝不晃动并且变形稳定后再进行测量.

(3) 正确使用和维护望远镜,不要用手触摸物镜和目镜.调整镜筒时要轻、慢.调好后,在整个测量过程中不得再碰动望远镜.

(4) 光杠杆应正确放置,防止跌落.

(5) 测金属丝直径时勿将它扭折.

思考题

1. 本实验有几种长度测量?各用什么仪器?为什么?
2. 用光杠杆测量长度的微小变化原理是什么?用式(4)测定杨氏模量需要满足哪些实验条件?
3. 本实验用逐差法处理数据的优点是什么?
4. 根据误差分析,影响本实验测量误差的关键是哪几个量?为什么?

实验七　　刚体转动惯量的测定

转动惯量是刚体在转动过程中惯性大小的量度.它与刚体的质量、形状大小和转轴的位置有关.对于质量分布均匀、具有规则几何形状的刚体,可以通过数学方法计算出它绕给定转动轴的转动惯量;对于质量分布不均匀、没有规则几何形状的刚体,则大都采用实验方法测定.正确测定物体的转动惯量,在工程技术中有着十分重要的意义,也是高校理工科物理实验教学大纲中的一个重要基本实验.因此,学会用实验的方法测定刚体的转动惯量具有重要的实际意义.

测定转动惯量的实验方法较多,如转动法、扭摆法、三线摆法等,本实验采用转动法来测定刚体的转动惯量.为了便于与理论计算比较,实验中仍采用形状规则的刚体.

实验目的

(1) 学习用智能转动惯量实验仪测定物体的转动惯量;
(2) 验证刚体转动定律和平行轴定理.

实验仪器

JM-3型智能转动惯量实验仪、电子秤、游标卡尺、水平仪、砝码、米尺等.

实验仪器介绍

JM-3型智能转动惯量实验仪由电脑毫秒计和转动惯量实验仪两部分组成.

刚体转动惯量实验仪如图3-24和图3-25所示,转动体系由承物台、绕线塔轮、遮光细棒等(含小滑轮)组成.两遮光细棒随体系转动,依次通过光电门,每π弧度(半圈)遮挡光电门一次.塔轮上有五个不同半径(r)的绕线轮.砝码钩上可以放置不同数量的砝码,以获得不同的外力矩.

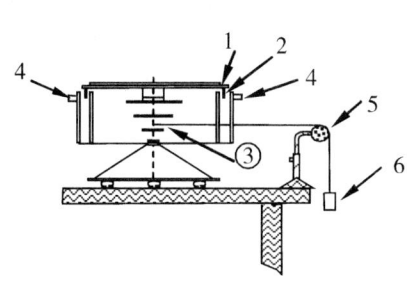
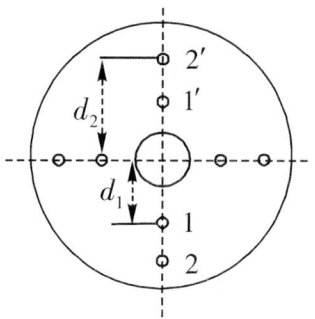

1. 承物台 2. 遮光细棒 3. 绕线塔轮
4. 光电门 5. 滑轮 6. 砝码

图 3-24 刚体转动惯量实验仪　　　　图 3-25 承物台俯视图

电脑毫秒计由 MCS-51 单片微型计算机等器件组成. 利用 MCS-51 单片机测量转动周期,并由单片机汇编语言程序计算和显示出刚体的角加速度等,与早期秒表计时方式比较不仅提高了测量精度,还减少了实验过程中的许多计算环节.

电脑毫秒计前后面板及按键功能如图 3-26 所示:

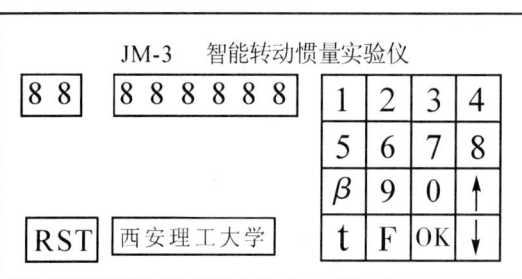
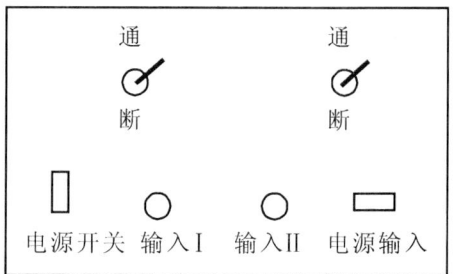

左上为脉冲组(个)数显示窗:2 位数码;中上为计时或角加速度显示窗:6 位数码
RST——复位或重新开始按键;OK 回车键,各类操作确定按键
β——提取角加(减)速度按键;t 提取时间按键
↑——选择数据组递增按键;↓ 选择数据组递减按键
F——软起动按键

图 3-26

实验原理

根据刚体的定轴转动定律

$$M = J\beta = J\frac{d\omega}{dt}$$

只要测定刚体转动时所受的合外力矩及该力矩作用下刚体转动的角加速度 β,则可计算出该刚体的转动惯量,这就是恒力矩转动法测定转动惯量的基本原理和设计思路.

1. 转动惯量 J 的测量原理

砝码盘及其砝码是系统转动的动力. 分析转动系统受力如图 3-27 所示. 当砝码钩上放置一定的砝码时,若松开手,则在重力的作用下,砝码就会通过细绳带动塔轮加速转动. 当砝码绳脱离塔轮后,系统将只在摩擦力矩的作用下减速转动.

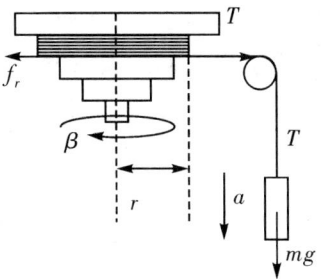

图 3－27　转动系统受力图

本实验中待测试件可以放在实验台上,随同实验台一起作定轴转动.设空实验台(未加试件)转动时,其转动惯量为 J_0,我们称它为该系统的本底转动惯量.加上被测刚体后,系统总的转动惯量为 J,由转动惯量的叠加原理可知,则被测试件的转动惯量 $J_{测件}$ 为:

$$J_{测件} = J - J_0 \text{ 或 } J = J_0 + J_{测件} \tag{1}$$

实验时,先测出系统支架(空实验台)的转动惯量 J_0,然后将待测试件放在支架上,测量出系统总的转动惯量 J,利用上式可计算出待测试件的转动惯量 $J_{测件}$.

未加试件及外力时($m=0, T=0$),即外力矩为零时(不加重力砝码),若使系统以某一初角速度开始转动,则系统将在摩擦力矩 M_r 的作用下,作匀减速转动,设角加速度为 β_1,则由刚体的转动定律有

$$-M_r = J_0 \beta_1 \tag{2}$$

其中

$$M_r = r f_r \tag{3}$$

加外力后(即有外力矩),设系统的角加速度为 β_2,则:

$$Tr - f_r r = J_0 \beta_2 \tag{4}$$

而

$$mg - T = ma \tag{5}$$

$$a = r\beta_2$$

其中 m—— 砝码质量,g—— 重力加速度,T—— 绳的张力.

联立式(2),(3),(4),(5)得:

$$J_0 = \frac{mgr}{\beta_2 - \beta_1} - \frac{\beta_2}{\beta_2 - \beta_1} mr^2 \tag{6}$$

测出 β_1 以及所加外力矩 mgr 后的 β_2,由式(6)即可得 J_0,将 J_0 代入式(2)附带可得出摩擦力矩 M_r.

同理,加试件圆盘后有

$$J = \frac{mgr}{\beta_4 - \beta_3} - \frac{\beta_4}{\beta_4 - \beta_3} mr^2 \tag{7}$$

需要注意:β_1, β_3 是由摩擦力矩产生的角加速度,其值为负,因此式(6),(7)分母中的两角加速度为绝对值相加.由式(7),(1)可计算出圆盘的转动惯量 $J_{盘}$.

同理加测试件圆环,对应另一组 β,即 β_5、β_6,将式(7)中的角加速度用 β_5, β_6 替换,同样可算出圆环的转动惯量 $J_{环}$.

2. 角加速度 β 的测量原理

实验中直接测量的是时间和角位移，β 可由下列计算间接得出.

由刚体运动学，我们知道角位移 θ 和时间的关系为：

$$\theta = \omega_0 t + \frac{1}{2}\beta t^2 \tag{8}$$

在一次转动过程中，刚体转过 θ_1，θ_2 时，对应的时间为 t_1 和 t_2，则有：

$$\theta_1 = \omega_0 t_1 + \frac{1}{2}\beta t_1^2 \tag{9}$$

$$\theta_2 = \omega_0 t_2 + \frac{1}{2}\beta t_2^2 \tag{10}$$

(9)，(10) 联立求解得：

$$\beta = \frac{2(\theta_2 t_1 - \theta_1 t_2)}{t_1 t_2 (t_2 - t_1)} \tag{11}$$

本实验采用电脑式毫秒计自动记录．当刚体开始转动，且某遮光细棒通过光电门时开始计时，记录角位移和记录两遮光细棒过光电门的次数 k 值（脉冲数）．因为开始时，$t=0$，$k=1$，$\theta=0°$，当另一遮光细棒再次通过该光电门时，刚体转过 $\theta = 1\pi$，$k=2$，因此，当两遮光细棒通过光电门的总次数为 k 时，刚体的角位移为 $\theta = (k-1)\pi$．

设两遮光细棒通过光电门的总次数为 k_1，k_2 时，电脑毫秒计计时分别为 t_1，t_2，则由式 (11) 可得：

$$\beta = \frac{2[(k_2 - 1)\pi t_1 - (k_1 - 1)\pi t_2]}{t_2 t_1 (t_2 - t_1)}$$

$$= \frac{2\pi[(k_2 - 1)t_1 - (k_1 - 1)t_2]}{t_2 t_1 (t_2 - t_1)} \tag{12}$$

k_1，k_2 不一定取相邻的两个数，例如 k_2 取 6，k_1 取 4，或者 k_2 取 5，k_1 取 3 均可（注意：k_1 与 k_2 的差值不宜太大，而且取成偶数，不要取成奇数）．

实际测量时，可以从电脑毫秒计上直接读取 β 值，无需提取脉冲数及对应的时间用式 (12) 进行计算．

3. 平行轴定理

平行轴定理：质量为 m 的刚体，对过其质心 C 的某一转轴的转动惯量为 J_C，则刚体对平行于该轴、和它相距为 d 的另一转轴的转动惯量 $J_{平行}$ 为：

$$J_{平行} = J_C + md^2 \tag{13}$$

在上式两端都加上系统本底转动惯量 J_0，则系统总转动惯量 J 为：

$$J = J_{平行} + J_0 = J_C + J_0 + md^2 \tag{14}$$

J_C，J_0 都为定值，若将两个完全相同、质量为 m 的小钢柱先后置于承物台两小孔 1 和 1′ 及 2 和 2′ 处，则此时系统的总转动惯量 J_1，J_2 分别为：

$$\left.\begin{array}{l} J_1 = J_C + J_0 + 2md_1^2 \\ J_2 = J_C + J_0 + 2md_2^2 \end{array}\right\} \tag{15}$$

由式 (15) 可得：

$$\Delta J = J_2 - J_1 = 2m(d_2^2 - d_1^2) \tag{16}$$

实验时若证明式 (16) 成立，则间接验证了平行轴定理．

4. J 的"理论"公式

设待测的圆盘质量为 $m_{盘}$、半径为 R，则圆盘、圆柱绕几何中心轴的转动惯量理论值为：

$$J_{盘} = \frac{1}{2} m_{盘} R^2 \tag{17}$$

待测的圆环质量为 $m_{环}$，内外半径分别为 $R_{内}$、$R_{外}$，圆环绕几何中心轴的转动惯量理论值为：

$$J_{环} = \frac{m_{环}}{2}(R_{外}^2 + R_{内}^2) \tag{18}$$

实验内容与步骤

1. 将水平仪置于承物台适当位置，调节转动惯量仪底脚螺钉，使仪器处于水平状态。

2. 用电缆将光电门与仪器相连，只接通一路。若用输入 I 插孔输入，该通断开关接通，输入 II 通断开关必须断开。

3. 通电后，显示 PP－HELLO，3 秒钟后进入模式设定等待状态 F0164，前两位数表示几个输入脉冲编为 1 组（计时单位），01 表示输入 1 个脉冲作为 1 次计时单元，后两位数表示可记录的每组脉冲的次数，且"组"×"次数"≤64。在"F0164"等待状态，可按动数字键进行设定，如 F0232。

4. 测量空台的转动惯量

（1）将砝码挂钩挂在线的一端（线的长度最好是当砝码落地时，另一端刚好脱开塔轮）。线的另一端打个结，将打结的一端塞入塔轮的沟槽中，将线全部无叠加的绕在塔轮上。

（2）按"OK"键显示"88－888888"进入待测状态。

（3）放开砝码让其自由落下，当砝码落地时线的另一端自动从塔轮的沟槽中脱出。

（4）当第一个光电脉冲通过时即开始记时，此时脉冲组（个）数数字跳动，表示记数正常运行。测量和计算完毕即显示 EE。

（5）提取（角）加速度值：

① 按 β 键出现"×× b"后，按数字键 01，再按"OK"键，即显示出"01"、"$b±×.×××$"数值。按"↑"键将提取的其他 β 值填入表 2 中。

② 在有外力作用的加速旋转状态到砝码落地后的减速旋转之间，隔有 5 次"PASS"，这表示该转折点周围的数据不可靠，须舍去。由式（6）算出本底转动惯量 J_0。

转动惯量仪在转动过程中，电脑毫秒计会自动记录下每转过 π 弧度时的次数和时间，而且还能计算出角加速度的值。砝码落地之前，转动仪受外力矩的作用角加速度为正值（即 β_2），而砝码落地之后转动仪在摩擦力矩的作用下，角加速度为负值（即 β_1），由于从正角加速度转变到负角加速度，中间计算方法也有个转换过程。为此，电脑毫秒计中间隔有 5 次"PASS"以后再提取角加速度即为 β_1。

5. 测量圆盘的转动惯量

（1）加上圆盘，重复实验步骤 4，提取 β_3，β_4。

（2）由式（7）算出圆盘的转动惯量 $J_{空台+圆盘}$。

（3）由式（1）算出系统总的转动惯量 $J_{圆盘}$。

6. 测量圆环的转动惯量

(1) 加上圆环,重复实验步骤 4,提取 β_5,β_6.

(2) 由式(7)算出系统总的转动惯量 $J_{空台+圆环}$.

(3) 由式(1)算出圆环的转动惯量 $J_{圆环}$.

7. 将测量值与理论值相比较,得出测量误差.

8. 验证平行轴定理:

(1) 把两个小钢柱分别放在承物台上的小孔 1 和 1′ 处,重复实验步骤 4,提取 β_7、β_8 的数据,由式(7)算出系统总的转动惯量 J_1.

(2) 再把两个小钢柱分别放在承物台上的小孔 2 和 2′ 处,重复实验步骤 4,提取 β_9、β_{10} 的数据,由式(7)算出系统总的转动惯量 J_2.

(3) 测量承物台上的小孔 1 与 1′ 中心及小孔 2 与 2′ 中心之间的距离,即 $2d_1$、$2d_2$ 的大小.

(4) 验证式(16)是否成立,从而验证平行轴定理.

数据记录及处理

表1 转动惯量实验仪的几何参数、测试件的几何参数与质量($g = 9.8\text{m/s}^2$)

砝码质量	绕线塔轮对应的半径 r	圆盘		圆环			小圆柱	小孔与轴的距离	
		半径 R	质量	内径 $R_内$	外径 $R_外$	质量	质量	d_1	d_2

表2 测量刚体的转动惯量

系统	外力矩/角加速度	提取的角加速度值 $\beta_i/(\text{rad}\cdot\text{s}^{-2})$						均值 $\bar{\beta}$	系统转动惯量 $J/(\text{kg}\cdot\text{m}^2)$
		1	2	3	4	5	6		
空台	有/β_2								$J_{空台} = J_0 =$
	无/β_1								
空台+圆环	有/β_4								$J_{空台+圆环} =$
	无/β_3								
空台+圆盘	有/β_6								$J_{空台+圆盘} =$
	无/β_5								
空台+孔1	有/β_8								$J_1 =$
	无/β_7								
空台+孔2	有/β_{10}								$J_2 =$
	无/β_9								

圆环的转动惯量 $J_{圆环} = J_{空台+圆环} - J_0 = $ _____(测量值);理论值 = _____

圆盘的转动惯量 $J_{圆盘} = J_{空台+圆盘} - J_0 = $ _____(测量值);理论值 = _____

比较理论值与测量值,计算绝对误差与相对误差.

注意事项

1.t 的单位为秒,(角)加速度的单位为弧度每秒平方.作其他用途时,须自行修改;配套仪器为 JM－3 型转动惯量仪,角加速度的计算公式为

$$\beta = \frac{2\pi[(k_2-1)\cdot t_1 - (k_1-1)\cdot t_2]}{t_2^2 t_1 - t_1^2 t_2}$$

从加速到减速机器记录的是统一的(开始)时间,当计算的 β 值为负时,是用新的时间原点 t 和新的计时次数 k,t 与 k 都是减去最后一个"PASS"点的新值,然后再代入上述公式计算.

2.摩擦随运动速度有一些变化,所以在 F 为 0164 模式下测量,角加速度值不多,而角减速度有几十个值,而且还是逐渐减小的,如何取舍?建议从开始减速起,取与加速度相同个数值,再平均.这才与实际的情况接近.

3.电脑在计算负 β 值时,对 t 值多取了一位有效数值(而又未被显现出)以减小计算的误差,故正 β 的校验是一字不差,而负 β 值仅平均值相符.

思考题

1.本实验方法为什么可以不考虑滑轮的质量及其转动惯量?
2.本实验是如何检验转动定律和平行轴定理的?
3.分析本实验产生误差的主要原因是什么.

实验八　　弦线上波的传播规律的研究

波动的研究几乎出现在物理学的每一个领域中,机械扰动在介质内的传播形成机械波,电磁扰动在真空或介质内的传播形成电磁波,不同性质的扰动的传播机制虽不相同,但由此形成的波却具有相同的规律性.本实验介绍一种利用驻波原理测量弦线上横波波长的方法.此外,本实验还要求用作图法或最小二乘法进行数据处理.

实验目的

(1) 观察横波在弦线上所形成的驻波波形;
(2) 验证弦线上的横波波长与弦线张力、频率的关系.

实验仪器

可调频率的数显机械振动源、平台、固定滑轮、可调滑轮、砝码盘及砝码、弦线、电子天平等.

实验原理

1.在一根拉紧的弦线上,其中张力为 T,线密度为 μ,则沿弦线传播的横波应满足下述运动方程:

$$\frac{\partial^2 y}{\partial t^2} = \frac{T}{\mu}\frac{\partial^2 y}{\partial x^2} \tag{1}$$

式中 x 为波在传播方向(与弦线平行)的位置坐标,y 为振动位移.将(1)式与典型的波动方程:

$$\frac{\partial^2 y}{\partial t^2} = V^2 \frac{\partial^2 y}{\partial x^2}$$

相比较,即可得到波的传播速度: $V = \sqrt{\dfrac{T}{\mu}}$

若波源的振动频率为 f,横波波长为 λ,由于 $V = f\lambda$,故波长与张力及线密度之间的关系为:

$$\lambda = \frac{1}{f}\sqrt{\frac{T}{\mu}} \tag{2}$$

为了用实验证明公式(2)成立,将该式两边取对数,得:

$$\log\lambda = \frac{1}{2}\log T - \frac{1}{2}\log\mu - \log f \tag{3}$$

若固定频率 f 及线密度 μ,而改变张力 T,并测出各相应波长 λ,作 $\log\lambda - \log T$ 图,可得一直线,计算其斜率值(如为 $\frac{1}{2}$),则证明了 $\lambda \propto T^{\frac{1}{2}}$ 的关系成立.同理,固定线密度 μ 及张力 T,改变振动频率 f,测出各相应波长 λ,作 $\log\lambda - \log f$ 图,如得一条斜率为 -1 的直线就验证了 $\lambda \propto f^{-1}$ 的关系.

2.弦线上的波长可利用驻波原理测量.当两个振幅和频率相同的相干波在同一直线上相向传播时,其所叠加而成的波称为驻波,一维驻波是波干涉中的一种特殊情形.在弦线上出现许多静止点,称为驻波的波节.相邻两波节间的距离为半个波长.

3.实验仪器的调节原理

实验装置如图 3-28 和图 3-29 所示,金属弦线的一端系在能作水平方向振动的可调频率数显机械振动源的振动簧片上,频率变化范围从 $0 \sim 200\,\text{Hz}$ 连续可调,频率最小变化量为 $0.01\,\text{Hz}$,弦线一端通过定滑轮7悬挂一砝码盘8;在振动装置(振动簧片)的附近有可动刀口 4,在实验装置上还有一个可沿弦线方向左右移动并撑住弦线的动滑轮5.这两个滑轮固定在实验平台 10 上,其产生的摩擦力很小,可以忽略不计.

若弦线下端所悬挂的砝码盘(包含砝码)的质量为 m,张力 $T = mg$.当波源振动时,即在弦线上形成向右传播的横波;当波传播到定滑轮与弦线相切点时,由于弦线在该点受到滑轮两壁阻挡而不能振动,波在切点被反射形成了向左传播的反射波.这种传播方向相反的两列波叠加即形成驻波.当振动端簧片与弦线固定点至可动滑轮5与弦线切点的长度 L 等于半波长的整数倍时,即可得到振幅较大而稳定的驻波,振动簧片与弦线固定点为近似波节,弦线与动滑轮相切点为波节.它们的间距为 L,则

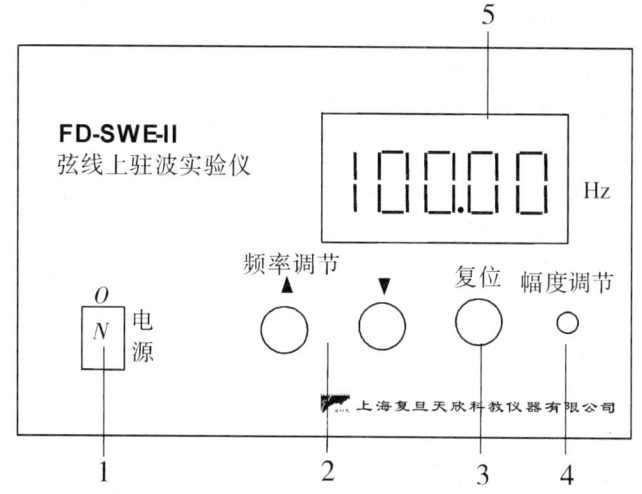

1.电源开关 2.频率调节 3.复位键 4.幅度调节 5.频率指示
图 3-28 振动源面板图

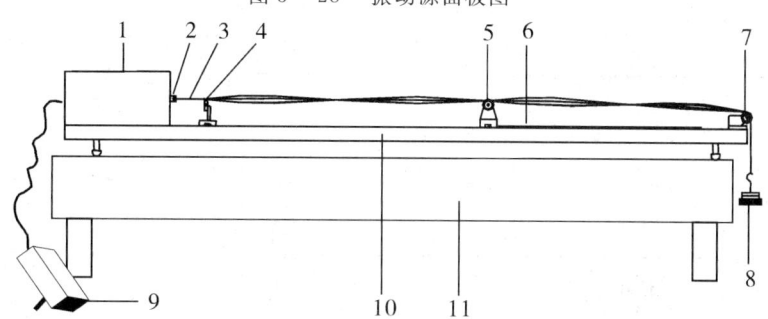

1.可调频率数显机械振动源;2.振动簧片;3.弦线;4.可动刀口支架;5.可动滑轮支架;
6.标尺;7.固定滑轮;8.砝码与砝码盘;9.变压器;10.实验平台;11.实验桌

图 3-29 仪器结构图

$$L = n\frac{\lambda}{2} \tag{4}$$

其中 n 为任意正整数.利用上式即可测量弦线上横波波长.由于簧片与弦线固定点在振动不易测准,实验也可将最靠近振动端的波节作为 L 的起始点,并用可动刀口 4 指示读数,求出该点离弦线与动滑轮 5 相切点的距离 L.

实验内容及步骤

1. 必做内容

(1) 首先调出弦线上相对振幅较大而又稳定的驻波,读出 L 长度内的两个读数(即为两个波节位置),查出半波数 n,即可由(4)式计算出波长 λ.(此步骤需认真耐心反复仔细调节出驻波波形)

(2) 验证横波的波长 λ 与弦线的张力 T 的关系

固定一个波源振动的频率(调节频率增加键或减小键),在砝码盘上添加不同质量的砝码,以改变同一弦线上的张力.每改变一次张力(即增加一次砝码),均要左右移动可动滑轮

5 的位置,使弦线出现振幅较大而稳定的驻波,将最靠近振动端的波节作为量 L 的起点,并用可动刀口支架 4 指示读数,求出该点离弦线与可动滑轮支架 5 的相切点的间距 L,再由(4)式计算出波长 λ. 然后,依次增加砝码(即改变张力 T),重复上述实验,则可将每次测量各数据填入表 1 中.

(3) 验证横波的波长与波源振动频率的关系

在砝码盘上放上一定质量的砝码(3 个),以固定弦线上所受的张力,改变波源振动的频率,用驻波法测量各相应的波长,并将各次改变频率 f 的各测量数据记录表 2 中.

2. 选做内容

验证横波的波长与弦线密度的关系:

在砝码盘上放固定质量的砝码,以固定弦线上所受的张力,固定波源振动频率,通过改变弦线的粗细来改变弦线的线密度,用驻波法测量相应的波长,作 $\log\lambda - \log\mu$ 图,求其斜率. 得出弦线上波传播规律与线密度的关系.

数据记录与处理

表 1 $f = 60.00\text{Hz}$; m 为砝码加砝码盘的总质量($g = 9.8\text{m/s}^2$)

序号	$m/10^{-3}\text{kg}$	$L/10^{-2}\text{m}$	n	$\lambda/10^{-2}\text{m}$	T/N	$\log\lambda$	$\log T$
1							
2							
...							
7							

由表 1 中的数据可作如下处理:

(1) 作 $\log\lambda - \log T$ 图,若得一直线,计算其斜率值 a(应该为 $\frac{1}{2}$).

(2) 或用最小二乘法拟合计算 $\log\lambda - \log T$ 的斜率 a 值,斜率值 a 如为 $\frac{1}{2}$,则证明了 $\lambda \propto T^{\frac{1}{2}}$ 的关系成立.

注:斜率 a 的计算由下式给出

$$a = \frac{k\sum_{i=1}^{n}X_iY_i - \sum_{i=1}^{n}X_i\sum_{i=1}^{n}Y_i}{k\sum_{i=1}^{n}X_i^2 - (\sum_{i=1}^{n}X_i)^2} \qquad \text{式中} \quad \begin{array}{l} i = 1\sim 5, k = 5 \\ X_i = \log T_i \\ Y_i = \log\lambda_i \end{array}$$

表 2 砝码及砝码盘的总质量

$m = \underline{\quad} \times 10^{-3}\text{kg}$; $T = \underline{\quad} \times 10^{-3} \times 9.785 = \underline{\quad} \text{N}$

序号	f/Hz	$L/10^{-2}\text{m}$	n	$\lambda/10^{-2}\text{m}$	$\log\lambda$	$\log f$
1	50.00					
2	70.00					
3	90.00					
...	...					
6	150.0					

由表 2 中的数据作如下处理:

(1) 作 $\log\lambda - \log f$ 图,若得一直线,计算其斜率值 a(应该为 -1).

(2) 或用最小二乘法拟合计算 $\log\lambda - \log f$ 的斜率 a 值,斜率值 a 如为 -1,则证明了 $\lambda \propto f^{-1}$ 的关系成立.

注:斜率 a 的计算由下式给出

$$a = \frac{k\sum_{i=1}^{n}X_iY_i - \sum_{i=1}^{n}X_i\sum_{i=1}^{n}Y_i}{k\sum_{i=1}^{n}X_i^2 - (\sum_{i=1}^{n}X_i)^2}$$

式中 $i = 1 \sim 5, k = 5$
$X_i = \log f_i$
$Y_i = \log \lambda_i$

注意事项

1. 要准确求得驻波的波长,必须在弦线上调出振幅较大且稳定的驻波.在频率和张力固定条件下,可沿弦线方向左右移动可动滑轮 5 的位置,找出"近似驻波状态",然后细心移动可动滑轮 5 的位置,逐步逼近,最终使弦线出现振幅较大而稳定的驻波.

2. 调节振动频率时,当振动簧片达到某一频率(或其整数倍频率)振动时,会引起整个振动源(包括弦线)的机械共振,从而引起振动不稳定.此时,可逆时针旋转面板上的输出信号幅度旋钮,减小振幅,或避开共振频率进行实验.

思考题

1. 求 λ 时为何要测几个半波长的总长?
2. 为了使 $\log\lambda - \log T$ 直线图上的数据点分布比较均匀,砝码盘中的砝码质量应如何改变?
3. 为何波源的簧片振动频率尽可能避开振动源的机械共振频率?
4. 弦线的粗细和弹性对实验各有什么影响?应如何选择?

实验九　落球法测量液体的粘滞系数

在工业生产和科学研究中(如流体的传输、液压传动、机器润滑、船舶制造、化学原料及医学等方面)常常需要知道液体的粘滞系数.测定液体粘滞系数常用方法有落球法、转筒法、毛细管法和锥板法.落球法(也称斯托克司法)是最基本的一种.它是利用液体对固体的摩擦阻力来测定粘滞系数,常用来测量粘滞系数较大的液体,如甘油、蓖麻油及食物油等的粘滞系数.

实验目的

(1) 学会用落球法测定蓖麻油的粘度;
(2) 加深对斯托克司定律的理解;
(3) 掌握激光光电计时仪的使用方法.

实验仪器

FD－VM－Ⅱ型落球法液体粘滞系数测定仪、小钢球、蓖麻油、激光光电计时仪、电子天平、轻质密度计、卷尺等.

实验仪器介绍

1. FD－VM－Ⅱ型落球法液体粘滞系数测定仪
该装置的整体结构如图3－30所示.
2. 激光光电计时器
该仪器的面板图如图3－30的左侧所示.由激光电源、直流电源和计时器组成.

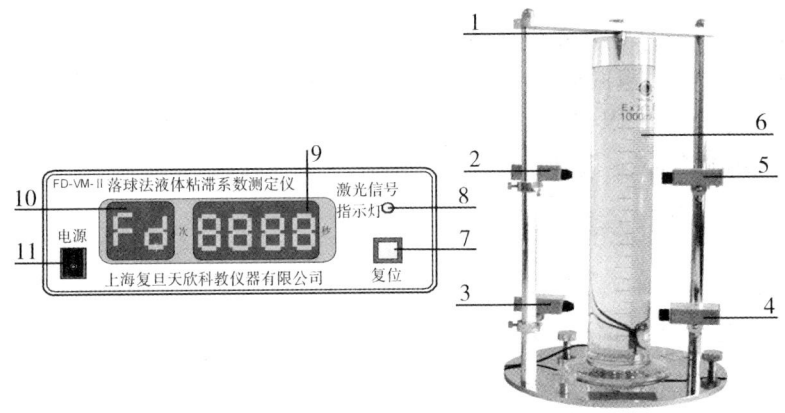

1. 导管　2. 激光发射器A　3. 激光发射器B　4. 激光接收器A　5. 激光接收器B　6. 量筒
7. 计时器复位端　8. 激光信号指示灯　9. 计时显示　10. 计数显示　11. 电源开关
图3－30　FD－VM－Ⅱ型落球法液体粘滞系数测定仪

3. 使用介绍
(1) 打开电源开关,按下复位键,显示屏上显示"Fd - -",表示仪器进入工作状态.
(2) 仪器从接收到激光接收器A的第一次触发开始计时,到接收到激光接收器B的第二次触发停止计时. 此时间间隔 t 就是小球匀速下降 l 距离所用的时间.

实验原理

液体内部相邻液层之间由于相对运动而产生的相互作用力称为粘滞力. 当小球在粘滞液体中下落时,由于附着在球面的液体层与其他液层之间存在着相对运动,从而使小球受到与运动方向相反的阻力作用. 小球受到的粘滞阻力与小球的大小和小球下落的速度有关.

如果液体是不包含悬浮物或弥散物的均匀的无限广延的液体,在液体中运动的球体不产生涡旋,斯托克司(Stokes)于1845年导出了球体所受的粘滞阻力:

$$F = 6\pi\eta rv \tag{1}$$

式中 r 是小球的半径，v 是小球相对液体的速度，η 是液体的粘度，单位是 Pa·s. 上式称为斯托克司公式.

注意斯托克司公式适用的条件是：

(1) 液体必须是不包含悬浮物或弥散物的均匀液体.

(2) 液体是无限广延的.

(3) 只适用于没有旋涡的情况下. 要求小球半径很小，而且在液体中下落的速度比较低. 例如在常温下的甘油中的速度一般不大于 0.1m/s.

小球在液体中下落时，它在竖直方向上将受到三个力，即小球的重力、液体作用于小球的浮力和小球受到的粘滞阻力.

设小球的密度为 ρ，体积为 V，当小球在密度为 ρ' 的液体中下落时，受到的重力为 $\rho g V$，浮力为 $\rho' g V$. 小球开始下落时，由于速度比较小，所以阻力也不大. 但随着下落速度增大，阻力也随之增大. 最后三个力达到平衡时，即

$$mg = \rho' g V + 6\pi \eta r v \tag{2}$$

此时，小球所受的合力为零，小球此时的速度称为收尾速度. 我们把此时的速度记为 v_0，因此，式(2)就变为：

$$mg = \rho' g V + 6\pi \eta r v_0 \tag{3}$$

$$(\rho - \rho') V g = 6\pi r \eta v_0 \tag{4}$$

令小球的直径为 d，小球匀速运动的距离为 l，则 $v_0 = l/t$，小球的体积 $V = \frac{4}{3}\pi r^3$，$r = d/2$，代入上式，得

$$\eta = \frac{(\rho - \rho') g d^2 t}{18 l} \tag{5}$$

此式即为在斯托克司公式成立的条件下，用落球法测液体粘度的计算公式.

实验时，待测液体必须盛于容器中(如图 3-30 所示)，故不能满足无限广延的条件，实验证明，若小球沿筒的中心轴线下降，式(5)须作如下改动方能符合实际情况：

$$\eta = \frac{(\rho - \rho') g d^2 t}{18 l} \cdot \frac{1}{(1 + 2.4 \frac{d}{D})(1 + 1.6 \frac{d}{H})} \tag{6}$$

对于不包含悬浮物或弥散物的均匀的无限广延的液体，其粘度只与液体的性质和温度有关，温度升高时粘度下降. 因此在实验中，必须使测量前后液体的温度保持不变.

实验内容与步骤

1. 测小球的下落时间 t

(1) 将重锤置于横梁的中心孔处，放下垂线，使重锤的尖端靠近底盘. 调节底盘的调平旋钮，使重锤的尖端对准底盘的中心凹点，使立柱处于竖直状态(这是实验成功的关键).

(2) 接通电源，调节激光器的位置一定要比小球开始匀速下降的位置稍下一些(半程以下). 使上下激光束平行垂直对准重锤线.

(3) 去掉重锤和重锤线，调节激光束接收器接口对准激光束，使激光信号指示灯变亮. 用一厚纸片进行挡光，测试光电门的挡光效果. 观察光电门能否启动和停止计时.

(4)将盛有蓖麻油的量筒放在底盘中央,如果激光信号指示灯灭,说明至少有一个接收器因折射未接到激光信号,再次调节接收器位置使激光信号指示灯亮.

(5)预测量:将落球导管置于横梁的中心孔处,并将小球放入导管,观察其能否遮挡住激光束或偏离中心线的方向;若不能遮挡住激光束,再将激光发射器向小球偏离的方向移动一定的位置,如果激光信号指示灯灭,需要重新调节接收器直到能接收激光束为止.经过多次重复操作,最终使小球下落时能启动和停止计时,预测量才能结束.

(6)预测量成功后,复位粘度计,将小球放入导管测其通过两激光接收器的时间 t.测6次.

2.从固定激光器的立柱标尺上读出两激光接收器和两激光发射器之间的高度差 l_1, l_2,则 $l = (l_1 + l_2)/2$.

3.用电子天平测10或20颗小球的质量.

4.用轻质密度计测蓖麻油的密度.

5.用温度计测油温.

6.用卷尺测量筒的内径及油柱高度.

7.其他各项数据由实验室给出.

8.将各项数据填入表1中.

9.用式(6)算出室温下蓖麻油的粘度,并用内插法求出室温下蓖麻油粘度的公认值,算出绝对误差、相对误差及测量结果.

数据记录与处理

$$D = \underline{\qquad} \text{m}, l = \underline{\qquad} \text{m}, g = \underline{\qquad} \text{m/s}^2$$
$$\rho = \underline{\qquad} \text{kg/m}^3, \rho' = \underline{\qquad} \text{kg/m}^3, T = \underline{\qquad} ℃, d = 2.0 \times 10^{-3} \text{m}$$

表1 小球通过两激光接收器的时间 t

测量次数	1	2	3	4	5	6	平均值 $\bar{t}$
$t(s)$							

1.平均值 $\bar{\eta}$

$$\bar{\eta} = \frac{(\rho - \rho')gd^2 \cdot \bar{t}}{18l} \cdot \frac{1}{(1 + 2.4\frac{d}{D})(1 + 1.6\frac{d}{H})} = \underline{\qquad} \text{Pa} \cdot \text{s}$$

2.内插法求出室温下蓖麻油粘度的公认值 η_0

例如,设油温为21.5℃,从表2可知 $\eta_{20℃} = 9.50\text{P}, \eta_{25℃} = 6.21\text{P}$,则

$$\eta_0 = \eta_{21.5℃} = \eta_{20℃} - \frac{(\eta_{20℃} - \eta_{25℃})}{5} \cdot \Delta T$$

$$= 9.50 - \frac{(9.50 - 6.21)}{5} \cdot (21.5 - 20) = 8.51\text{P} = 0.851\text{Pa} \cdot \text{s}$$

3.绝对误差 $\overline{\Delta \eta} = |\bar{\eta} - \eta_0| = \underline{\qquad} \text{Pa} \cdot \text{s}$

4.相对误差 $E_\eta = \frac{\overline{\Delta \eta}}{\eta_0} \times 100\% = \underline{\qquad} \%$

5. 测量结果 $\eta = \bar{\eta} \pm \overline{\Delta\eta} =$ _____ $\pm$ _____ Pa·s

表 2　蓖麻油的动力粘度

温度 /℃	0	10.00	15.00	20.00	25.00	30.00	35.00	40.00
粘度 η/P	53.00	24.18	15.14	9.50	6.21	4.51	3.12	2.31

注:1.1P(Poise) = 0.1Pa·s

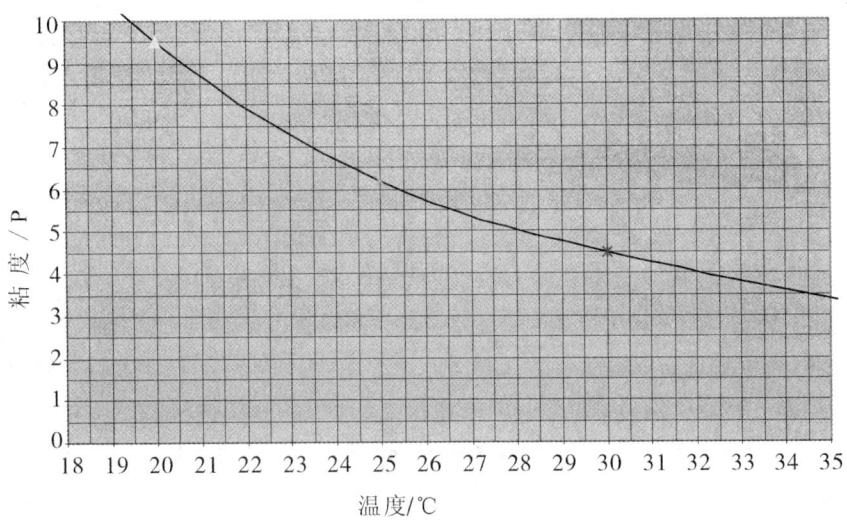

图 3-31　蓖麻油的动力粘度与温度的关系曲线

注意事项

1. 小球的表面和投放小球的导管内表面必须清洁,不能有油污.
2. 激光束不能直接照射人的眼睛.
3. 为了确保液体温度不变,实验中不要用手握玻璃圆筒.

思考题

1. 斯托克司公式有什么限制条件?本实验中是用什么方法来满足和修正的?
2. 用激光光电开关测量小球下落时间的方法测量液体粘滞系数有何优点?
3. 为什么要对测量表达式(5)进行修正?

附1:轻质密度计用法简介

1. 轻质密度计有两列刻度,小数的一列刻度的一格 = 0.005g·cm^{-3};
2. 假如水平面在底部刻度(1.000)上的第7个与第8格之间,如图 3-32 所示,则蓖麻油的密度为:
$\rho = 1.000 - 7 \times 0.005 - 0.003 = 0.962 \times 10^3 \text{kg} \cdot \text{m}^{-3}$

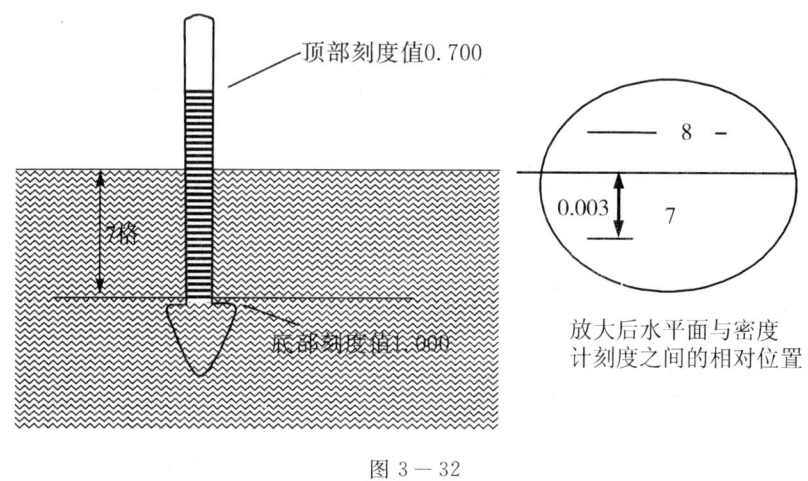

图 3-32

实验十　金属线胀系数的测定

绝大多数物质都具有"热胀冷缩"的特性,这是由物体内部分子热运动加剧或减弱造成的.这个性质在工程结构的设计中,在机械和仪器的制造中,在材料的加工(如焊接)中,都应考虑,否则,将影响结构的稳定性和仪表的精度,考虑不当,会造成工程的损毁、仪器的失灵以及加工焊接中的缺陷和失败等.

实验目的

(1) 学习固体线热膨胀系数测定仪的使用方法;
(2) 测量金属棒的线胀系数;
(3) 掌握用千分表测微小长度变化的方法.

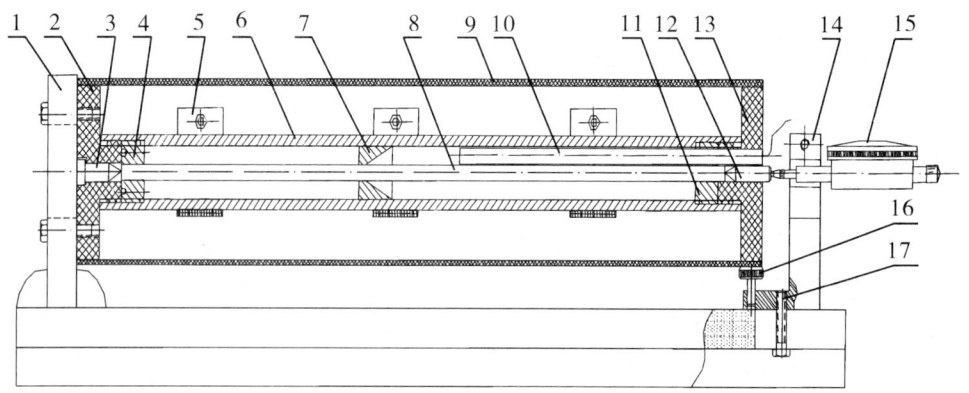

1.托架　2.隔热盘A　3.隔热顶尖　4.导热衬托A　5.加热器　6.导热均匀管　7.导向块
8.被测材料　9.隔热罩　10.温度传感器　11.导热衬托B　12.隔热棒　13.隔热盘B
14.固定架　15.千分表　16.支撑螺钉　17.紧固螺钉

图 3-33　固体线热膨胀系数测定仪

实验仪器

如图 3－33 所示,为固体线膨胀系数测定仪结构简图.
使用要求:
(1) 被测物体控制于 ⌀8×400mm 尺寸;
(2) 整体要求平稳,因伸长量极小,故仪器不应有振动;
(3) 千分表安装须适当固定(以表头无转动为准)且与被测物体有良好的接触(读数在 0.2～0.4mm 处较为适宜,然后再转动表壳校零);
(4) 被测物体与千分表探头须保持在同一直线.
面板操作简图如图 3－34

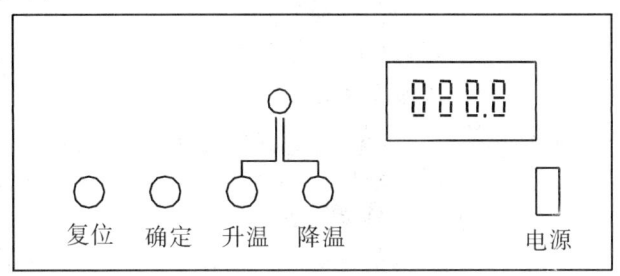

图 3－34

实验原理

固体受热后其长度的增加称为线膨胀.经验表明,在一定的温度范围内,原长为 L 的物体,受热后其伸长量 ΔL 与其温度的增加量 Δt 近似成正比,与原长 L 亦成正比,即

$$\Delta L = \alpha L \Delta t \tag{1}$$

式中的比例系数 α 称为固体的线膨胀系数(简称线胀系数).大量实验表明,不同材料的线胀系数不同,塑料的线胀系数最大,金属次之,殷钢、熔凝石英的线胀系数很小.殷钢和石英的这一特性在精密测量仪器中有较多的应用.

几种材料的线胀系数

材料	铜、铁、铝	普通玻璃、陶瓷	殷钢	熔凝石英
α 数量级	～10^{-5}(℃)$^{-1}$	～10^{-6}(℃)$^{-1}$	$<2\times10^{-6}$(℃)$^{-1}$	10^{-7}(℃)$^{-1}$

实验还发现,同一材料在不同温度区域,其线胀系数不一定相同.某些合金,在金相组织发生变化的温度附近,同时会出现线胀量的突变.因此测定线胀系数也是了解材料特性的一种手段.但是,在温度变化不大的范围内,线胀系数仍可认为是一常量.

为测量线胀系数,我们将材料做成条状或杆状.由(1)式可知,测量出 t_1 时杆长 L,受热后温度达 t_2 时的伸长量 ΔL 和受热前后的温度 t_1 及 t_2,则该材料在 (t_1, t_2) 温区的线胀系数为

$$\alpha = \frac{\Delta L}{L(t_2 - t_1)} \tag{2}$$

其物理意义是固体材料在 (t_1, t_2) 温区内,温度每升高 1℃ 时材料的相对伸长量,其单位

为(℃)$^{-1}$.

测线胀系数的主要问题是如何测伸长量 ΔL. 先粗估算出 ΔL 的大小,若 $L \approx 4000$ mm,温度变化 $t_2 - t_1 \approx 100$ ℃,金属的 a 数量级为 10^{-5}(℃)$^{-1}$,则可估算出 $\Delta L \approx 0.40$ mm. 对于这么微小的伸长量,用普通量具如钢尺或游标卡尺是测不准的. 可采用千分表(分度值为 0.001 mm)、读数显微镜、光杠杆放大法、光学干涉法. 本实验中采用千分表测微小的伸长量.

实验内容和步骤

1. 旋松千分表固定架螺栓,转动固定架至使被测样品($\varnothing 8 \times 400$ mm 金属棒)能插入紫铜管内,再插入隔热体(不锈钢)用力压紧后转动固定架,在安装千分表架时注意被测物体与千分表测量头保持在同一直线.

2. 安装千分表在固定架上,并且扭紧螺栓,不使千分表转动,再向前移动固定架,使千分表读数值在 0.2~0.4 mm 处,固定架给予固定. 然后稍用力压一下千分表滑络端,使它能与绝热体有良好地接触,再转动千分表圆盘读数为零.

3. 接通电加热器与温控仪输入输出接口和温度传感器的航空插头.

4. 接通温控仪的电源,设定需加热的值:一般可分别增加温度为 20℃,30℃,40℃,50℃,按确定键开始加热. 注:温度最高只能从室温升高到 80℃.

5. 当显示值上升到大于设定值,电脑自动控制到设定值,正常情况下在 ±0.30℃ 波动,记录 Δt 和 Δl,并通过公式 $\alpha = \dfrac{\Delta l}{l \cdot \Delta t}$ 计算线膨胀系数并考查其线性情况.

6. 换不同的金属棒样品,分别测量并计算各自的线膨胀系数,与理论参考值比较,考查误差情况.

思考题

1. 该实验的误差来源主要有哪些?
2. 如何利用逐差法来处理数据?
3. 利用千分表读数时应注意哪些问题,如何消除误差?

实验十一　冷却法测量金属比热容

根据牛顿冷却定律用冷却法测定金属或液体的比热容是热力学实验中常用的方法之一. 若已知标准样品在不同温度时的比热容,通过作冷却曲线可测得各种金属在不同温度时的比热容. 本实验以铜为标准样品,测定铁、铝在 100℃ 及 200℃ 时的比热容. 通过实验了解金属的冷却速率和它与环境之间温差的关系以及用冷却法进行金属比热容测量的实验条件.

实验目的

(1) 学会用冷却法测定金属比热容;

(2) 观察金属的冷却速率；
(3) 用标准误差处理数据.

实验仪器

DH4603型金属比热容测定仪，待测样品.

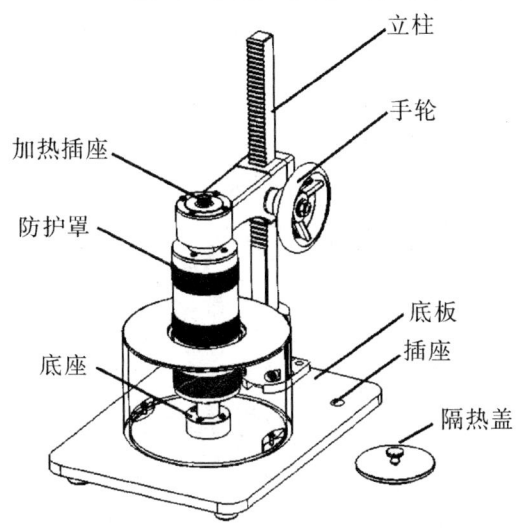
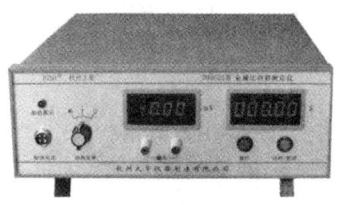

图3-35　冷却法金属比热容测量仪

【仪器简介】

本实验装置由加热仪和测试仪组成.加热仪的加热装置可通过调节手轮自由升降.被测样品安放在有较大容量的防风圆筒即样品室内的底座上，测温热电偶放置于被测样品内的小孔中.当加热装置向下移动到底后，对被测样品进行加热；样品需要降温时则将加热装置移上.仪器内设有自动控制限温装置，防止因不切断加热电源而引起温度不断升高造成事故.

测量试样温度采用常用的铜－康铜做成的热电偶（其热电势约为0.0410mV/℃），将热电偶的冷端置于冰水混合物中，带有测量扁叉的一端接到测试仪的"输入"端.热电势差的二次仪表由高灵敏、高精度、低漂移的放大器放大加上满量程为20mV的三位半数字电压表组成.这样当冷端为冰点时，由数字电压表显示的电压示数查表即可换算成对应待测温度值.

实验原理

单位质量的物质，其温度升高1K（或1℃）所需的热量称为该物质的比热容，其值随温度而变化.将质量为M_1的金属样品加热后，放到较低温度的介质（例如室温的空气）中，样品将会逐渐冷却.其单位时间的热量损失（$\frac{\Delta Q}{\Delta t}$）与温度下降的速率成正比，于是得到下述关系式：

$$\frac{\Delta Q}{\Delta t} = C_1 M_1 \frac{\Delta \theta_1}{\Delta t} \tag{1}$$

(1)式中 C_1 为该金属样品在温度 θ_1 时的比热容,$\frac{\Delta \theta_1}{\Delta t}$ 为金属样品在 θ_1 温度附近时的温度下降速率,根据冷却定律有

$$\frac{\Delta Q}{\Delta t} = \alpha_1 S_1 (\theta_1 - \theta_0)^m \tag{2}$$

(2)式中 α_1 为热交换系数,S_1 为该样品外表面的面积,m 为常数,θ_1 为金属样品的温度,θ_0 为周围介质的温度.由式(1)和(2),可得

$$C_1 M_1 \frac{\Delta \theta_1}{\Delta t} = \alpha_1 S_1 (\theta_1 - \theta_0)^m \tag{3}$$

同理,对质量为 M_2,比热容为 C_2 的另一种金属样品,可有同样的表达式

$$C_2 M_2 \frac{\Delta \theta_2}{\Delta t} = \alpha_2 S_2 (\theta_2 - \theta_0)^m \tag{4}$$

由式(3)和(4),可得

$$\frac{C_2 M_2 \frac{\Delta \theta_2}{\Delta t}}{C_1 M_1 \frac{\Delta \theta_1}{\Delta t}} = \frac{\alpha_2 S_2 (\theta_2 - \theta_0)^m}{\alpha_1 S_1 (\theta_1 - \theta_0)^m}$$

所以

$$C_2 = C_1 \frac{M_1 \frac{\Delta \theta_1}{\Delta t}}{M_2 \frac{\Delta \theta_2}{\Delta t}} \frac{\alpha_2 S_2 (\theta_2 - \theta_0)^m}{\alpha_1 S_1 (\theta_1 - \theta_0)^m}$$

假设两样品的形状尺寸都相同(例如细小的圆柱体),即 $S_1 = S_2$;两样品的表面状况也相同(如涂层、色泽等),而周围介质(空气)的性质当然也不变,则有 $\alpha_1 = \alpha_2$.于是当周围介质温度不变(即室温 θ_0 恒定),两样品又处于相同温度 $\theta_1 = \theta_2 = \theta$ 时,上式可以简化为:

$$C_2 = C_1 \frac{M_1 \left(\frac{\Delta \theta}{\Delta t}\right)_1}{M_2 \left(\frac{\Delta \theta}{\Delta t}\right)_2} \tag{5}$$

如果已知标准金属样品的比热容 C_1,质量 M_1;待测样品的质量 M_2 及两样品在温度 θ 时冷却速率之比,就可以求出待测的金属材料的比热容 C_2.几种金属材料的比热容见表 1.

表 1　几种金属材料的比热容

温度℃ \ 比热容	C_{Fe}(Cal/g℃)	C_{Al}(Cal/g℃)	C_{Cu}(Cal/g℃)
100℃	0.110	0.230	0.0940

实验内容及步骤

开机前先连接好加热仪和测试仪,共有加热四芯线和热电偶线两组导线.

1.选取长度、直径、表面光洁度尽可能相同的三种金属样品(铁、铜、铝)用物理天平或电子天平秤出它们的质量 M_0.再根据 $M_{Cu} > M_{Fe} > M_{Al}$ 这一特点,把它们区别开来.

2.使热电偶端的铜导线与数字表的正端相连;冷端铜导线与数字表的负端相连.当样品加热到150℃(此时热电势显示约为6.1mV时),切断电源移去加热源,样品继续安放在与外界基本隔绝的有机玻璃圆筒内自然冷却(筒口须盖上盖子),记录样品的冷却速率 $\left(\frac{\Delta \theta}{\Delta t}\right)_{\theta=100℃}$.具体做法是记录数字电压表上示值约从 $E_1=4.20\mathrm{mV}$ 降到 $E_2=4.00\mathrm{mV}$ 所需的时间 Δt(因为数字电压表上的值显示数字是跳跃性的,所以 E_1,E_2 只能取附近的值),从而计算 $\left(\frac{\Delta E}{\Delta t}\right)_{E=4.00\mathrm{mV}}$.按铁、铜、铝的次序,分别测量其温度下降速率,每一样品应重复测量6次.因为热电偶的热电动势与温差的关系在同一小温差范围内可以看成线性关系,即:

$$\frac{\left(\frac{\Delta \theta}{\Delta t}\right)_1}{\left(\frac{\Delta \theta}{\Delta t}\right)_2} = \frac{\left(\frac{\Delta E}{\Delta t}\right)_1}{\left(\frac{\Delta E}{\Delta t}\right)_2},$$

式(5)可以简化为:

$$C_2 = C_1 \frac{M_1 (\Delta t)_2}{M_2 (\Delta t)_1}$$

3.仪器的加热指示灯亮,表示正在加热;如果连接线未连好或加热温度过高(超过200℃)导致自动保护时,指示灯不亮.升到指定温度后,应切断加热电源.

4.注意:测量降温时间时,按"计时"或"暂停"按钮应迅速、准确,以减小人为计时误差.

5.加热装置向下移动时,动作要慢,应注意要使被测样品垂直放置,以使加热装置能完全套入被测样品.

数据处理与分析

样品质量:$M_{Cu}=$ _____ g;$M_{Fe}=$ _____ g;$M_{Al}=$ _____ g.

热电偶冷端温度: __0__ ℃

样品由4.20mV下降到4.00mV所需时间(单位为s)记录在表2中.

表2

次数 样品	1	2	3	4	5	6	平均值 Δt
Fe							
Cu							
Al							

以铜为标准:$C_1 = C_{Cu} = 0.0940 \mathrm{Cal/(g \cdot ℃)}$

铁:$C_2 = C_1 \dfrac{M_1 (\Delta t)_2}{M_2 (\Delta t)_1} =$ _____ Cal/(g·℃)

铝:$C_3 = C_1 \dfrac{M_1 (\Delta t)_3}{M_3 (\Delta t)_1} =$ _____ Cal/(g·℃)

思考题

1. 为什么实验应该在防风筒(即样品室)中进行?
2. 测量三种金属的冷却速率,并在图纸上绘出冷却曲线,如何求出它们在同一温度点的冷却速率?

实验十二　不良导体导热系数的测量

导热系数是表征物质热传导性质的物理量.材料结构的变化与所含杂质的不同对材料导热系数数值都有明显的影响,因此材料的导热系数常常需要由实验去具体测定.

测量导热系数的实验方法一般分为稳态法和动态法两类.在稳态法中,先利用热源对样品加热,样品内部的温差使热量从高温向低温处传导,样品内部各点的温度随着加热快慢和传热快慢的影响而变动;当适当控制实验条件和实验参数使加热和传热的过程达到平衡状态时,待测样品内部可形成稳定的温度分布,根据这一温度分布就可以计算出导热系数.

实验目的

(1) 通过实验,掌握在稳定热流情况下,用圆球法测各种粒状材料的导热系数的方法;
(2) 确定导热系数随温度变化的关系;
(3) 加深对傅里叶定律的理解.

实验仪器

球体导热仪本体、热电偶测温系统和电加热器及调节电路.

实验原理

导热仪本体(图 3-36)是由两个很薄的铜制圆球壳 r_1 和 r_2 组成,内球壳外径为 $d_1 = 80mm$,外球壳的内径为 $d_2 = 160mm$. 在两球壳之间充填粒状实验材料.热量由内球壳里边的电加热器发出,通过球壁传出,由空气以自然对流方式带走.

傅里叶定律应用于球体稳定导热时其热流量:

$$Q = \lambda 4\pi r^2 \frac{dt}{dr} \tag{1}$$

实验证明,当温度变化范围不大时,对绝大多数工程材料的导热系数与温度的关系,可以近似地认为是直线关系.

$$\lambda = \lambda_0(1 + \beta t_m) \tag{2}$$

由(1),(2)式容易得到:

$$\lambda = \frac{Q(\frac{1}{d_1} - \frac{1}{d_2})}{2\pi(\bar{t}_1 - \bar{t}_2)} \tag{3}$$

式中，$t_m = (\bar{t}_1 + \bar{t}_2)/2$

Q—— 热流量

λ—— 材料的导热系数

β—— 由实验确定的常数

λ_0—— 材料在 0℃ 时的导热系数

d_1, d_2—— 分别为内球壳的外径和外球壳的内径

$\bar{t}_1, \bar{t}_2$—— 内、外球表面平均温度

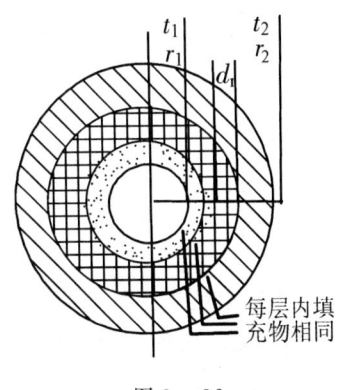

图 3—36

由式(3)可知,只要在球壁内维持一稳定温度值,测出它的直径 d_1, d_2 和 $\bar{t}_1, \bar{t}_2$ 以及导热量 Q 的值,即可求出 t_m 温度时的材料导热系数.

为了求得 λ 和 t 的关系,则必须测定不同 t 下的 λ 的值,从而求出(2)式中的 λ_0 和 β 值.

因为在外球壳表面的上部和下部空气自然对流情况不完全相同,故外球壳表面温度分布也不均匀.故此,在内球壳表面上和外球壳里边分别各用三对热电偶测量各点温度,并取其平均值作为内外球壁表面温度 $\bar{t}_1$ 和 $\bar{t}_2$.

实验步骤

1.先将所用测量的球体导热仪内装好待测物料(要松紧均匀,物料要干燥,本实验由实验指导教师完成此步).

2.将测量所用的仪表:电流表、电压表、电位差计及调压器连接好,经指导老师同意后,即可通电加热.

3.用调压器将电压调至一定值,保持不变,经一段时间后(从开始加热算起大约需几个小时,它取决于球壁尺寸及试样导热性能).待内外球壁上各点温度为一定值,即球壁导热过程达到稳定后记录各点温度及电热器的电流与电压.

4.改变电加热器的电压(调节调压器),即改变热量使之维持在另一个数值上,当球壁上各点温度达到新的稳定状态后,重复第 3 步的测量.

5.实验完毕,切断电源,整理好仪器和实验用具.

实验数据记录表

	t_1		t_2		t_3		$t_{1均}$		t_4		t_5		t_6		$t_{2均}$		电加热器功率	
	V	℃	V	℃	V	℃	V	℃	V	℃	V	℃	V	℃	V	℃	电流	电压
1																		
2																		
3																		

由式(3)计算各次实验的导热系数 λ_m，作出 $\lambda_m - t_m$ 图，然后从图中找出 λ_m 随 t_m 的变化规律，以及公式(2)中的 λ_0 和 β 之值．

思考题

1. 当球体的试料装不均匀时，会有什么影响？
2. 两球不同心时会产生什么问题？

实验十三　混合法测量液体比汽化热

液体比汽化热是液体的一个重要热学参数，在制冷效率、节能研究及工业生产中有着重要的作用．本实验用量热器和集成温度传感器测量液体比汽化热，学习液体比汽化热的一种电测量方法．

实验目的

(1) 了解量热器的使用方法，测量水的比汽化热；
(2) 熟悉集成温度传感器的特性及定标；
(3) 学习分析热学量热测量中可能性的实验误差及改进办法．

实验仪器

液体汽化热测量仪包括：集成温度传感器(AD590)，数字电压表，玻璃烧瓶，加热电炉，量热器，垫块，链接支架等．

【实验装置介绍】

实验装置如 3－37 所示．玻璃烧瓶中盛水，可由电炉加热至沸腾．烧瓶的盖上有一小孔，多余蒸汽可从小孔中溢出．烧瓶中间有一玻璃管，可以往下通水蒸气，水蒸气先经过处于 100℃ 水温的玻璃管，然后经过很短的玻璃管和乳胶管进入量热器的水中，这样可减少水蒸气在输送过程中先凝成水滴后再被带入量热器．集成温度传感器用于测量量热器中水的温度．

AD590 为两端式集成电路温度传感器，它的管脚引出两个引线，红色引线接电源正端 U_+，黑色引线接电源负端 U_-．AD590 工作电压 $4\sim 30$V，通常工作电压 $10\sim 15$V，但不能小于 4V，小于 4V 出现非线性．数字电压表量程有 $0\sim 200$mV（灵敏度 10μV），$0\sim 2$V（灵敏度 10μV），$0\sim 20$V（灵敏度 1mV）等五档，可根据输入信号大小自动转换量程．

本仪器对传统的液体比汽化热实验中的加热、输汽装置进行了改进，避免蒸汽在传输过程中的热量损失，减小了实验误差．对加热电炉增加温控控制电路，便于控制水过激沸腾，并保证水蒸气输入量热器的速率达到实验要求．本实验中量热器内杯与外杯采用聚苯乙稀发泡塑料填充进行绝热，这比空气绝热的量热器绝热效果优良．对温度测量本仪器采用集成电路温度传感器 AD590（线性温度传感器），实现了液体比汽化热的非电量电测，较准确地测

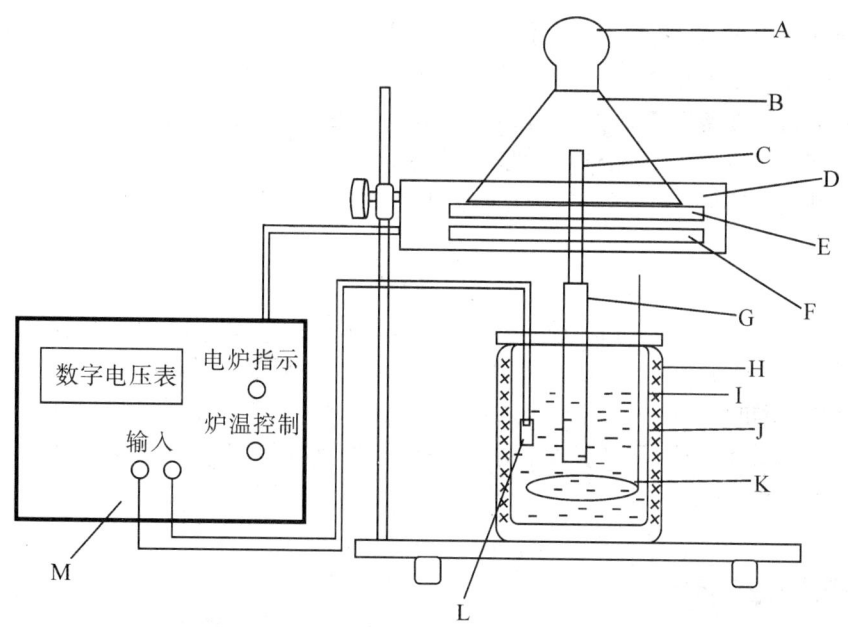

A. 烧瓶盖；B. 烧瓶；C. 通汽玻璃管；D. 托盘；E. 电炉；F. 绝热板；G. 橡皮管；
H. 量热器外壳；I. 绝热材料；J. 量热器内杯；K. 铝搅拌器；L. 集成温度传感器；M. 温控和测量仪表

图 3—37　实验装置图

量水和其他液体的比汽化热.

实验原理

物质由液态向气态转化的过程称为汽化，液体的汽化有蒸发和沸腾两种不同的形式.蒸发时发生在液体表面的汽化过程，在任何温度下都能进行，而沸腾是液体表面和内部同时发生的剧烈汽化现象.在一定的外界压强下，沸腾只能在某一特定温度（沸点）发生，此时液体汽化突然加剧，在液体内部大量形成气泡上升，逸出液面破裂.不管是哪种汽化过程，它的物理过程都是液体中一些热运动动能较大的分子飞离表面成为气体分子，而随着这些动能较大分子的逸出，液体的温度将要下降，若要保持温度不变，在汽化过程中就要供给热量.通常定义单位质量的液体在温度保持不变的情况下转化为气体时所吸收的热量称为该液体的比汽化热.液体的比汽化热不但和液体的种类有关，而且和汽化时的温度有关，因为温度升高，液相中分子和气相中分子的能量差别将逐渐减小，因而温度升高液体的比汽化热减小.

物质由气态转化为液态的过程称为凝结，凝结时将释放出在同一条件下汽化时所吸收的相同的热量，因而，可以通过测量凝结时放出的热量来测量液体汽化时的比汽化热.

本实验采用混合法测定水的比汽化热.方法是将烧瓶中接近 100℃ 的水蒸气，通过短的玻璃管加接一段很短的橡皮管（或乳胶管）插入到量热器内杯中.如果水和量热器内杯的初始温度为 θ_1，质量为 M 的水蒸气进入量热器的水中被凝结成水，当水和量热器内杯温度均一时，其温度值为 θ_2，那么水的比汽化热可由下式得到：

$$ML + MC_W(\theta_3 - \theta_2) = (mC_W + m_1 C_{A1} + m_2 C_{A1}) \cdot (\theta_2 - \theta_1) \tag{1}$$

其中，C_W 为水的比热容；m 为原先在量热器中水的质量；C_{Al} 为铝的比热容；m_1 和 m_2 分别为铝量热器和铝搅拌器的质量；θ_3 为水蒸气的温度；L 为水的比汽化热.

集成电路温度传感器 AD590 是由多个参数相同的三极管和电阻组成．该器件的两引出端当加有某一定直流工作电压时(一般工作电压可在 $4.5\sim20\mathrm{V}$ 范围内)，如果该温度传感器的温度升高或降低 $1℃$，那么传感器的输出电流增加或减少 $1\mu\mathrm{A}$，它的输出电流的变化与温度变化满足如下关系：

$$I = B \cdot \theta + A \tag{2}$$

其中：I 为 AD590 的输出电流，单位 $\mu\mathrm{A}/℃$；θ 为摄氏温度，B 为斜率，A 为摄氏零度时电路中的电流值，该值恰好与冰点的热力学温度 273K 相对应(实际使用时，应放在冰点温度时进行确定．对市售一般 AD590，其 A 值从 $273\sim278\mu\mathrm{A}$ 略有差异)．利用 AD590 集成电路温度传感器的上述特性，可以制成各种用途的温度计．在通常实验时，采取测量取样电阻 R 上的电压求得电流 I．

实验内容及步骤

1. AD590 电流型集成温度传感器的定标

每个集成电路温度传感器的灵敏度有所不同，在实验前，应将其定标．按图 $3-38$ 要求连接(AD590 的正负极不能接错，实际在我们提供的测量仪器中已经接好电阻为 $1000\Omega \pm 1\%$，数字电压表为四位半，传感器电源电压为 $6\mathrm{V}$，你只要把 AD590 的红黑接线分别插入面板中的输入孔即可进行定标或测量)．测量 AD590 集成电路温度传感器的电流 I 与温度 θ 的关系，把实验数据用最小二乘法进行直线拟合，求得斜率 B，截距 A 和相关系数 r．

2. 水汽化热的测量

（1）用物理天平或电子天平秤出量热器和搅拌器的质量($m_1 + m_2$)，然后在量热器内杯中加一定量的水，再秤出盛有水的量热器和搅拌器的质量减去($m_1 + m_2$)得到水的质量 M_0．

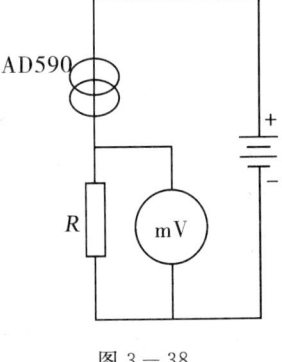

图 $3-38$

（2）将盛有水的量热器内杯放在冰块上，预冷却到室温以下较低的温度．但被冷却水的温度须高于环境的露点，如果低于露点，则实验过程中量热器内杯外表有可能凝结上薄水层，从而释放出热量，影响测量结果．将预冷过的内杯放置量热器内再放在通气管下方．

（3）将盛有水的烧瓶加热(开始加热时可以通过温控电位器顺时针调到底)，此时可将烧瓶上颈口盖子转动，使低于 $100℃$ 的水蒸气从通气孔逸出，不得把乳胶管插入量热器，避免使蒸汽不进入量热器的水中．当烧瓶内水沸腾时，先读下数字电压表的示值 θ_1，再关闭通气孔，将乳胶管插入量热器内杯中(使通汽橡皮管插入水中约 1cm 深，注意通汽管不宜插入太深以防止通汽管被堵塞)．并不断轻轻的搅拌量热器中的水，使 $100℃$ 的水蒸气进入量热器的水中，通蒸汽过程中须持续搅拌，通蒸汽时间的长短以下述要求确定：尽可能使量热器中水的末温 θ_2 与室温的温差同室温与初温 θ_1 差值相近，这样可使实验过程中量热器内杯与外界热交换相抵消．

（4）停止电炉通电，将量热器下垫块抽去，取出量热器，将通蒸汽管从量热器中拔出(注意尽量不要将量热器内的水带出),停止向量热器进蒸汽,继续搅拌量热器内杯的水,读出水和内杯温度开始均匀相等时的末温度 θ_2. 再一次秤量出量热器内杯水的总质量 $M_总$. 经过计算,求得量热器中水蒸气的质量 $M = M_总 - M_0$ (M_0 为未通气前,量热器内杯、搅拌器和水的总质量).

(5) 将所得到的测量结果代入公式(1),即:求得水在 100℃ 时的比汽化热.

数据记录与处理

表1 AD590 集成电路温度传感器定标的测量数据

θ/℃	13.90	19.25	24.90	29.80	32.50
U/mV					
I/μA					

经最小二乘法拟合得 $B = $ _____ μA/℃;$A = $ _____ μA;

表2 水的比汽化热的测量数据

$m_1 = 3.45\text{g}$;$m_2 = 27.17\text{g}$;$\theta_3 = 100.00℃$

编号	m/g	U_1/mV	θ_1/℃	U_2/mV	θ_2/℃	$M_总$/g	M/g
1							
2							
3							

查表得:$C_w = 4.187 \times 10^3 \text{J/(kg·℃)}$;$C_{Al} = 0.9002 \times 10^3 \text{J/(kg·℃)}$

水在 100℃ 时的比汽化热公认值等于 2.25×10^3 J/kg

由公认值和实验测值计算百分差(百分差是指与公认值的百分偏差)

选做内容:测量其他液体的比汽化热.

本实验装置进行适当改进增加紫铜螺旋管作冷凝器,可做其他各类液体的比汽化热进行测量.

测量除水以外其他各种液体的比汽化热,可在烧瓶的通蒸汽管下部连接一个细长盘绕的金属冷凝管,冷凝管用短橡皮管与通蒸汽管相接.冷凝管被浸没在量热器的水中,只露出细管与大气相通.待测液体的蒸汽进入冷凝管后因冷却而凝结成液体,当蒸汽被凝结为一定量的液体时,停止加热,打开通气孔,停止向量热器进蒸汽.整个实验步骤与测量水的比汽化热相同,只是被凝结的蒸汽的质量可通过称衡通蒸汽后量热器内杯冷凝管和液体的质量减去通蒸汽前量热器内杯冷凝管液体质量得到,凝结过程中释放的热量可由量热器测量,方法与水的汽化热的测定一致.

注意事项

(1) 通水蒸气至量热器时,可在量热器下垫一块塑料垫块;
(2) 停止通汽前,先关闭加热电炉,然后去掉垫块,将量热器平移至实验桌上;

(3) 在实验中,不可用手去接触仪器发热部位(如固定螺丝、电炉、烧瓶盖等),以免烫手及损坏仪器;

(4) 注意烧瓶中的水要保持一定的量.

思考题

1. 为什么玻璃烧瓶中的水未达到沸腾时,水蒸气不能通入量热器中?
2. 本实验测量温度为什么要用集成温度传感器?它比用水银温度计有什么优点?
3. 用本实验装置测量水的比汽化热可能产生哪些误差?如何改进?

实验十四 万用表的使用

万用表是电磁测量、电子测量和电工测量中最基本、必不可少的多功能测量仪表,用它可以测量交直流电压、电流和直流电阻,有些万用表还可以用于测量晶体二极管和三极管等.万用表的用途很广,但准确度较低.万用表既有指针式的,也有数字式的.

实验目的

(1) 学会使用指针式万用表;
(2) 学会使用数字式万用表.

实验仪器

指针式万用表(MF-500型),数字式万用表,电源,电阻等.

实验原理

1. 指针式万用表基本原理

指针式万用表从结构上说,是由一只灵敏的磁电式直流电流表表头、转换开关和测量电路三部分组成.表头用以显示被测量的数值;测量电路是用来把各种待测量转换成适合表头测量的微小直流电流;转换开关实现对不同电路的选择,以适应各种测量要求.

如图3-39所示,各直流电流档的设计,就是分别计算出相应的分流电阻R_s值;各直流电压档的设计,就是分别计算出相应的串联电阻R_d值;而欧姆表就是直流电流表串接一个直流电源,当在欧姆表两端A,B点测量一电阻R_x时,表头指示数值的大小与R_x相关.交流电压表的设计就是在直流电压表的基础上加一整流电路而构成的.

实际使用的万用表,有很多不同的测量档位供选用,其电路结构是在以上单独考虑的前提下,从减少元件、简化电路的角度设计出的一个综合电路.

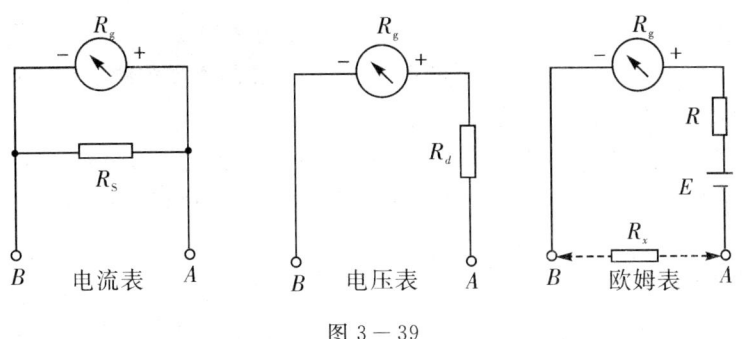

图 3－39

2. 数字万用表的基本原理

与指针式万用表不同,数字万用表表头只测量直流电压.其他的待测量必须转换成与其自身成一定比例关系的直流电压后才能被测量.数字万用表的组成原理简图如图 3－40 所示.其核心部件是数字电压表头,而 A/D 转换器又是电压表的核心.电压、电流的测量电路一般由无源的分压、分流电阻网络组成,交直流转换电路以及电阻、电容的测量的转换电路则多采用有源器件组成的网络实现.

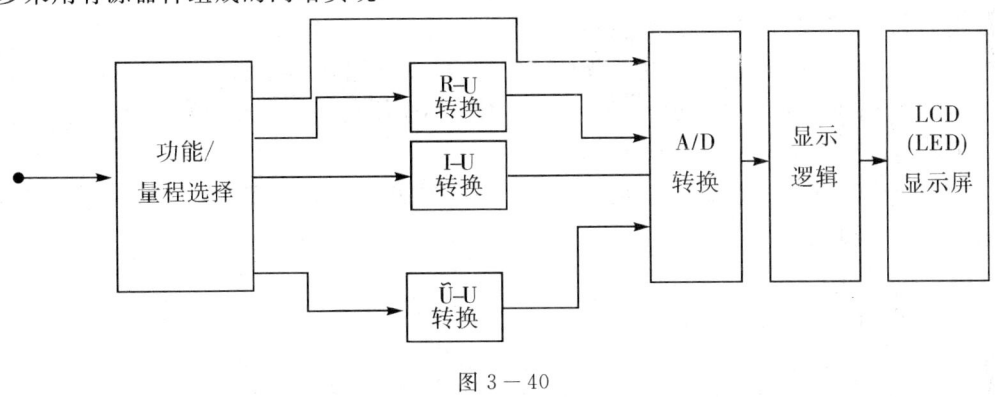

图 3－40

实验内容与步骤

1. 测量直流电压

(1) MF－500 型万用表.使用之前调零;将转换开关旋转至电压档;选择合适量程;将测量表笔接在被测电路两端.当不能预计被测直流电压数值时,可将开关旋转在最大量程上,然后根据指示值的大约数值,再选择合适量程,使指针指到最大的偏转度.

测量直流电压时,当指针向相反方向偏转,只需将表笔的正、负极互换即可.

(2) 数字式万用表.将黑表笔插入 COM 插孔,红表笔插入 V/Ω 插孔.将功能开关置于 DCV 量程范围内,把表笔接在被测电路两端,便可从显示屏读出被测量值,红表笔的极性同时显示.

如果不知道被测电压范围,首先将功能开关置于最大量程后视情况而选择合适量程.(如果显示屏显"1",表示被测值超过量程.)

2. 测量直流电流

(1) MF－500 型万用表:将开关旋钮旋至电流档上,量程开关旋到合适量程.将表笔串接在电路中即可.

注意:测量过程中要保持仪表与电路的接触良好,并注意切勿将表笔直接接在直流电压的两端,以防止仪表因过载而损坏.

(2)数字式万用表.将黑表笔插入COM插孔,红表笔插入合适量程的插孔.将功能开关置于DCA的合适量程,把表笔串接在被测电路中,便可从显示屏读出被测量值,红表笔的极性同时显示.

3. 测量交流电压

(1)MF-500型万用表:将转换开关旋转至电压档,量程开关旋至待测交流电压值的相应的量程的位置上,测量方法与直流电压测量类似.

(2)数字式万用表:将黑表笔插入COM插孔,红表笔插入V/Ω插孔;将功能开关置于ACV量程范围内;把表笔接在被测电路两端,便可从显示屏读出被测量值.

4. 测量电阻

(1)MF-500型万用表:将开关旋钮置于Ω位置上,量程开关旋到Ω量程内.先将两表笔短路,使指针向满度偏转,然后调节旋钮"Ω",使指针指示在欧姆标度尺的"0"位置上,再将两表笔分开进行测量待测电阻的值.

为了提高测试精度,指针所指示被测电阻之值应尽可能指示在刻度中间一段,即全刻度起始的20%到80%弧度范围内.若调节旋钮"Ω",不能使指针指示在欧姆标度尺的"0"位置上表示电池电压不足.

(2)数字式万用表:将黑表笔插入COM插孔,红表笔插入V/Ω插孔;将功能开关置于合适量程,即可测量.

注意事项

(1)测量时不要用手触摸表笔前面金属端;
(2)调换档位时,须断开表笔与待测物;
(3)测量时接触良好读数稳定才能读数.

思考题

1. 用万用表在测量时应注意哪些问题?
2. 如何用万用表检查电路中的一些故障(如短路、断路等)?

实验十五 电桥法测电阻

电桥是基于电位比较法的一种电路连接方式,可以用来测量电阻.当应用于传感器中,它可以测量很多的物理量,如温度、压力、微小长度变化等.电桥分为两种:平衡电桥和非平衡电桥.实验中的平衡电桥又包括单臂电桥(惠斯通电桥)和双臂电桥(开尔文电桥).单臂电桥可以测量的电阻范围为$1\Omega \sim 10^6 \Omega$.双臂电桥由于它可以减小接线电阻和被测电阻与电桥相连处的接触电阻所引起的误差,因而可以测量低值电阻(1Ω以下).

实验目的

(1) 掌握惠斯通电桥及开尔文电桥的结构和基本原理；
(2) 熟练掌握用两种电桥测电阻的方法；
(3) 学会测量电桥的灵敏度，并分析如何提高电桥的灵敏度.

实验仪器

直流双臂电桥(QJ44)、直流单臂电桥(QJ23a)、低值标准电阻(BZ－3C)、四端电阻(DHSR)、螺旋测微计(0.01mm)

实验原理

1. 惠斯通电桥原理

滑线式惠斯通电桥如图 3－41 所示. 线路中 B 点和 D 点通过检流计连接. 当调节 R_1, R_2 和 R_3 的阻值使检流计中的电流 I_g 等于零时，则 B、D 两点电位相同，因而对 R_3 和 R_x 有：

$$I_x R_x = I_3 R_3 \tag{1}$$

对于 R_1 和 R_2，同样有

$$I_1 R_1 = I_2 R_2 \tag{2}$$

又因 $I_g = 0$，这时 $I_1 = I_x$, $I_2 = I_3$. 代入(1)和(2)式得到

$$\frac{R_x}{R_1} = \frac{R_3}{R_2} \tag{3}$$

或：

$$R_x = \frac{R_1}{R_2} R_3 = K R_3 \tag{4}$$

式中 $K = \dfrac{R_1}{R_2}$，称为电桥的比率系数.

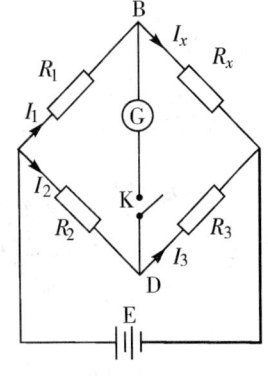

图 3－41

图 3－41 的电路称为惠斯通电桥. 一般将电阻 R_1, R_2, R_3 和 R_x 叫做电桥的臂，将接有检流计的对角线称 BD 为"桥". 当"桥"上没有电流通过时(即通过检流计的电流为 $I_g = 0$)，我们说电桥达到了平衡. 比例关系式(3)或(4)称为电桥的平衡条件. 可见电桥的平衡与工作电流的大小无关. 进行测量时，由于该电桥中并未涉及电压、电流的测量(因而与电表的准确度无关)，而是将待测电阻和标准电阻相比较以确定待测电阻是标准电阻的多少倍. 由于标准电阻的误差很小，所以电桥法测电阻可达到较高的准确度.

使用电桥测电阻时的精密度主要决于电桥的灵敏度. 当电桥平衡时，若桥臂上电阻 R 改变一小量 ΔR，引起检流计偏转 n 格，定义电桥的灵敏度为：

$$S = \frac{n}{\left(\dfrac{\Delta R}{R}\right)} \tag{5}$$

2. 开尔文电桥原理

用惠斯通电桥测量电阻虽然准确度较高,但由于导线电阻和接触电阻的存在,会在测量低值电阻时引入较大的误差.

开尔文电桥测量电阻原理如图3-42所示,四端电阻器上有两个电压接点和两个电流接点. P_1,P_2 段接入的是待测电阻 R_x;P_3,P_4 接标准电阻 R_0. r 是 P_2,P_3 间电阻(包括接线电阻和接触电阻). 在 R_x 两端 P_1,P_2 的接触电阻与 R_1,R_3 相比非常小,故接触电阻可以忽略. C_2,C_3 的接触电阻可合并为 r.

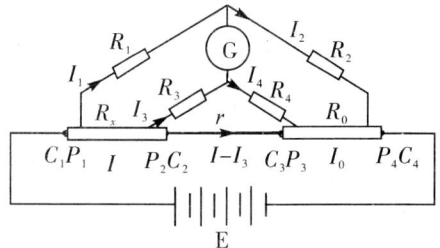

图 3-42 开尔文电桥

当电桥平衡时($I_1 = I_2, I_3 = I_4$)

$IR_x + I_3R_3 = I_1R_1$

$I_0R_0 + I_1R_4 = I_2R_2$

$I_3R_3 + I_4R_4 = (I-I_3)r$

由此解得

$$R_x = \frac{R_1}{R_2}R_0 + \frac{rR_4}{R_3+R_4+r}\left(\frac{R_1}{R_2} - \frac{R_3}{R_4}\right) \tag{5}$$

如果选择 $\frac{R_1}{R_2} = \frac{R_3}{R_4}$ 且 r 很小,则上式后一项为零,即 $R_x = \frac{R_1}{R_2}R_0 = MR_0$. 式中 $M = \frac{R_1}{R_2}$,为比率系数.

实验内容与步骤

1. 惠斯通电桥测电阻

(1) 将电桥拨向"内接",将灵敏度置于最低,调节检流计的调零旋钮,使检流计指零.

(2) 接入待测电阻 R_x. 选取适当的倍率 K,务必使 R_3 有四位有效数字.

(3) 测量时应先按下电源开关按钮 B,后按检流计开关 G,观察检流计的偏转情况,然后立即放开 G,调节电阻 R_3 的阻值直至电桥平衡(当检流计指针右偏时,说明待测电阻 R_x 比倍率 K 与已知电阻 R_3 的乘积大,调节已知电阻 R_3,使之增大;反之亦然).

(4) 逐渐调高灵敏度,重复步骤(3)用"逐次逼近法"使电桥平衡.

在灵敏度最高时,记录电阻值及倍率,填入表中.

(5) 测量三次,求平均值.

2. 开尔文电桥(双臂电桥)测导线的电阻及电阻率

(1) 将灵敏度置于最低,调节检流计的调零旋钮,使检流计指零.

(2) 按要求连接电路.

(3) 估计被测电阻的阻值,将倍率开关旋到相应的位置上,按下按钮"B"、点触按钮"G",观察检流计的偏转情况,并调节电阻旋钮和读数盘 R_0 使检流计指针重新回到"0"位. 逐渐调高灵敏度,在灵敏度最高时,记录电阻值及倍率,填入表中.

(4) 用螺旋测微器测出直径(测五处,求平均值),读出长度值,计算电阻率:

$$\rho = R\frac{S}{L} = \frac{R\pi D^2}{4L}$$

数据记录与处理

1. 惠斯通电桥测电阻

待测电阻	倍率	R_3/Ω	阻值 $/\Omega$
R_{x1}			
R_{x2}			
R_{x3}			

2. 开尔文电桥(双臂电桥)测导线的电阻及导线电阻率

标准电阻:$R =$ ____ Ω

	倍率	阻值 R_0/Ω	阻值 R_X/Ω	直径 /mm	电阻率 $/\Omega \cdot m$
200mm 铜棒					
250mm 铜棒					
300mm 铜棒					
平均值					

思考题

1. 开尔文电桥和惠斯通电桥有哪些不同?
2. 在开尔文电桥中是如何消除导线电阻和接触电阻的影响的?

实验十六　　电子束的聚焦与偏转

带电粒子在电场或磁场中的聚焦与偏转是在电子显微镜、质谱仪、加速器等仪器设备中一种常见的物理现象,本实验是对示波管中电子束聚焦与偏转现象的研究.

实验目的

(1) 了解示波管的基本结构和工作原理;
(2) 研究带电粒子在电场和磁场中的运动规律;
(3) 掌握一种测量电子荷质比的方法.

实验仪器

HLD－Ⅳ电子束实验仪

实验原理

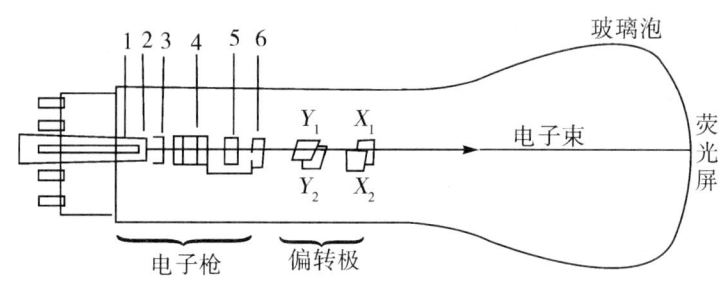

1.灯丝；2.热阴极；3.控制栅极；4.加速极；5.第一阳极；6.第二阳极

图 3－43

1. 示波管的基本原理

示波管的结构如图 3－43 所示,当灯丝接通电源后,加热阴极到某一高温.阴极的端面涂有钡和锶的氧化物,当它们被加热时,材料内部的有些电子能获得足以逸出材料表面的能量,从而逸出.与阴极同轴设置有四个圆筒或圆板形的电极,即控制栅极、加速极、第一阳极和第二阳极,它们各自都带有穿有小圆孔的挡板.控制栅极上所加的工作电位相对于阴极是个可变的负值,它的作用是把电子反推回阴极,能限制通过控制栅极小孔内的电子数量,即控制电子束的强度.加速极工作电位是 V_K,相对于热阴极是正几百伏甚至上千伏的高压,这个电位产生的电场使电子沿电极的轴向加速.加速极和第二阳极用导线相连,即电位相等.而第一阳极上具有的电位 V_I 是界于热阴极和第二阳极的电位之间,其电场使电子束聚焦,即把从控制栅极发射出来的不同方向的电子会聚成一个细小的平行电子束,其直径主要是取决于控制栅极上的小孔直径.所有这些就组成电子枪,发射出高速聚焦的电子流,然后经过纵向、横向偏转板打到荧光屏上.

2. 电聚焦基本原理

对于图 3－43 中 4、5、6 三部分,可以抽象成图 3－44：

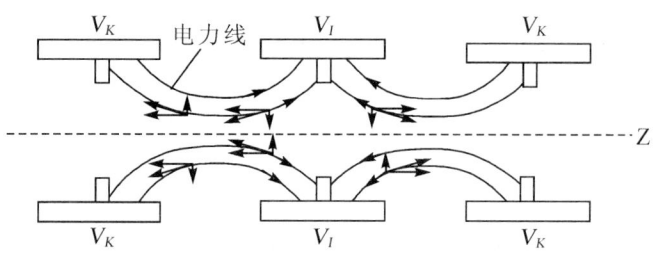

图 3－44

我们假设 $V_K > V_I$,则其间电力线分布也可以给出来,当电子从左端飞入此系统,在 4、5 之间,在电场的前半区,这个电子受到与电力线切割方向相反的作用力 F. F 可分解为垂直指向轴线的分力 F_r 与平行于轴线的分力 F_z. F_r 的作用使电子离开轴线,F_z 的作用使电子沿 Z 轴减速.电子到达电场后半区时,受到的作用力 F' 可分解为相应的 F'_r 和 F'_z 两个分量. F'_z 分力仍使电子沿 z 轴方向减速,而 F'_r 分力却使电子向轴线靠拢.但因为在整个电场区域里电子都受到同方向的沿 z 轴的作用力(F_z 和 F'_z),由于在后半区的轴向速度比在前半区的小得多.因此,在后半区电子受F'_r的作用时间长得多.这样,电子在前半区受到的离开轴线的作用小于在后半区受到拉向轴线的作用,因此总效果是使电子向轴线靠拢.在5、6之间,也可以由以上思路分析,z轴方向一直是加速过程,前半程电场力垂直分量使电子向轴线靠拢,后半程使电子离开轴线,然而前半程作用时间长,所以总效果也是使电子向轴线靠拢.因此4、5、6的总效果是使电子束会聚.

而当$V_K < V_I$时,按照以上思路分析,也可以得到同样的效果:4、5、6的总效果是使电子束会聚!而且理论与实验都证明,如果示波管结构固定,则只有当U_1、U_2比值为某一常数,即

$$\frac{V_K}{V_I} = C$$

时,电子束才能聚焦在荧光屏上.

通常是$V_K > V_I$,即$C > 1$,称作正向聚焦;而当$V_K < V_I$,即$C < 1$时,通过恰当的调节,也能观察到聚焦,则称作反向聚焦,但这时光点一般较暗.

3. 电子束在电场中的偏转

电子由阴极发出来,通过各电极间电场的聚焦作用后穿过同轴小孔,打在荧光屏上.从第二阳极射出时在z方向上具有速度v_z(见图3-45),v_z的速度取决于热阴极与第二阳极间的电位差V_K,电子从热阴极移到第二阳极电位能降低了eV_K,那么电子由第二阳极射出时的动能根据功能原理得到:

$$\frac{1}{2}mv_z^2 = eV_K \tag{2}$$

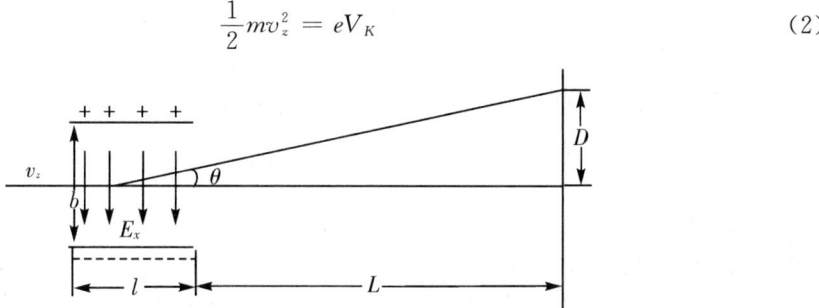

图 3-45

然后,电子再通过偏转板之间的空间.如果偏转板之间没有电位差,电子将笔直地通过,打在显示屏上形成一个小亮点.而当x与y方向上任一对偏转板之间有电位差U_x或U_y时,即加速运动的电子将受到与z成横向的电场E_x或E_y的影响,从而产生一个横向速度v_x或v_y时,它并不改变电子原有的速度v_z,但却改变了电子运动的轨迹,使其与z轴有一个夹角θ.以x方向偏转板上加有电位差U_x来讨论,距离为d的偏转板间产生一个横向的电场为:

$$E_x = \frac{U_x}{d} \tag{3}$$

这时,对沿z方向运动的电子产生了一个大小为:

$$F_x = eE_x = e\frac{U_x}{d} \tag{4}$$

的横向力.在电子从偏转板之间通过的时间Δt内,该力使电子得到一个横向运动v_x,而它等于力的冲量为:

$$mv_x = eU_x \frac{\Delta t}{d} \tag{5}$$

则

$$mv_x = \frac{e}{m} \cdot \frac{U_x}{d} \Delta t \tag{6}$$

然而,时间间隔 Δt,也就是电子以轴向速度 v_z 通过偏转板长度 l 所需要的时间,因此 $l = v_z \Delta t$,并由此关系式解出 Δt,代入(6)式后得到:

$$v_x = \frac{e}{m} \cdot \frac{U_x}{d} \cdot \frac{l}{v_z} \tag{7}$$

这样,偏转角 θ 可由下式给出,为:

$$\tan\theta = \frac{v_x}{v_z} = \frac{eU_x l}{mdv_z^2} \tag{8}$$

将式(2)代入上式,得到:

$$\tan\theta = \frac{U_x}{V_K} \cdot \frac{l}{2d} \tag{9}$$

式(9)表明,偏转角随偏转电位差 U_x 的增大而增大;同时还随偏转板长度 l 的增大而增大.但却与两板间距离 d 成反比,即两偏转板之间距离越近,偏转电场将增大,横向作用力也就越大.最后还与加速电位差 V_K 成反比,V_K 的降低会引起 v_z 的减小,即相当于增大了偏转电场对运动电子的作用时间.

电子束离开偏转区域以后又将沿直线行进,这条直线是电子离开偏转区域那一点的电子轨迹的切线.由显示屏上得到的亮点到 z 轴中心点的距离:

$$D = L\tan\theta \tag{10}$$

式中 L 为偏转板到荧光屏的距离.将(9)式代入上式,得到:

$$D = L\frac{U_x}{V_K} \cdot \frac{l}{2d} \tag{11}$$

当示波管内 L,l,d 为定值后. D 与 U_x 成正比,与 V_K 成反比.

4. 电子束在磁场中的偏转

根据洛伦兹力定律,磁场 B 对于在场中运动的带电粒子将产生一个作用力,其大小为:

$$F = qv_z B\sin\alpha \tag{12}$$

即与垂直于磁场方向的速度分量 v_z 成正比,其方向总是垂至于 B,又垂直于 v_z(如图 3—46 所示).

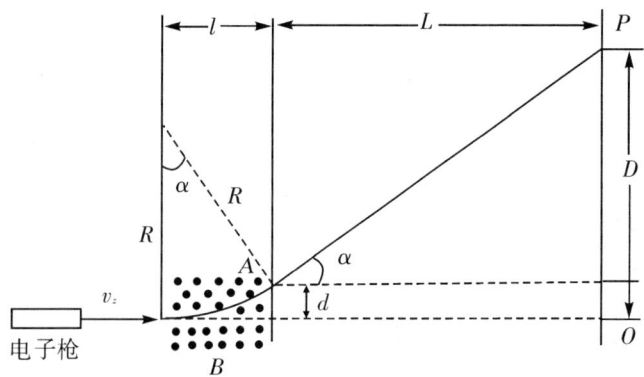

图 3—46

由电子枪射出的快速运动的电子束,通过与其垂直方向的均匀磁场后将产生偏转,由于洛伦兹力的大小不变,方向与速度垂直,所以电子束作匀速圆周运动,旋转的半径为:

$$R = \frac{mv_z}{eB} \quad (13)$$

电子束离开磁场区域之后,在 A 点处将重新沿一条直线运动,射向荧光屏,这条直线对原有轴向 z 偏转了一个 α 角,

$$\sin\alpha = \frac{l}{R} = \frac{leB}{mv_z} \quad (14)$$

而且,在离开磁场的那一点上的横向位移:

$$d = R - R\cos\alpha \quad (15)$$

最后,电子束打在荧光屏上的位置 P 点,与若不通过磁场、不发生偏转而沿原 z 轴打在荧光屏上 O 点之间的距离 D,可由下式得到:

$$D = L\tan\alpha + d \quad (16)$$

由于实验中偏转角较小,可近似为:

$$\sin\alpha = \tan\alpha = \alpha, \cos\alpha = 1 - \frac{\alpha^2}{2}.$$

这样,式(16)可简化为:

$$D = L\alpha + R\frac{\alpha^2}{2} = \frac{leB}{mv_z}\left(L + \frac{l}{2}\right) \quad (17)$$

再将式(2)的能量关系式代入,得到:

$$D = \frac{leB}{(2meV_K)^{\frac{1}{2}}}\left(L + \frac{l}{2}\right) \quad (18)$$

式中,B 为亥姆霍兹线圈产生的均匀磁场磁感应强度,可表示为:

$$B = kI \quad (19)$$

式中,k 是与线圈半径、匝数等有关的常量. 代入式(18),整理后可写成:

$$D = \frac{Llk}{\sqrt{2}}\left(1 + \frac{l}{2L}\right)\sqrt{\frac{e}{m}} \cdot \frac{I}{\sqrt{V_K}} = K\frac{I}{\sqrt{V_K}} \quad (20)$$

式中,$K = \frac{Llk}{\sqrt{2}}\left(1 + \frac{l}{2L}\right)\sqrt{\frac{e}{m}}$,是与磁偏转系统几何尺寸有关的常量. 式(20)的结果表明,电子束的偏转距离 D 正比于磁场 B,即产生于磁场所通过线圈中的电流 I,并与加速电位差 U_1 的平方根成反比. 这一结果与电子束在电场中的偏转式(11)中,D 与 U_1 成反比关系有明显的不同.

5. 电子束在磁场中的聚焦

在示波管外套一载流长螺线管,在 z 轴方向即产生一均匀磁场 B,电子离开电子束交叉点进入第一阳极 A_1 后,即在一均匀磁场 B 中运动. v 可分解为平行 B 的分量 $v_{/\!/}$ 和垂直于 B 的分量 $v_\perp$,磁场对 $v_{/\!/}$ 分量没有作用力,$v_{/\!/}$ 分量使电子沿 B 方向作匀速直线运动;$v_\perp$ 分量受洛伦兹力的作用,使电子绕 B 轴作匀速圆周运动. 因此,电子的合成运动轨道是螺旋线,螺旋线的半径为

$$R = \frac{mv_\perp}{eB}$$

式中 m 是电子的质量，e 是电子的电荷量.

电子作圆周运动的周期为：

$$T = \frac{2\pi R}{v_\perp} = \frac{2\pi m}{eB}$$

可以看出，T 与 $v_\perp$ 无关，即在同一磁场下，不同速度的电子绕圆一周所需的时间是相等的，只不过速度大的电子绕的圆周大，速度小的电子绕的圆周小而已.

螺旋线的螺距为：

$$h = Tv_\parallel = \frac{2\pi m}{eB}v_\parallel$$

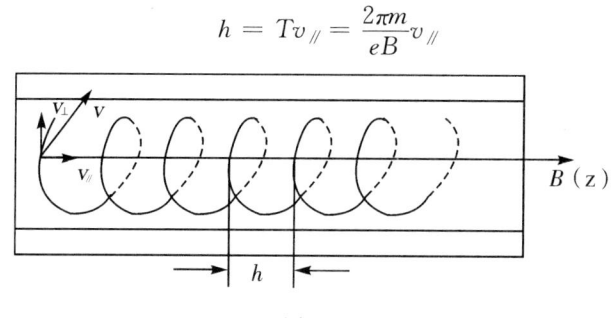

图 3-47

在示波管中，由电子束交叉点射入均匀磁场中的一束电子流中，各电子与 z 轴的夹角 θ 是不同的，但是夹角 θ 都很小. 则

$$v_\parallel = v\cos\theta \approx v \qquad v_\perp = v\sin\theta \approx v\theta$$

由于 $v_\perp$ 不同，在磁场的作用下，各电子将沿不同半径的螺旋线前进，但由于各电子的 $v_\parallel$ 分量近似相等，其大小由加速电压决定，因为

$$\frac{1}{2}mv_\parallel^2 = eV_K \quad 即 \quad v_\parallel = \sqrt{\frac{2eV_K}{m}}$$

所以各螺旋线的螺距是相等的. 这样，由同一点 O 出发的各电子沿不同半径的螺旋线，经过同一距离 h 后，又重新会聚在轴线上的一点，调节磁场 B 的大小，使 $l/h = n'$ 为一整数（l 是示波管中电子束交叉点到荧光屏的距离），会聚点就正好与荧光屏重合，这就是磁聚焦.

利用磁聚焦系统，调节磁场 B，当螺旋线的螺距 h 正好等于示波管中电子束交叉点到荧光屏之间的距离 l 时，在屏上将得到一个亮点（聚焦点）. 这时

$$l = h = \frac{2\pi m v_\parallel}{eB} = \frac{2\pi m}{eB}\sqrt{\frac{2eV_K}{m}}$$

$$即得 \frac{e}{m} = \frac{8\pi^2 V_K}{l^2 B^2}$$

式中 l，B 由每台实验仪器给出数据，其中聚焦线圈中的平均磁场由公式

$$B = \frac{1}{2}\mu_0 nI(\cos\alpha - \cos\beta)$$

求出. 式中的 I 为流过磁聚焦线圈的电流，n 为单位长度螺线管圈数，B 的单位为特斯拉. 为了减小 I 的测量误差，可利用一次、二次、三次聚焦时对应的励磁电流求平均 $\bar{I}$，因为第一次聚焦时的电流为 I_1，二次聚焦的电流为 $2I_1$，即磁场强一倍，相应电子在示波器内绕 z 轴转两圈. 同理，三次聚焦的电流 I_3 应为 $3I_1$…… 所以有

$$\bar{I} = \frac{I_1 + I_2 + I_3 + \cdots}{1 + 2 + 3 + \cdots}$$

将 $\bar{I}$ 代入实验仪器给出的 B 计算式中,求出 B. 再将 v_2、l、B 值代入,即可求出不同加速电压 v_2 时的电子荷质比 e/m,与标准值相比较,即可求出相对误差.

对于电子束实验仪,螺线管中心部分的磁场视为均匀的平均磁场,则有

$$B = \frac{4\pi N\bar{I} \times 10^{-7}}{\sqrt{D^2 + L^2}}$$

$$\frac{e}{m} = \frac{D^2 + L^2}{2l^2 N^2 \times 10^{-14}} \cdot \frac{V_K}{\bar{I}^2}$$

式中 D 为螺线管平均直径,L 为螺线管长度,N 为螺线管线圈匝数.

实验内容与步骤

1. 接好电源线,装上示波管.
2. 调零:打开电源预热,调整 V_{dx},V_{dy} 为零,若光斑不在屏中央,调整 X,Y,使其居中.
3. 观察电聚焦现象并总结规律:使加速电压 V_K 置于某一值,调整聚焦电压 V_I 使其聚焦,记下 V_K,V_I 的值,共记录三组.
4. 电偏转:在 3 的基础上,缓慢升高(降低)V_{dx},光斑每偏转一格,记下 V_{dx} 值,记下五组;完成后,V_{dx} 调零;V_{dy} 调整方法同上.
5. 磁偏转:加上偏转线圈,励磁电流打向 200mA 档,缓慢升高,光斑每偏转一个记下电流值,记 3 组;打换向,再记录 3 组.
6. 磁聚焦:取下偏转线圈,调整 V_K,V_I,使光斑散焦(V_K:900～1100V,V_I:300～400V)装上长线圈,接通导线,将励磁电流打向 2A 档,缓慢改变励磁电流,观察聚焦现象,记下 3 次聚焦的电流值、V_K 值及相关常数,计算荷质比.

数据记录与处理

自拟表格记录相关数据,求出电聚焦聚焦常数,作出电偏转偏转距离与偏转电压的关系图像、磁偏转偏转距离与偏转电流的关系图像,根据磁聚焦数据及仪器相关参数求出电子荷质比.

注意事项

(1) 示波管要轻拿轻放,安装时注意管脚对齐;
(2) 做磁偏转、磁聚焦项目时,通电前注意将电流调至最小(逆时针旋到底).

思考题

1. 在加速电压不变的条件下,偏转距离是否与偏转电压(电流)成正比?在偏转电压(电流)不变的条件下,偏转距离与加速电压有什么关系?
2. 怎样检查电子束线管周围空间的地磁场水平分量?

实验十七　　示波器的原理与使用

示波器是一种综合性的电信号测试仪器,它能把眼睛看不见的电信号转换成能直接观察的波形,显示于荧光屏上.电子示波器实际上也是一种时域测量仪器,用来观察信号随时间的变化关系,常用来测量信号电压的幅度、周期(频率)和相位等.配合各种传感器,还可以观测一切可转化为电压信号的电学量(如电流、电阻等)和非电学量(如温度、压力、磁场、光强)的随时间的变化过程.

示波器的电路比较复杂,不属于本实验讨论的范围,这里仅限于学习示波器的基本原理和使用方法.

实验目的

(1) 了解示波器的主要结构和显示波形的基本原理;
(2) 掌握示波器和信号发生器的使用方法;
(3) 掌握用示波器观察波形、测量交流与直流电压和测频率的方法;
(4) 会用示波器观察李萨如图形,学会一种测量正弦交流电压频率的方法.

实验仪器

$HONGHUA\ cos5020B$ 型示波器,低频信号发生器,干电池 1 节等.

实验原理

一、示波器的基本结构

示波器的规格和型号很多,有单踪、双踪和多踪示波器.但不管什么类型的示波器都包括图 3-48 所示的几个基本组成部分:示波管(CRT)、垂直放大电路(Y 放大)、水平放大电路(X 放大)、扫描发生器、触发同步电路和电源等.

1. 示波管

如图 3-48 所示,示波管主要包括电子枪、偏转系统和荧光屏三部分,全都密封在玻璃外壳内,里面抽成高真空.下面分别说明各部分的作用.

(1) 荧光屏:它是示波器的显示部分,当加速聚焦后的电子打到荧光屏上时,屏上所涂的荧光物质就会发光,从而显示出电子束的位置.当电子停止作用后,荧光剂的发光需经一定时间才会停止,称为余辉效应.

(2) 电子枪:由灯丝 H、阴极 K、控制栅极 G、第一阳极 A_1、第二阳极 A_2 五部分组成.灯丝通电后加热阴极.阴极是一个表面涂有氧化物的金属筒,被加热后发射电子.控制栅极 G 是一个顶端有小孔的圆筒,套在阴极外面.它的电位比阴极低,对阴极发射出来的电子起控制作用,只有初速度较大的电子才能穿过栅极顶端的小孔然后在阳极加速下奔向荧光屏.示波器面板上的"辉度"调整就是通过调节电位以控制射向荧光屏的电子流密度,从而改变

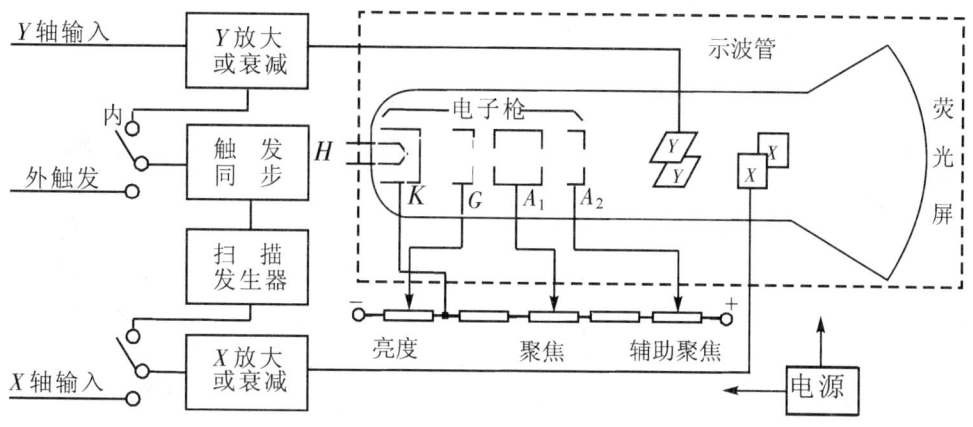

图 3—48

了屏上的光斑亮度．阳极电位比阴极电位高很多，电子被它们之间的电场加速形成射线．当控制栅极、第一阳极、第二阳极之间的电位调节合适时，电子枪内的电场对电子射线有聚焦作用，所以第一阳极也称聚焦阳极．第二阳极电位更高，又称加速阳极．面板上的"聚焦"调节，就是调第一阳极电位，使荧光屏上的光斑成为明亮、清晰的小圆点．有的示波器还有"辅助聚焦"，实际是调节第二阳极电位．

（3）偏转系统：它由两对相互垂直的偏转板组成，一对垂直偏转板 Y，一对水平偏转板 X．在偏转板上加以适当电压，电子束通过时，其运动方向发生偏转，从而使电子束在荧光屏上的光斑位置也发生改变．

容易证明，光点在荧光屏上偏移的距离与偏转板上所加的电压成正比，因而可将电压的测量转化为屏上光点偏移距离的测量，这就是示波器测量电压的原理．

2．信号放大器和衰减器

示波管本身相当于一个多量程电压表，这一作用是靠信号放大器和衰减器实现的．由于示波管本身的 X 及 Y 轴偏转板的灵敏度不高（约 $0.1\sim 1mm/V$），当加在偏转板的信号过小时，要预先将小的信号电压加以放大后再加到偏转板上．为此设置 X 轴及 Y 轴电压放大器．衰减器的作用是使过大的输入信号电压变小以适应放大器的要求，否则放大器不能正常工作，使输入信号发生畸变，甚至使仪器受损．对一般示波器来说，X 轴和 Y 轴都设置有衰减器，以满足各种测量的需要．

3．触发扫描系统

扫描系统也称时间电路，用来产生一个随时间作线性变化的扫描电压，这种扫描电压随时间变化的关系如同锯齿，故称锯齿波电压，这个电压经 X 轴放大器放大后加到示波管的水平偏转板上，使电子束产生水平扫描．这样，屏上的水平坐标变成时间坐标，Y 轴输入的被测信号波形就可以在时间轴上展开．

在普通示波器中，X 轴的扫描总是连续进行的，称为"连续扫描"．为了能更好地观测各种脉冲波形，在脉冲示波器中，通常采用"触发扫描"．采用这种扫描方式时，扫描发生器将工作在待触发状态。它仅在外加触发信号作用下，时基信号才开始扫描，否则便不扫描．这个外加触发信号通过触发选择开关分别取自"内触发"（Y 轴的输入信号经由内触发放大器输出触发信号），也可取自"外触发"输入端的外接同步信号．其基本原理是利用这些触发脉冲信号的上升沿或下降沿来触发扫描发生器，产生锯齿波扫描电压，然后经 X 轴放大后送 X

轴偏转板进行光点扫描.适当地调节"扫描速率"开关和"电平"调节旋钮,能方便地在荧光屏上显示出具有合适宽度的被测信号波形.

二、示波器显示波形的原理

如果只在竖直偏转板上加一交变的正弦电压,则电子束的亮点将随电压的变化在竖直方向来回运动,如果电压频率较高,则看到的是一条竖直亮线,如图 3-49 所示.要能显示波形,必须同时在水平偏转板上加一扫描电压,使电子束的亮点沿水平方向拉开.这种扫描电压的特点是电压随时间成线性关系增加到最大值,最后突然回到最小,此后再重复地变化,这种扫描电压即前面所说的"锯齿波电压".如果只有锯齿波电压被加在水平偏转板上,而且频率足够高,则荧光屏上只显示一条水平亮线,如图 3-50 所示.

如果在竖直偏转板上(简称 Y 轴)加正弦电压,同时在水平偏转板上(简称 X 轴)加锯齿波电压,电子受竖直、水平两个方向的力的作用,电子的运动就是两相互垂直的运动的合成.当锯齿波电压比正弦电压变化周期稍大时,在荧光屏上将能显示出完整周期的所加正弦电压的波形图,如图 3-51 所示.

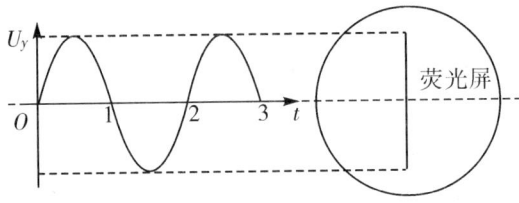

图 3-49　垂直偏转板加正弦交变电压

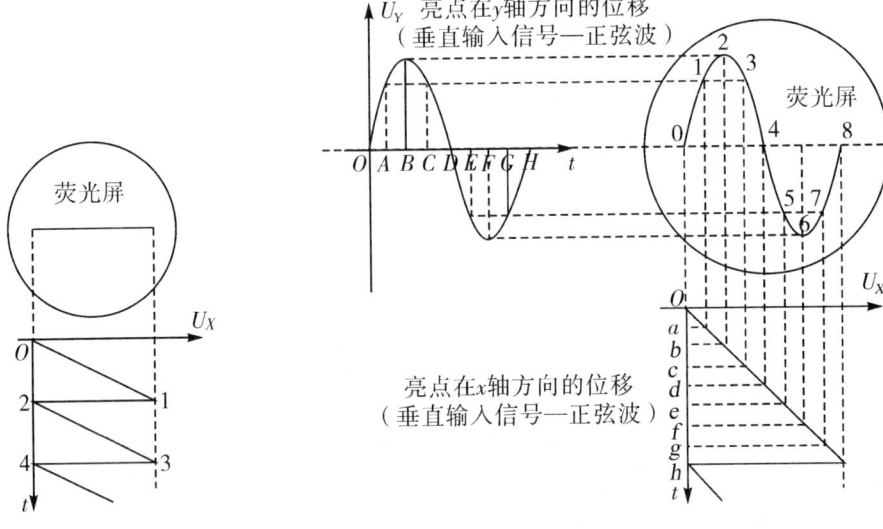

图 3-50　垂直偏转板加锯齿波电压　　　图 3-51　波形显示原理

三、同步与触发

1. 同步的概念:为了显示如图 3-51 所示的稳定图形,只有保证正弦信号到 H 点时,锯齿波正好到 h 点,从而亮点扫完了一个周期的正弦曲线.由于锯齿波这时马上复原,所以亮点又回到 O 点,再次重复这一过程.光点所画的轨迹和第一周期的完全重合,所以在荧光屏上显示出一个稳定的波形,这就是所谓的同步.

由此可知同步的一般条件为：$T_X = nT_Y$，$(n=1,2,3\cdots)$．其中 T_X 为锯齿波周期，T_Y 为正弦信号周期．就是说：若扫描电压的周期是被观察信号的 n 倍时，则在荧光屏上显示出 n 个完整周期的稳定波形．若扫描电压的周期不是被观察信号的 n 倍时，则荧光屏上的波形就不会稳定，而是紊乱的．如图 3-52 所示为 $T_X/T_Y = 7/8$ 时波形．

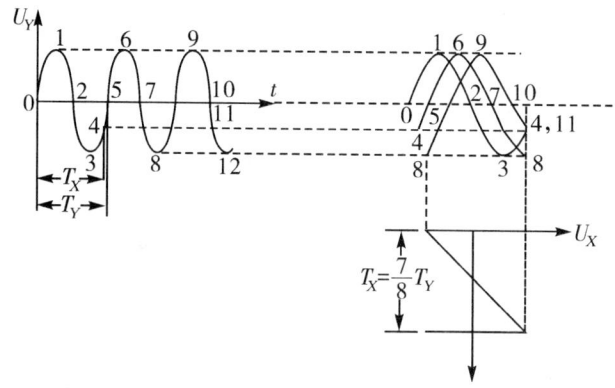

图 3-52

2. 手动同步的调节：为了获得一定数量的稳定波形，示波器设有扫描周期调节旋钮，用来调节锯齿波电压的周期 T_X，使之与被测信号的周期 T_Y 成若干整数倍关系，从而，在示波器荧光屏上得到被测信号若干整数倍完整的波形．

3. 自动触发同步调节：输入 Y 轴的被测信号与示波器内部的锯齿波电压是相互独立的．由于环境或其他因素的影响，它们的周期（或频率）可能发生微小的改变．这时虽通过调节扫描旋钮使它们之间的周期满足整数倍关系，但过一段时间后波形又会不稳定，这在观察高频信号时尤其明显．为此，示波器内设有触发同步电路，即用被测信号或其他信号来控制扫描电压的产生时刻（触发扫描），使每一次扫描开始时 Y 轴信号都具有相同的电平和极性（即同步），一次扫描结束后需要等到触发信号的到来才进行下一次扫描，如图 3-53 所示．由于每个扫描周期扫描的起点、终点及波形相同，叠加在示波器上就是稳定不动的波形．

触发系统包括触发信号源、触发方式、触发电平和触发极性．扫描系统所需的触发信号可选用内触发信号，也可选用外触发信号，一般多选用内触发信号进行扫描显示，仅在同步困难时才选用外触发的方式．合理选择触发信号源，对正确观察被测信号之间的相位关系是十分重要的．选择触发信号源时，应注意与示波器的垂直工作方式相对应．

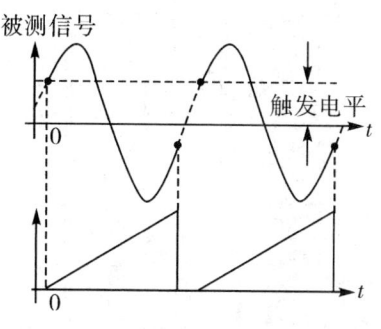

图 3-53　触发扫描原理　　　图 3-54　李萨如图形

四、李萨如图形的原理

如图 3-54 所示，从示波器的 X 和 Y 轴分别输入频率相同或成简单整数比的两个正弦电压,则荧光屏上将呈现特殊的光点轨迹,这种轨迹图称为李萨如图形.如图 3－55 所示,频率比不同的输入信号将形成不同的李萨如图形,相位差不同的输入信号也会形成不同的李萨如图形.

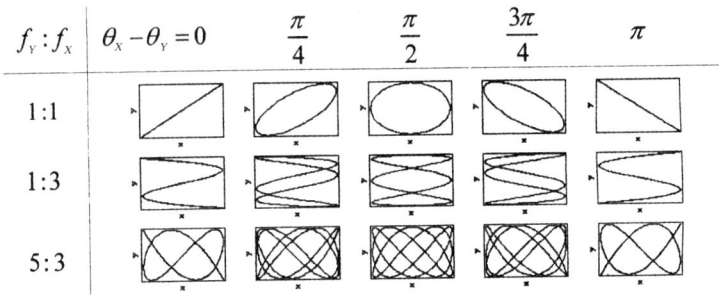

图 3－55 李萨如图形(设 $\theta_Y = 0$)

从中可总结出如下规律:如果作一个假想方框,限制光点 X、Y 方向变化的范围,则图形与此框相切时,横边上切点数 N_X 与竖边上的切点数 N_Y 之比恰好等于 Y 和 X 输入的两正弦信号的频率之比,即 $f_Y : f_X = N_X : N_Y (T_X : T_Y = N_X : N_Y)$. 但若出现如 $f_Y : f_X = 3 : 1$,相位差为 0 时的李萨如图形,有端点与假想边框相接时,应把一个端点计为 $1/2$ 个切点,则 $N_X : N_Y = 3/2 : 1/2$. 所以利用李萨如图形能方便地比较两正弦信号的频率. 若已知其中一个信号的频率,数出图上的切点数 N_X 和 N_Y,便可算出另一待测信号的频率.

实验仪器介绍

本实验中使用的示波器有两套功能完全相同的垂直输入通道,常称为双踪示波器.

这两个通道可以单独使用,例如对一个输入电压进行测量. 也可以同时使用,例如对两个输入信号进行比较,也可以对这两个输入信号进行叠加.

两个通道还可以 $X-Y$ 方式工作. 这时一个通道起 X 轴的作用,另一个通道起 Y 轴的作用,可以观察李萨如图形.

一、HONGHUA cos5020B 型示波器

该示波器的面板图如 3－56 所示,各旋钮、按键、开关及接口按功能分述如下:

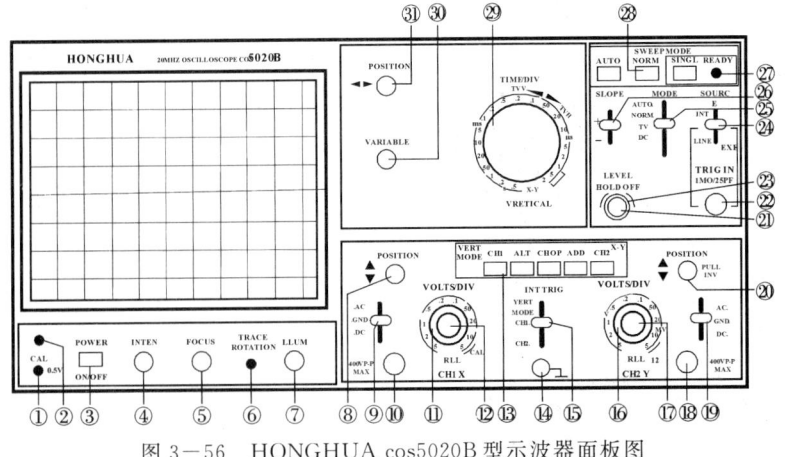

图 3－56 HONGHUA cos5020B 型示波器面板图

序号	控制件名称	功能
	(一)示波管控制部分	
1	电源按键(POWER)③	示波器的电源开关。按下按键指示灯②发亮,表示电源接通.
2	辉度旋钮(INTEN)④	控制扫描线或光点的亮度。一般不应太亮,以保护荧光屏.
3	聚焦旋钮(FOCUS)⑤	用于调节电子束截面大小,将扫描线聚焦成最清晰状态.
4	标尺亮度旋钮(LLUM)⑦	调节荧光屏后面的照明灯亮度。正常室内光线下,照明灯暗一些好,在室内光线不足的环境中,可适当调亮照明灯.
5	水平轨迹旋转螺钉 (TRACE ROTATION)⑥	用来调整水平轨迹与刻度线的平行,补偿地球磁场.
	(二)垂直轴部分	
6	垂直通道显示方式选择按键(VERT MODE)⑬:选择垂直系统工作方式。有以下5种选择: CH1:按下该键,显示屏单独显示 CH1 通道输入信号. ALT:按下该键,CH1 和 CH2 两通道的输入信号按扫描周期交替地显示在显示屏上。在扫描频率较高的情况下,显示屏上可以看到两条扫描线. CHOP:按下该键,CH1 和 CH2 两通道的输入信号以时间分割的方式同时显示在显示屏上。在扫描频率较低的情况下,显示屏上可以看到两条扫描线. ADD:按下该键,用来测量 CH1 和 CH2 两通道的输入信号的代数和. CH2:按下该键,显示屏上单独显示 CH2 通道的输入信号.	
	(三)CH1 通道	
7	输入接口⑩	CH1 通道的输入接口 Y_1,示波器在 X-Y 方式工作时,为 X 轴的输入端.
8	输入信号与 CH1 通道放大器连接方式选择开关⑨	有以下 3 种选择: AC—交流耦合;DC—直流耦合;GND—输入信号与放大器断开,同时放大器输入端接地
9	垂直偏转因数 (VOLTS/DIV)⑪	控制 CH1 通道输入信号衰减倍率,从 5mV/div—5V/div 共有 10 档.
10	垂直偏转因数微调 (VARIABLE)⑫	调节显示波形的幅度,顺时针方向增大,顺时针方向旋足并接通开关为"校准"位置.
11	位移旋钮 (POSITION)⑧	调节扫描线或光点的垂直位置,在 CH1 通道工作时起作用.
	(四)CH2 通道	
12	输入接口⑱	CH2 通道的输入接口 Y_2,示波器在 X-Y 方式工作时,为 Y 轴输入端.

序号	控制件名称	功 能
13	输入信号与CH2通道放大器连接方式选择开关⑲	有以下3种选择： 　　AC—交流耦合；DC—直流耦合，GND—输入信号与放大器断开，同时放大器输入端接地.
14	垂直偏转因数（VOLTS/DIV）⑯	控制CH2通道输入信号的衰减倍率，从5mV/div—5V/div共有10档.
15	垂直偏转因数微调（VARIABLE）⑰	调节显示波形的幅度，顺时针方向增大，顺时针方向旋足并接通开关为"校准"位置.
16	位移旋钮（POSITION）⑳	调节扫描线或光点的垂直位置，在CH2通道工作时起作用.
（五）扫描方式与时基		
17	扫描方式选择键(SWEEP MODE)㉘有以下3种方式 AUTO：自动档，当无触发信号加入或触发信号频率低于50Hz时，扫描发生器自由产生一个没有触发信号的扫描信号. NOR：常态档，当无触发信号加入时，扫描处于准备状态，没有扫描线. SINGLE READY：单次档，用于单次扫描启动.	
18	扫描时间选择旋钮(TIME/DIV)㉙ 选择扫描时间，控制光点在荧光屏上的移动速度. 有三种时间单位. sce有三档，ms有九档，μs有八档 EXTHOR：旋钮置于该档时，示波器的工作方式为X—Y方式，或用外信号作为扫描信号.	
19	扫描微调旋钮（VARIABLE）㉚	用以连续改变扫描速度的细调装置。顺时针方向旋足并接通开关为"校准"位置.
20	位移旋钮（POSITION）㉛	调节扫描光点的水平位置
（六）触发		
21	触发极性选择开关（SLOPE）㉖	用来选择触发信号的极性. "＋"：在信号正斜率上触发，"－"：在信号负斜率上触发.
22	触发信号与触发电路耦合方式选择开关(COUPLING)㉕，有以下4种选择 AC：触发信号通过交流耦合被加到触发电路. HFREJ：触发信号的高频成分通过滤波器被抑制，低频成分通过交流耦合被加到触发电路. TV：是观察视频信号用的. 触发信号通过电视同步分离电路被加到触发电路. DC：触发信号通过直流耦合被加到触发电路.	

序号	控制件名称	功能
23	触发信号源选择开关(SOURCE)㉔,选择触发信号由何处供给的.有以下3种选择 INTX－Y:内触发开关.以内触发源选择开关15的信号作为触发信号.当仪器处于X－Y工作方式时,起连通信号的作用. LINE:电源触发开关.触发信号来自50Hz的交流电源. EXT:外触发开关.以外触发输入接口㉒的输入信号作为触发信号.	
24	外触发信号输入接口 (EXT TRIG)㉒	外触发信号的接入端.
25	内触发源选择开关(INT TRIG)⑮选择内部的触发信号源. VERT MODE:内触发信号取自垂直方式按键所选择的信号. CH1:内触发信号取自CH1的垂直输入接口⑩. CH2:内触发信号取自CH2的垂直输入接口⑱.	
26	触发电平调节旋钮 (LEVEL)㉓	用来调节触发电平,一旦触发信号超过这个控制旋钮所设定的电平时,扫描立即被触发,并在显示屏上显示稳定的波形. 　电平锁定:当该旋钮调逆时针旋到底时,会听到咔哒一声,触发电平被锁定在一个固定值.
27	释抑时间调节旋钮 (HOLD OFF)㉑	当被测信号具有两个或多个重复频率时,采用调节扫描波形的释抑时间(扫描暂停时间)就能使扫描与被测信号波形稳定同步.
(七)其他		
28	校准信号输出端[CAL(V_{P-P})]①	该端输出频率1kHz,0.5V_{P-P}的方波.(V_{P-P}表示电压的峰—峰值).用于校正10:1探极的补偿电容器和检测示波器垂直与水平的偏转因数.
29	示波器外壳接地端⑭	

二、SG102020HZ型数字合成信号发生器

该仪器的面板图如3－57所示

该仪器具有TTL波、正弦波、方波、三角波、调频、调幅、调相、FSK、ASK、PSK、线性频率扫描、对数频率扫描等信号的发生功能.操作界面采用全中文交互式菜单,具有很强的操作性.

该仪器的各按键的功能如下:

1. 旋转脉冲旋钮①:利用脉冲旋钮可以快速地连续地加减光标所对应的量.
2. 数字键盘区②:是为了快速地输入一些数字量而设计的.
3. 屏幕键区③:它们的功能分别对应屏幕的"波形"、"频率"、"幅度"、"偏置"、"返回"功能.当显示屏为主菜单时,屏幕键区各按键可以实现二级子菜单的功能.

4. 显示屏④:为各种功能提供菜单显示.

5. 电源开关⑤.

6. 快捷键区. 有六个按键:"Shift"与其他五个键配合使用,以实现功能的转换.

7. 方向键⑦:有"Up"、"Down"、"Left"、"Right"、"OK"五个键,它们的主要功能是移动设置状态的光标和选择功能.

8. 外测量输入接口⑧.

9. TTL输出接口和,电压输出接口⑨.

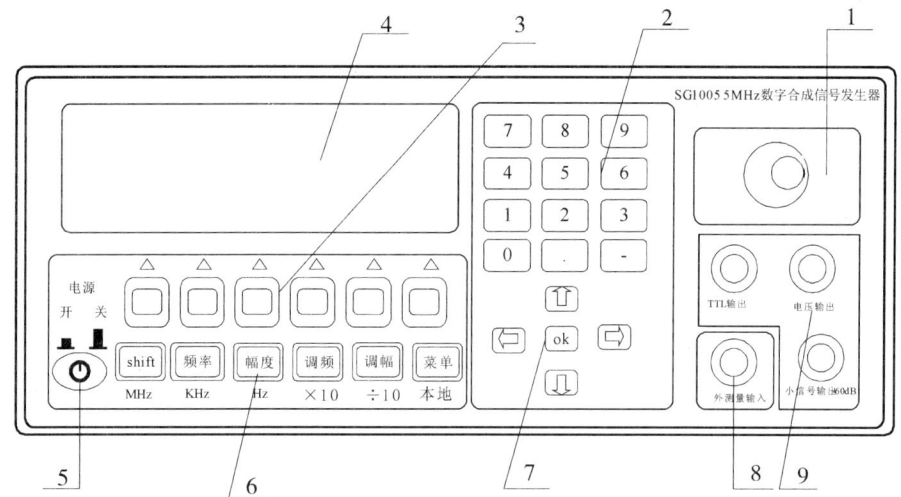

图 3—57 SG102020HZ型数字合成信号发生器面板图

实验内容与步骤

1. 熟悉示波器面板上各调节旋钮,明确它们的功能

在示波器使用之前,示波器面板上各旋钮和按键应置于下列位置

项目	代号	位置设置
电源	③	断开
辉度	④	相当于时钟"3"点位置
聚焦	⑤	中间位置
标尺亮度	⑦	逆时针旋到底
Y方式	⑬	CH1
↕位移	⑧⑳	中间位置
衰减旋钮	⑪⑯	任意位置
衰减微调	⑫⑰	顺时针旋到底
AC—GND—DC	⑨⑲	GND

项目	代号	位置设置
内触发	⑮	CH1
触发源	㉔	INT
耦合	㉕	AC
极性	㉖	+
电平	㉓	逆时针旋到底
释抑	㉑	逆时针旋到底
扫描方式	㉘	AUTO
扫描旋钮	㉙	sec 档:0.5
扫描微调	㉚	顺时针旋到底
↔位移	㉛	中间位置

2. 观察扫描

(1)打开电源开关,确认上方电源指示灯亮.预热 20s 后,屏上出现一个扫描亮点.

(2)调节扫描旋钮,逐渐减小扫描时间,观察亮点扫描速度逐渐加快最后终于成一条水平亮线的扫描线过程,总结规律.

3. 校准示波器的扫描时间因数与垂直偏转因数

(1)选择 CH2 通道,将示波器 CAL 端子输出的标准方波信号(1kHz,$0.5V_{P-P}$)接入 Y_2. 校准通道所选的垂直衰减;

(2)将 CH2 通道的耦合选择开关置于 AC 档;将内触发开关置于 Y_2;将扫描时间因数(TIE/DIV)置于 0.2s 档;将垂直偏转因数(Y_2)置于 0.1V/div 档.

(3)将 CH2 通道的垂直偏转因数微调置于校准位置(或手动调节),使波形高度为 5 格(div)、使一个完整波的长度为 5 格,则示波器的扫描时间因数与 CH2 通道的垂直偏转因数已校准好,定量测量时不能再调节两微调旋钮,否则需要重新校准.

(4)若选用 CH1 通道,校准方法同上.

4. 测量直流电压、正弦交流电压的幅值与周期(频率)

(1)直流电压的测量

①设置被选用通道的输入耦合方式为"GND";

②调节垂直移位,将扫描基线调至合适位置,作为零电平基准线;

③将输入耦合方式置"DC",将 Y_2 的垂直偏转因数旋钮置合适的档.

④将被测电压输入已校准的 Y_2 输入端,这时扫描基线将偏移,读出扫描基线在垂直方向偏移的格数(div),则被测电压为

V=垂直方向偏移格数(div)×垂直偏转因数(V/div)×偏转方向(+或-)

式中,基线向上偏移取正号,基线向下偏移取负号.

(2)交流电压的测量

①用信号发生器输出 1000Hz 正弦信号(2V、5V、10V)到示波器已校准的 Y_2 输入端.

②将 Y_2 的垂直偏转因数旋钮置合适的档,调整示波器有关控制件,使荧光屏上显示稳定、易观察的波形,读出波峰与波谷之间在垂直方向的格数(div),则交流电压幅值为

$$V_{P-P} = 垂直方向格数(div) \times 垂直偏转因数(V/div)$$

(3)周期 T(频率 f)的测量:一般要求被测部分在荧光屏 x 轴方向应占(4~6)div.
①测量前应保证扫描时间因数已校准好,否则需要重新校准.
②用信号发生器输出 5V 正弦信号(200Hz、1000Hz、1MHz)到示波器 Y_2 输入端.
③调整示波器有关控制件,使荧光屏上波形在 X 轴方向大小适中,读出一个完整波在水平方向格数,则正弦电压的周期

$$T = 一个完整波水平方向格数(div) \times 扫描时间因数(t/div)$$

5. 观察李萨如图形,测量频率

(1)将时间因数开关置于"X-Y,X",内触发置于 Y_1(X-Y)和触发源开关置于内(X-Y)位置,Y 方式开关置于 Y_2(X-Y)方式,即示波器置于 X-Y 工作方式.
(2)$Y_1(f_X)$输入 50Hz 正弦信号,$Y_2(f_Y)$分别输入 25Hz、50Hz、75Hz、100Hz、150Hz、200Hz 的正弦信号,调节垂直偏转因数使图形大小合适,观察李萨如图形.
(3)如果图形不稳定,微调信号发生器的输出频率以改变 f_y,使图形稳定.
(4)记录信号发生器的相应的频率,计算出频率比,分析其误差.

数据记录与处理

表 1 电压的测量

	输入值	测量值	相对误差	波形高度(div)	垂直偏转因数(V/div)
直流电压	1.5V				
交流电压 1000Hz	2V				
	5V				
	10V				

表 2 频率的测量

	频率输入值	周期测量值	频率测量值	频率相对误差	一个完整波的长度(div)	扫描时间因数(t/div)
5V 交流电压	200Hz					
	1000Hz					
	1MHz					

表 3 用李萨如图形测频率数据表

f_X/f_Y	1:1	1:2	1:3	2:1	2:3	1:4
图形						
N_X						
N_Y						
f_X						
f_Y						
f_X						
$\Delta f'_X$						

注意事项

1. 使用示波器之前,要看仪器说明书,弄清各旋钮的作用及使用方法.
2. 为了保护示波器光屏,光点亮度不能太强,也不能长时间停留在荧光屏上某点处.
3. 仪器各旋钮调节时,不能用力过猛,不清楚某旋钮用法时,不要随意旋动,以防损坏仪器.

思考题

1. 用示波器观察波形时,如出现下列现象,简述其原因:
①屏上呈现一个亮点;
②屏上呈现水平亮线;
③屏上呈现竖直亮线;
④波形向左移动;
⑤"辉度"已调到最大,看不到亮点.
2. 观察李萨如图形时,当 X 轴和 Y 轴偏转板上的正弦电压频率相等时,屏上图形还在时刻转动,为什么?
3. 某同学使用示波器测量电压和频率,结果测量值与真值相差很大,试分析可能的原因.

实验十八　霍尔效应及磁场的测定

霍尔效应是霍尔1879年在美国霍普金斯大学研究生院读二年级研究生时研究金属的导电机理发现的.这一效应在磁场等物理量的测试、自动化和信息技术等方面有着极其广泛的应用.例如,可以用这一效应来测量"点"磁场和缝隙中的磁场,还可以鉴别半导体中载流子的类型及测量载流子的浓度等.

实验目的

(1) 了解产生霍尔效应的机理;
(2) 掌握用霍尔效应测量磁场的原理和基本方法;
(3) 研究霍尔元件的特性,并测定其灵敏度;
(4) 测量电磁铁气隙中的磁感应强度.

实验仪器

霍尔效应仪1台(含霍尔元件1个、电磁铁1个、换向开关3只、测试仪1台),导线若干.

实验原理

一块长方形金属薄片或半导体薄片,若在某方向上通有电流 I_C,在其垂直方向上加一磁场,则在垂直于电流和磁场的方向上将产生电位差 U_H,这个现象称为"霍尔效应". U_H 称为"霍尔电压". 霍尔发现这个电位差 U_H 与电流强度 I_C 成正比,与磁感应强度 B 成正比,与薄片的厚度 d 成反比,即

$$U_H = R_H \frac{I_C B}{d} \tag{1}$$

式中 R_H 叫霍尔系数.

霍尔电压的产生可以用洛伦兹力来解释.

设一块厚度为 d、宽度为 b、长度为 L 的半导体薄片(霍尔片)放置在磁场中,如图 3-58 所示,磁感应强度 B 沿 z 轴正方向,当电流沿 x 轴正方向通过半导体,设薄片中的载流子(设为自由电子)以平均速度 $\bar{v}$ 沿 x 轴负方向作定向运动,所受的洛伦兹力为:

$$f_B = ev \times B \tag{2}$$

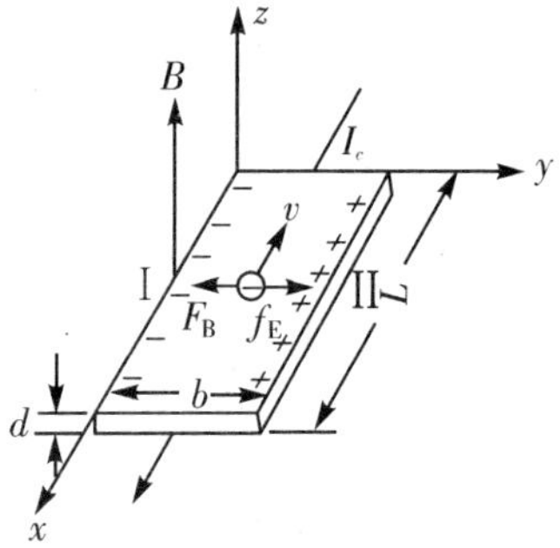

自由电子受力偏转,向板面"Ⅰ"积聚,同时在板面"Ⅱ"上出现同数量的正电荷,这样就形成一个沿 y 轴负方向上的横向电场,使自由电子在受沿 y 轴负方向上的洛伦兹力 f_B 的同时,还受一个沿 y 轴正方向上的电场力 f_E. 设 E 为电场强度,U_H 为 Ⅰ、Ⅱ 之间的电位差(即霍尔电压),则

$$f_E = eE = e\frac{U_H}{b} \tag{3}$$

图 3-58 霍尔效应示意图

f_E 将阻碍电荷的积聚,最后达稳定状态时有

$$f_B = f_E \tag{4}$$

即

$$evB = e\frac{U_H}{b}$$

或

$$U_H = vBb \tag{5}$$

设载流子浓度为 n,单位时间内体积为 $v \cdot d \cdot b$ 里的载流子全部通过横截面,则电流强度 I_s 与载流子平均速度 v 的关系为

$$I_s = vdbne \quad \text{或} \quad v = \frac{I_s}{dbne} \tag{6}$$

将式(6)代入(5)得

$$U_H = \frac{1}{ne} \cdot \frac{I_s B}{d} \tag{7}$$

式中 $\frac{1}{ne}$ 即为前述的霍尔系数 R_H.

考虑霍尔片厚度 d 的影响,引进一个重要参数 K_H,$K_H = \frac{1}{ned}$,则(5)式可写为

$$U_H = K_H I_s B \tag{8}$$

K_H 称为霍尔元件的灵敏度.由(8)式可见:

(1) 在一定的外磁场中,霍尔电压 U_H 和通过霍尔片的电流强度 I_s(工作电流)成正比.

(2) 在一定的工作电流 I_s 下,霍尔电压 U_H 和外磁场磁感应强度 B 成正比.

因此,当 K_H 已知时,根据工作电流 I_s 和对 U_H 的测量,就可以算出 B 值:

$$B = \frac{U_H}{K_H I_s} \tag{9}$$

这就是霍尔效应测磁场的原理.若将测得的 U_H 值进行放大,最后用电表来指示,并通过一定的换算,在电表面板上直接刻以 B 的数值,这样就成为测量磁场的特斯拉计了.

由于霍尔效应的建立需要的时间很短(约在 $10^{-12} \sim 10^{-14}$ s 内),因此使用霍尔元件时可以用直流电或交流电,若工作电流用交流电 $I_s = I_0 \sin\omega t$,则

$$U_H = K_H I_s B = K_H B I_0 \sin\omega t$$

所得的霍尔电压也是交变的.在使用交流电情况下,(8)式仍可使用,只是式中 I_s 和 U_H 应理解为有效值.

值得注意的是以上讨论都是在磁场方向与电流方向垂直的条件下进行的,这时霍尔电压最大,因此测量时应使霍尔片平面与被测磁感应强度矢量 B 的方向垂直,这样测量才能得到正确的结果.

利用霍尔效应不仅可以测量磁场,而且还可以根据霍尔电压的正负及磁场的方向确定半导体中载流子的类型.半导体材料有 n 型(电子型)和 p 型(空穴型)两种.前者的载流子为电子,带负电;后者的载流子为空穴,相当于带正电的粒子.由图 3-58 可以看出,对 n 型载流子,霍尔电压 $U_H < 0$;对 p 型载流子,$U_H > 0$.

伴随霍尔效应还存在其他几种附加效应,给霍尔电压的测量带来附加误差.这些副效应是:

(1) 不等位效应

由于制造工艺技术的限制,霍尔元件的电位电极不可能接在同一等位面上,因此,当电流 I_s 流过霍尔元件时,即使不加磁场,两电极间也会产生一电位差,称不等位电位差 U_0.显然,U_0 只与电流 I_s 有关,而与磁场无关.

(2) 埃廷豪森效应(Etinghausen effect)

由于霍尔片内部的载流子速度服从统计分布,有快有慢,它们在磁场中受的洛伦兹力不同,则轨道偏转也不相同:动能大的载流子趋向霍尔片的一侧,而动能小的载流子趋向另一侧.载流子的动能转化为热能,使两侧的温升不同,形成一个横向温度梯度,引起温差电压 U_E.U_E 的正负与 I_s,B 的方向有关.

(3) 能斯特效应(Nernst effect)

由于两个电流电极与霍尔片的接触电阻不相等,当有电流通过时,在两电流电极上有温度差存在,出现热扩散电流.在磁场的作用下,建立一个横向电场 E_N,而产生附加电压 U_N.U_N 的正负仅取决于磁场的方向.

(4) 里纪-勒杜克效应(Righi-Leduc effect)

由于热扩散电流的载流子的迁移率不同,类似于埃廷豪森效应中载流子速度不同一样,也将形成一个横向的温度梯度而产生相应的温度电压 U_{RL}.U_{RL} 的正、负只与 B 的方向有关,

和电流 I_s 的方向无关.

综上所述,由于附加电压的存在,实测的电压,不仅包括霍尔电压 U_H,而且还包括 U_{RL}, U_0,U_N 和 U_{RL} 等这些附加电压,形成测量中的系统误差.但利用这些附加电压与电流 I_s 和磁感应强度 B 有关,测量时改变 I_s 和 B 的方向基本上可以消除这些附加误差的影响.具体方法如下:

当 $(+B,+I_s)$ 时测量,$U_1 = U_H + U_0 + U_E + U_N + U_{RL}$ (10)

当 $(+B,-I_s)$ 时测量,$U_2 = -U_H - U_0 - U_E + U_N + U_{RL}$ (11)

当 $(-B,-I_s)$ 时测量,$U_3 = U_H - U_0 + U_E - U_N - U_{RL}$ (12)

当 $(-B,+I_s)$ 时测量,$U_4 = -U_H + U_0 - U_E - U_N - U_{RL}$ (13)

式(10)－(11)＋(12)－(13)并取平均值,则得

$$U_H + U_E = \frac{(U_1 - U_2 + U_3 - U_4)}{4}$$

可见,这样处理后,除埃廷豪森效应引起的附加电压 U_E 外,其他几个主要的附加电压全部被消除了.但因 $U_E \ll U_H$,故可将上式写为:

$$U_H = \frac{(U_1 - U_2 + U_3 - U_4)}{4}$$

实验内容与步骤

1. 测绘霍尔电压和工作电流的关系曲线,并测定霍尔元件的灵敏度 K_H

连接测试仪与实验仪间对应的各组连线.I_s,I_m 切勿接反,否则一旦通电霍尔元件即遭烧毁.将霍尔片移至电磁铁气隙中心,各换向开关置于接通位置,调电磁铁励磁电流为 0.8A,霍尔元件的工作电流依次取 1mA,2mA,3mA,4mA,5mA,6mA,7mA,8mA.测出相应的霍尔电压 U_H.要消除副效应的影响,即在 $(+B,+I_s)$、$(+B,-I_s)$、$(-B,-I_s)$、$(-B,+I_s)$ 四种条件下测量.在坐标纸上作出霍尔电压 U_H 与工作电流 I_s 的关系曲线.

理论上讲,$U_H - I_s$ 关系图是一条过坐标原点"0"的直线.其斜率为 $K_H B$.根据作出的 $U_H - I_s$ 关系图和给出的 B 值,测出霍尔元件的灵敏度 K_H.

(各仪器的电磁铁在励磁电流 $I_m = 0.80A$ 时,气隙中心的 B 值已在仪器左上角的编号标签上注明,请记录)

2. 电磁铁气隙中 B 的测定

将霍尔片移至 $x = 60.00mm$,$y = 30.00mm$ 处(即电磁铁气隙右端),工作电流 I_s 调为 6mA,励磁电流 I_m 调为 1A,测出霍尔电压的大小(要消除副效应的影响),由(9)式算出该处磁场的磁感应强度且估计测量结果的不确定度 σ_B,写出测量结果的标准形式:

$$B \pm \sigma_B = \qquad (T)$$

将霍尔片移离该位置,用 CT3 型特斯拉计测出该处的 B 值.比较用霍尔效应仪和特斯拉计测出的 B 值,以特斯拉计测出的 B 为准算一下百分偏差(此项内容选作).

数据记录与处理

内容:测绘 $U_H - I_s$ 关系曲线,测 K_H.

霍尔片位置：$x = $ _____ mm；$y = $ _____ mm．
励磁电流 $I_m = $ _____ A；$B = $ _____ T．

次 数		1	2	3	4	5	6	7	8
工作电流 I_s/mA									
霍尔电压 mV	$U_1(+B, +I_s)$								
	$U_2(+B, -I_s)$								
	$U_3(-B, -I_s)$								
	$U_4(-B, +I_s)$								
	$\overline{U_H}$								

第二个实验内容的记录表由自己设计．

注意事项

(1) 开机(或关机)前应将 I_s，I_m 调节旋钮逆时针方向旋到底，使其输出电流趋于最小状态，然后再开机(或关机)．

(2) 霍尔片又薄又脆，引线接头细，是易损元件．测量时不可挤压、碰撞或扭曲．

(3) 电磁铁的励磁电流通电时间不宜过长，以防电磁铁及线圈过热而影响测量结果．因此实验时控制励磁电流的换向开关应随用随合，不要长时间闭合．

(4) 霍尔元件的工作电流不得超过额定值 10mA，否则会因过热而损坏．

思考题

1．试分析霍尔效应法测磁场的误差来源．
2．怎样利用霍尔效应确定载流子电荷的正负？如何测量载流子浓度？

实验十九　　亥姆霍兹线圈磁场的测定

实验目的

(1) 研究载流圆线圈轴向磁场的分布；
(2) 验证矢量的叠加原理；
(3) 掌握亥姆霍兹线圈磁场的特点．

实验仪器

HLD－HLH－Ⅱ型亥姆霍兹线圈磁场综合实验仪一套.

实验原理

1. 载流圆线圈的磁场

设有一个半径为 R 的圆线圈(图 3－59),通以电流 I,根据毕奥－沙伐尔定律,可计算出沿圆形电流轴线方向的磁感应强度 B,它是一个非均匀磁场,其方向沿轴线方向,它在轴线上某点 P 的磁感应强度为:

$$B = \frac{\mu_0 N R^2 I}{2(R^2 + X^2)^{3/2}} \tag{1}$$

公式中 N 是线圈的匝数,R 为线圈的平均半径,I 为线圈中的电流,X 为轴线上观测点离圆线圈中心 O 的距离,以上各量均采用 SI 单位,式中 $\mu_0 = 4\pi \times 10^{-7}$ H/m(亨利每米),为真空中磁导率.

在圆心处 $(x=0)$ 的磁场大小为 $B = \frac{\mu_0 NI}{2R}$,也是载流圆线圈轴线上磁场的最大值.当 I,R 为确定值时,B 为一常数.

2. 亥姆霍兹线圈的磁场

亥姆霍兹线圈是由线圈匝数 N、半径 R、电流大小及方向均相同的两圆线圈组成(图3－60).两圆线圈平面彼此平行且共轴,二者中心间距离等于它们的半径 R.若取两线圈中心连线的中点 O 为坐标原点,则此两线圈的中心 O_A 及 O_B 分别对应于坐标值 $\frac{R}{2}$ 及 $\frac{-R}{2}$.

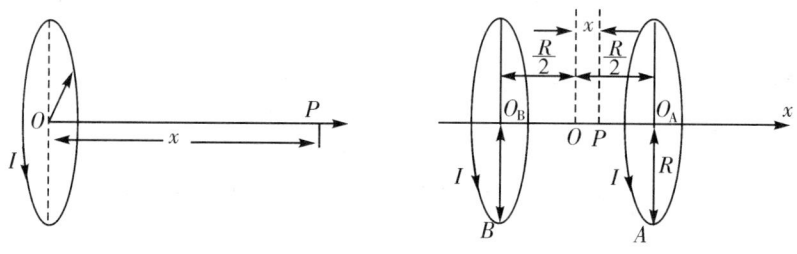

图 3－59　　图 3－60

由于线圈中的电流方向相同,因而它们在轴线上任一点 P 处所产生磁场同向.按照(1)式,它们在 P 点产生的磁感应强度分别为:

$$B_A = \frac{\mu_0 I R^2 N}{2\left[R^2 + \left(\frac{R}{2} - x\right)^2\right]^{\frac{3}{2}}}$$

和 $B_{A'} = \frac{\mu_0 I R^2 N}{2\left[R^2 + \left(\frac{R}{2} + x\right)^2\right]^{\frac{3}{2}}}$.

故 P 点的合磁场 $B(x)$ 为:

$$B(x) = B_A + B_{A'} \tag{2}$$

在 $x = 0$ 处(即两线圈中点处)

$$B(0) = \frac{\mu_0 NI}{R}\left(\frac{8}{5^{\frac{3}{2}}}\right) \tag{3}$$

理论计算表明,当 $|x| < \left(\frac{R}{10}\right)$ 时,$B(x)$ 和 $B(0)$ 间相对差别约万分之一,因此亥姆霍兹线圈能产生比较均匀的磁场. 如下图 3-61(a) 所示. 轴上磁场分布的示意图如图 3-61(b) 所示. 它在科学实验中应用较广泛,尤其是当所需均匀磁场不太强时,亥姆霍兹线圈能较容易地提供范围较大而相当均匀的磁场.

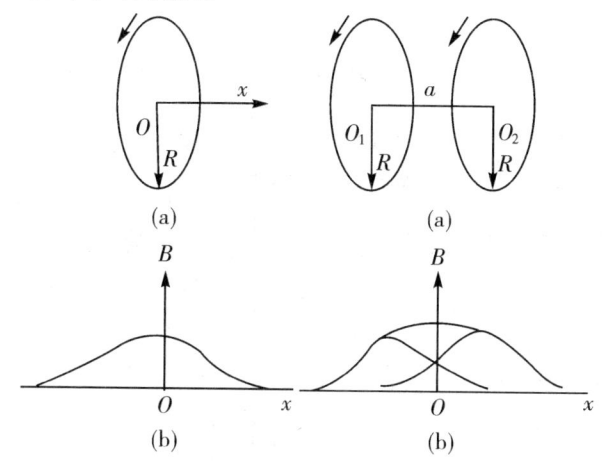

图 3-61 载流圆线圈和亥姆霍兹线圈磁场分布图

3. 测量磁场的方法

磁感应强度是一个矢量,因此磁场的测量不仅要测量磁场的大小且要测出它的方向. 测定磁场的方法很多,本实验采用霍尔效应法测量线圈的磁感应强度. 霍尔效应的基本原理参考实验十八中的基本内容.

实验内容与步骤

1. 连接测试仪和实验仪之间相对应的 U_H, I_s, I_m 各组连线,并经教师检验后方可开启测试仪的电源,必须强调指出:决不允许将测试仪的励磁电流"I_m 输出"误接到实验仪的"I_s 输入"处,否则一旦通电,霍尔元件即遭损坏.
2. 转动霍尔元件探杆支架 X, Z,慢慢将霍尔元件移到圆线圈轴线位置.
3. 测绘 $U_H - I_s$ 曲线.
4. 测绘亥姆霍兹线圈的磁场分布(双).

直接线保持不变:取 $I_s = 3\text{mA}, I_m = 0.5\text{A}$,并在测试过程中保持不变. 依次按下表移动距离,用对称测量法测出相应的 V_1, V_2, V_3 和 V_4 值. 记录 K_H 值,计算磁感应强度 B,画出磁场分布曲线.

X(mm)	V_1/mV $+I_s, +I_m$	V_2/mV $+I_s, -I_m$	V_3/mV $-I_s, -I_m$	V_4/mV $-I_s, +I_m$	$U_H = [(V_1 - V_2 + V_3 - V_4)/4]$/mV
0					
10					
……					
……					
……					
……					
……					
……					
……					
……					
……					
……					
……					
……					
……					
……					
……					
170					

5. 测绘圆线圈的磁场分布(单 I)

将 I_m 输入,接入亥姆霍兹线圈 I.

取 $I_s = 3\text{mA}, I_m = 0.5\text{A}$,并在测试过程中保持不变.

依次按下表移动距离.

X(mm)	V_1/mV $+I_s, +I_m$	V_2/mV $+I_s, -I_m$	V_3/mV $-I_s, -I_m$	V_4/mV $-I_s, +I_m$	$U_H = [(V_1 - V_2 + V_3 - V_4)/4]$/mV
0					
10					
……					
……					
……					
……					
……					

续表

X(mm)	V_1/mV	V_2/mV	V_3/mV	V_4/mV	$U_H = [(V_1 - V_2 + V_3 - V_4)/4]$/mV
	$+I_s, +I_m$	$+I_s, -I_m$	$-I_s, -I_m$	$-I_s, +I_m$	
……					
……					
……					
100					

6. 测绘圆线圈的磁分布(单 Ⅱ)

将 I_m 输入,接入亥姆霍兹线圈 Ⅱ.

取 $I_s = 3\text{mA}, I_m = 0.5\text{A}$,并在测试过程中保持不变.

依次按下表移动距离.

X(mm)	V_1/mV	V_2/mV	V_3/mV	V_4/mV	$U_H = [(V_1 - V_2 + V_3 - V_4)/4]$/mV
	$+I_s, +I_m$	$+I_s, -I_m$	$-I_s, -I_m$	$-I_s, +I_m$	
70					
80					
……					
……					
……					
……					
……					
……					
……					
……					
170					

注意事项

（1）切不可将霍兹线圈电流与霍尔片的工作电流接错，否则会造成霍尔片烧坏．
（2）线圈电流不宜过大以免线圈发热．霍尔电流不宜加过高．
（3）先移动霍尔移动尺，看是否有明显的变化．不要把电流方向接反．
（4）在换向的时候不要过快，应缓慢冲击．

思考题

1. 亥姆霍兹线圈结构及其磁场分布各有什么特点？
2. 测量磁场的方法有哪些？

实验二十 非线性元件伏安特性的测量

实验目的

(1) 掌握非线性元件伏安特性的测量方法、基本电路、误差计算；
(2) 掌握普通二极管、稳压二极管、发光二极管的基本特性，准确测量其正向导通阈值电压、反向击穿电压，根据发光二极管的正向工作电压估算出它的峰值波长；
(3) 学会画出以上三种元件的伏安特性曲线．

实验仪器

非线性元件伏安特性实验仪．仪器由直流稳压电源、数字电压表、数字电流表、可变电阻器、普通二极管、稳压二极管、发光二极管、待测电阻等组成．

实验原理

1. 伏安特性

给一个元件通以直流电，用电压表测出元件两端的电压，用电流表测出通过元件的电流．通常以电压为横坐标、电流为纵坐标，画出该元件电流和电压的关系曲线，称为该元件的伏安特性曲线．这种研究元件特性的方法称为伏安法．伏安特性曲线为直线的元件称为线性元件，如电阻；伏安特性曲线为非直线的元件称为非线性元件，如白炽灯、传感器元件、二极管、三极管等．伏安法的主要用途是测量研究线性和非线性元件的电特性．有些元件伏安特性除了与电压、电流有关，还与某一物理量的变化呈规律性变化，例如温度、光照度、磁场强度等，本实验不研究此类变化．

根据欧姆定律,电阻 R、电压 U、电流 I,有如下关系:
$$R = \frac{U}{I} \tag{1}$$

由电压表和电流表的示值 U 和 I 计算可得到待测元件 R_X 的阻值. 但非线性元件的 R 是一个变量,因此分析它的阻值必须指出其工作电压(或电流). 非线性元件的电阻有两种方法表示,一种称为静态电阻(或称为直流电阻),用 R_D 表示;另一种称为动态电阻用 r_D 表示,它等于工作点附近的电压改变量与电流改变量之比. 动态电阻可通过伏安曲线求出,如图 3-62 所示,图中 Q 点的静态电阻 $R_D = \frac{U_Q}{I_Q}$,动态电阻 $r_D = \frac{dU}{dI}$.

测量伏安特性时,受电压表、电流表内阻接入影响会引入一定的系统误差,由于数字式电压表内阻很高、数字式电流表内阻很小,在测量低、中值电阻时引入系统误差很小,一般可忽略不计.

2. 半导体二极管

半导体二极管是一种常用的非线性元件,由 P 型、N 型半导体材料制成 PN 结,经欧姆接触引出电极,封装而成. 在电路中用图 3-63(a) 符号表示,两个电极分别为正极、负

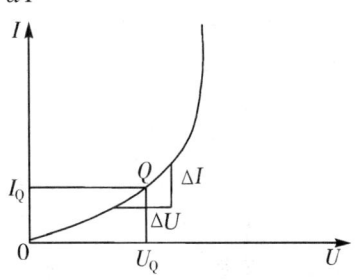

图 3-62 动态电阻

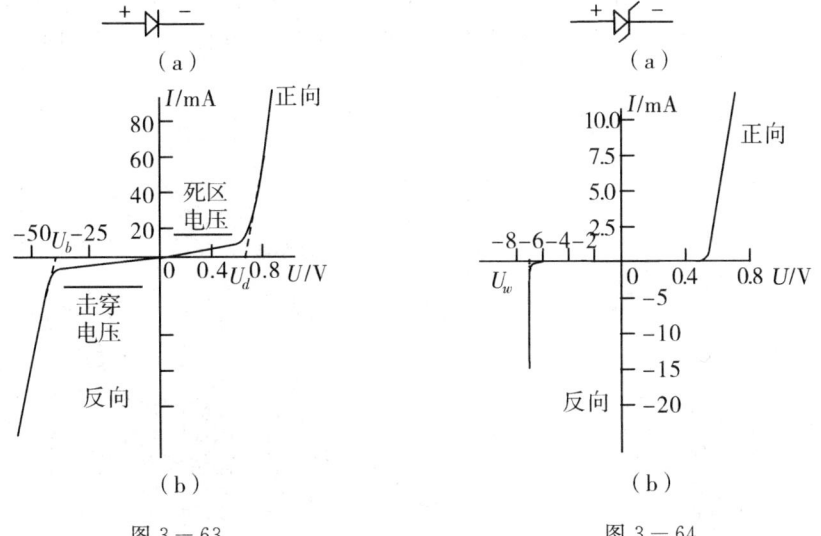

图 3-63　　　　　　　　图 3-64

极. 二极管的主要特点是单向导电性,其伏安特性曲线如图 3-63(b)所示,其特点是:在正向电流和反向电压较小时,电流较小,当正向电压加大到某一数值 U_d 时,正向电流明显增大,将此段直线反向延长与横轴相交,交点 U_d 称为正向导通阈值电压. 正向导通后,锗管的正向电压降为 0.2～0.3V,硅管为 0.6～0.8V. 在反向电压较大时,电流趋近极限值 $-I_S$,I_S 为反向饱和电流;在反向电压超过某一数值 $-U_b$ 时,电流急剧增大,这种情况称为击穿,U_b 为击穿电压.

二极管的主要参数:最大整流电流 I_f,即二极管正常工作时允许通过的最大正向平均电流;最大反向电压 U_b,一般为反向击穿电压的一半;反向电流 I_r 是反向饱和电流的额定值.

由于二极管具有单向导电性,它在电子电路中得到了广泛应用,常用于整流、检波、限幅、元件保护以及在数字电路中作为开关元件等.

3. 稳压二极管

稳压二极管是一种特殊的硅二极管,表示符号如图 3-64(a);其伏安特性曲线如图 3-64(b),在反向击穿区一个很宽的电流区间,伏安曲线陡直,此直线反向与横轴相交于 U_w. 与一般二极管不同,普通二极管击穿后电流急剧增大,电流超过极限值 $-I_s$,二极管被烧毁. 稳压二极管的反向击穿是可逆的,去掉反向电压,稳压管又恢复正常,但如果反向电流超过允许范围,稳压管同样会因热击穿而烧毁. 故正常工作时要根据稳压二极管的允许工作电流来设定其工作电流. 稳压管常用在稳压、恒流等电路中.

稳压二极管的主要参数:稳定电压 U_w、动态电阻 r_D(r_D 越小,稳压性能越好)、最小稳压电流 I_{in}、最大稳压电流 I_{ax}、最大耗散功率 P_{ax}.

4. 发光二极管(LED)

发光二极管是由化学元素周期表中第 Ⅲ－Ⅴ 主族元素的化合物如 GaAs(砷化镓)、GaP(磷化镓)、GaAsP(磷砷化镓)等半导体材料制成的,其核心是 PN 结. 因此它具有一般 PN 结的伏安特性,即正向导通、反向截止、击穿特性. LED 的表示符号如图 3-65(a),主要是它具有发光特性. 在正向电压下,电子由 N 区注入 P 区,空穴由 P 区注入 N 区. 进入对方区域形成少数载流子,此时进入 P 区的电子和 P 区的空穴复合,进入 N 区的电子和 N 区的空穴复合,并以发光的形式辐射出多余的能量,这就是 LED 工作的基本原理,如图 3-65(b)所示.

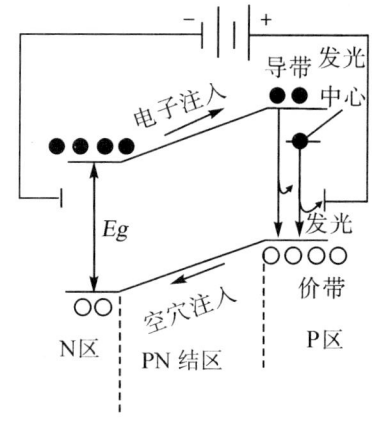

图 3-65(a)   图 3-65(b)

假设发光是在 P 区中发生的,那么注入的电子与价带空穴直接复合而发光,或者先被发光中心捕获后,再与空穴复合发光. 除了这种发光复合外,还有些电子被非发光中心(这个中心介于导带、价带中间附近)捕获,而后再与空穴复合,但每次释放的能量不大,不能形成可见光. 发光的复合量相对非发光复合量的比例越大,光量子效率越高. 由于复合是在少子扩散区内发光的,所以发光仅在靠近 PN 结面数 μm 以内产生. 理论和实践证明,光的峰值波长 λ 与发光区域的半导体禁带宽度 E_g 有关,即

$$\lambda \approx \frac{1240}{E_g}(\text{nm})$$

式中 E_g 的单位为电子伏特(eV). 若能产生的可见光波长在 380nm(紫光)~780nm(红

光),半导体材料的 E_g 应在 $3.26\sim1.63eV$ 之间. 比红光波长长的光为红外光. 目前已有红外、红、黄、绿、白、蓝光等发光二极管.

发光二极管(LED)的主要参数:

(1) 最大正向电流 I_{Fm}:指允许加的最大正向直流电流,超过此值 LED 损坏.

(2) 正向工作电流 I_F:指 LED 正常发光时的正向电流值,在实际使用中应根据亮度需要选择 I_F 在 $0.6I_{Fm}$ 以下.

(3) 正向工作电压 V_F:参数表中给出的工作电压是在给定的正向电流下测得的,一般是在 $I_F=20mA$ 时测得的,V_F 在 $1.4\sim3.0V$.

(4) 最大反向电压 V_{Rm}:指允许加的最大反向电压,超过此值 LED 可能被击穿损坏.

(5) 允许功耗 P_m:指允许加在 LED 两端正向直流电压与流过它的电流之积的最大值. 超过此值 LED 发热损坏.

(6) 伏安特性:LED 的电压与电流的关系可用图 3-66 表示.

(7) 光谱分布和峰值波长:某一个 LED 所发的光并不是单一波长,其波长大体按图 3-67 所示.

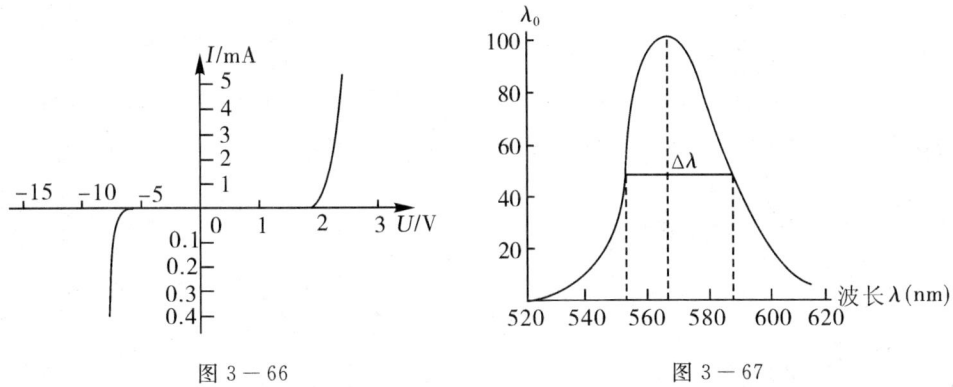

图 3-66   图 3-67

由图 3-67 可见该 LED 所发之光中某一波长 λ_0 的光强最大,该波长为峰值波长.

(8) 光谱半宽度 $\Delta\lambda$:它表示 LED 的光谱纯度,是指图 3-67 中 1/2 峰值光强所对应两波长之间隔.

发光强度 I_V、半值角 $\theta_{\frac{1}{2}}$ 和视角等指标也很重要,但本实验不作研究.

实验内容

1. 限流和分压电路实验

用伏安法测量电阻阻值,了解电阻分压电路原理,图 3-68(a) 为测量原理图.

分压调整电阻 $R_{X_1}=0\sim1k\Omega$ 可调(另加分压保护电阻 R_2),调节 A 点,可以使 U_{CA} 间电压从 $0\sim+5V$ 变化,限流电阻 $R_{X_2}=0\sim1k\Omega$ 可调(另加限流保护电阻 R_3),待测电阻 $R_1\approx100\Omega$. 调节 R_{X_1},用数字电压表测量 C,A 二点间的电位差,测量电压 U_{CA} 变化范围,记录此变化值;调节 R_{X_2},观察数字电流表的电流变化范围,记录此变化范围;用伏安法测量待测电阻的阻值,即 $R_1=\dfrac{U_{R_1}}{I}$.

2. 数字电压表量程的扩大实验

用分压、限流原理使原 0 ~ 2V 的数字电压表能测试 0 ~ 20V 的电压,原理如图 3－68(b).

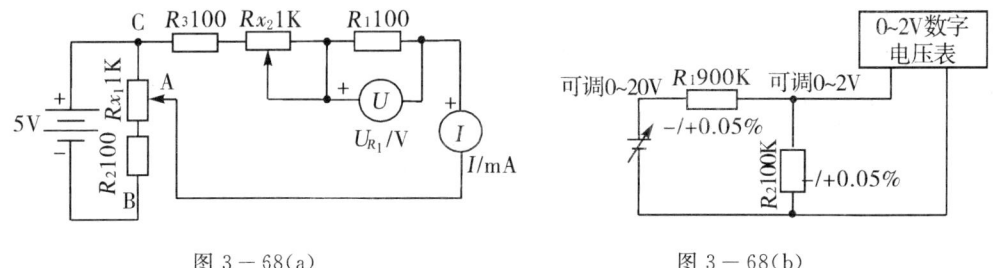

图 3－68(a)　　　　　　　　　　　图 3－68(b)

3. 测量普通二极管和稳压二极管的正向、反向伏安特性实验

图 3－69(a)为正向伏安特性测量原理图,图 3－69(b)为反向伏安特性测量原理图. 测量普通二极管正向特性时,电压从最小开始调节,观察正向电流,当开始有正向电流时即很慢地调节 R_{X_1} 电压缓慢变化(另加分压保护电阻 R_2),正向电流达到 10mA 时实验结束. 记录 $I-U$ 关系数据,在作图纸上描出正向伏安特性曲线. 测反向击穿特性时,当反向电流开始增大时必须特别注意,立即用电压微调开始慢慢调节并注意观察反向电流,当反向电流有突变趋势并 ≥20A 时,则必须立即调小电压,否则二极管有可能被烧坏. 在图纸上描出反向伏安特性曲线(注意限流保护,反向击穿电压测量实验最高做到 24V,正、反向分两次做).

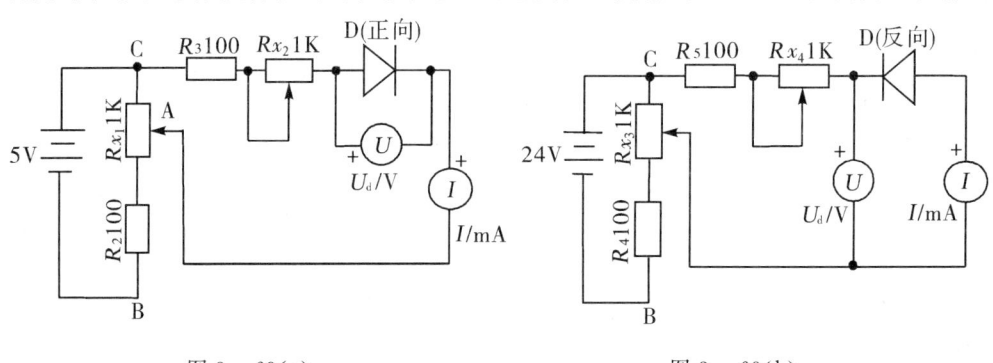

图 3－69(a)　　　　　　　　　　　图 3－69(b)

4. 测量稳压二极管的正向、反向伏安特性实验

图 3－70(a)测正向特性,图 3－70(b)测反向特性. 测正向特性时,电压从最小开始调节,观察正向电流,当开始有正向电流时即用电压微调调节电压(另加分压保护电阻 R_2),正向电流达到 10A 时结束,在作图纸上描出正向伏安特性曲线. 测反向击穿特性(稳压特性),测出反向电流达 10A 时稳压二极管的反向击穿电压(稳定电压). 并用伏安法求出稳压二极管的动态电阻,说明动态电阻的大小对稳压特性的影响. 在作图纸上描出反向伏安特性曲线.

5. 测量发光二极管的正向、反向伏安特性实验

图 3－71 为测量原理图. 图 3－71(a)测正向特性,图 3－71(b)测反向特性.

发光二极管的正向伏安特性与一般二极管相似,它的导通电压即为发光二极管的点亮电压. 由于它的峰值波长与半导体材料禁带宽度 E_g 有关,故不同材料制成的发光二极管会发出不同峰值波长的光,且导通电压也会因半导体材料禁带宽度不同而不同. 本实验提供

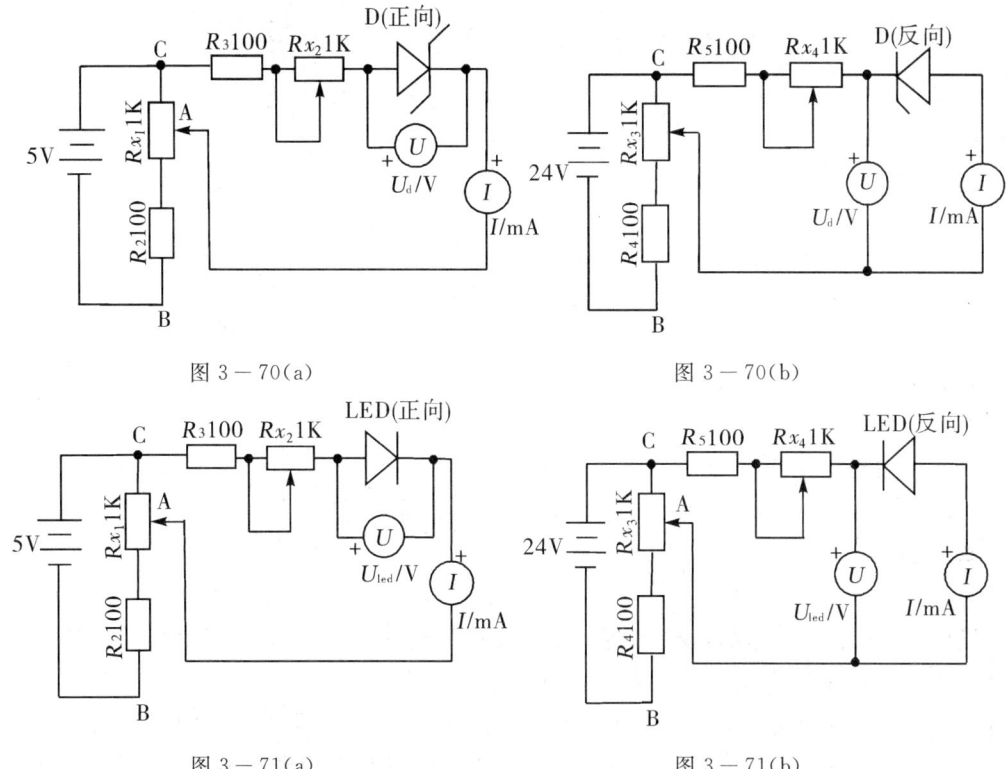

图 3－70(a)　　　　　　　　　图 3－70(b)

图 3－71(a)　　　　　　　　　图 3－71(b)

红、黄、绿三种发光二极管,分别测出它们的导通电压,并根据导通电压估算出它们的峰值波长. 测正向特性时,电压从最小开始调节,观察正向电流,当开始有正向电流时即用电压微调来调节电压(另加分压保护电阻 R_2),记下它们的导通电压(点亮电压),正向电流达到 10mA 时结束(正向电流最大不能超过 20mA,否则 LED 可能烧坏). 在作图纸上描出正向伏安特性曲线. 测反向击穿特性时,当反向电流开始增大时必须特别注意,立即用电压微调开始慢慢调节并注意观察反向电流,当反向电流有突变趋势并大于等于 5mA 时必须立即调小电压,否则发光二极管有可能被烧坏. 在作图纸上描出反向伏安特性曲线(注意限流保护,正、反向分两次做).

思考题

1. 为什么测量二极管正、反向伏安特性时电压表的接法不同?为什么选择的保护电阻 R_{X_2} 和 R_{X_4} 的值也不一样?

2. 什么是静态电阻和动态电阻?说明二者区别.

3. PN 结正向伏安特性曲线的函数形式可能是什么类型?写出其标准形式. 从实验数据求出二极管(PN 结)$I-U$ 关系的经验公式.

4. 设计一种方法,判断红、绿、蓝三基色发光二极管各自发光的波长范围.

实验二十一　　静电场的描绘

实验目的

(1) 学习用模拟法描述和研究静电场分布的原理和方法；
(2) 加深对电场强度和电位概念的理解.

实验仪器

静电场描绘仪,稳压电源.

实验原理

任何静止带电体(也叫电极)都在它周围空间形成静电场.这种电场是用空间各点的电场强度和电位来描述的,除极简单的情况外大都不能求出它们的数学表达式,往往借用实验的方法来测定.但是,直接测量静电场会遇到很大的困难.不仅设备复杂,还因为把探针伸入静电场时,探针上会产生感应电荷,这些电荷产生的电场与原静电场叠加,会使原静电场产生明显变形.人们对这种在理论上难以计算而在实验上又难以直接测量的问题,常采用模拟的方案来解决,所以模拟法是研究静电场的基本方法.

模拟法的特点是仿造一个电场(称模拟场),使它与原静电场完全一样.当用探针去测模拟场时,模拟场不受干扰,因此可间接地测出被模拟的静电场.

模拟法可用于电子管、示波管、电子显微镜等多种电子束管内部形状电极的研制工作,故有较强的实用性.

引入电位 U,则电场强度 $E=-\nabla U$；电场强度矢量 E 和电流密度都遵从高斯定理. 对于静电场,电场强度在无源区域内满足以下积分关系:

$$\oint_s E \cdot ds = 0, \oint_l E \cdot dl = 0$$

对于稳恒电流场,电流密度矢量 J 在无源区域内也满足类似的积分关系:

$$\oint_s J \cdot ds = 0, \oint_l J \cdot dl = 0$$

稳恒电流场空间均匀充满了电导率为 σ 的不良导体,不良导体内的电场强度 E' 与电流密度矢量 J 之间遵从欧姆定律: $J=\sigma E'$

比较上述两组方程可知,静电场的电场强度 E 和稳恒电流场的电流密度具有相同的数学表达形式.因此这两种场可相互模拟,并且测量稳恒电流场中的电位比测量静电场中的电位要简单易行,因此,用稳恒电流场来模拟静电场是完全可以的.

1. 长同轴柱面(电缆线)的电场

(1) 静电场

如图 3-72(a) 所示,在真空中有一个半径为 r_1 的长圆柱导体(电极)A 和一个内半径为 r_2 的长圆筒导体(电极)B,它们的中心轴重合.设电极 A,B 的电位分别为 $V_A = V_1$ 和 $V_B = 0$(接地),各带等量异号电荷,则在两电极之间产生静电场.

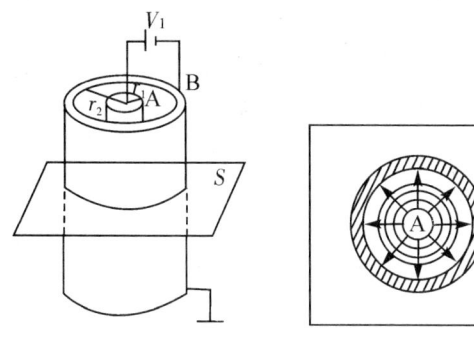

(a) 电极组态　　(b) 电力线平面的电场分布　　(c) 垂直电力线平面的电场分布

图 3-72

我们研究具有代表性的、沿电极 A,B 长度方向的中间部分的静电场.由于对称性,在垂直于轴线的任一个截面 S 内,有均匀分布的辐射状电力线(见图 3-72(b));不在这个平面内的其他电力线,以同样的分布位于与 S 面平行的其他平面内.电力线位于某一平面内而不与其相交,这样的平面(如 S 面以及与 S 面平行的平面)称为电力线平面.我们用 S 表示真空中的电力线平面.

电场的等位面是许多同轴管状柱面,都穿过每一个电力线平面,并与它相交,其交线是同心圆,即圆等位线.圆等位线与电力线正交,共同组成一幅形象化的电场分布图(见图 3-72(b)).显然,含电极轴线的任一个平面也是电力线平面.在这些平面内,直线电力线与电极轴线垂直,直线等位线与轴线平行(见图 3-72(c)).可见,电力线与等位线相互正交,是这两者间关系的特点.在描述静电场的分布时需要利用这一点.

(2) 模拟场

为了克服直接测量静电场的困难,我们可以仿造一个与静电场分布完全一样的模拟场.这个原理性的装置称为"模拟模型".直接测出它上面的模拟场,可以间接地获得原静电场的分布图.下面叙述制备模拟模型的方法.

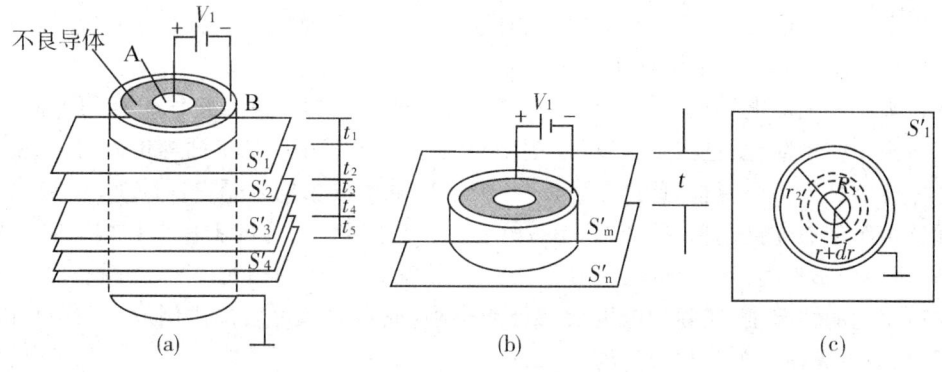

图 3-73

在通常情况下,同轴柱面(或其他形状)的电极是用铜料制成的,铜的电阻率很小,是良导体.电阻率远大于铜的导体称为不良导体.例如,液态的自来水和稀硫酸铜溶液,固态中的某些合金和黏土与石墨粉（或金属粉）的粘结体等，都是不良导体．

如图 3-73(a) 所示，在电极 A 与 B 间有电场的整个空间填满均匀的不良导体．这样，原真空静电场中的电力线平面，如 S_1，S_2，… 等，分布在不良导体中，于是在图中将它们分别用 S_1'，S_2'，… 等来表示，以示区别．

若沿原真空静电场中任意两个相邻的电力线平面 S_m 和 S_n（现即为 S_m' 和 S_n' 面）剖开，则得到一个厚度为 t 的不良导体（连同电极在一起）薄块，见图 3-73(b)．在电极上接上原电源 V_1 后，不良导体中就产生了电流．好像这薄块尚留在图 3-73(a) 中一样，电流是从电极 A 以均匀辐射状流向电极 B．电流密度 J 的大小和方向遵从欧姆定律的微分形式：

$$J = \sigma E$$

上式中，E 是不良导体内的电场强度，σ 是不良导体的电导率，其倒数即为电阻率 ρ．图 3-73(b) 所示的装置就是我们所需要的"模拟模型"．

在这里，通过计算可以证明有电流存在时，模拟模型的面 S' 的电位分布 V_r' 与原真空中无电流时静电场的电力线平面 S 的电位分布 V_r 是相同的；不良导体中的电场强度 E' 与原真空中的静电场的电场强度 E 是相同的．

2. 长平行导线（输电线）的电场

如图 3-74(a) 所示，两根圆形长平行导线 A，B 各带等量异号电荷，电位分别为 $+V_1$ 和 $-V_1$．由于对称性，静电场中存在许多水平的并与导线垂直的电力线平面，图 3-74(a) 中的 S 平面就是其中一个．S 平面的电场分布如图 3-74(b) 所示．

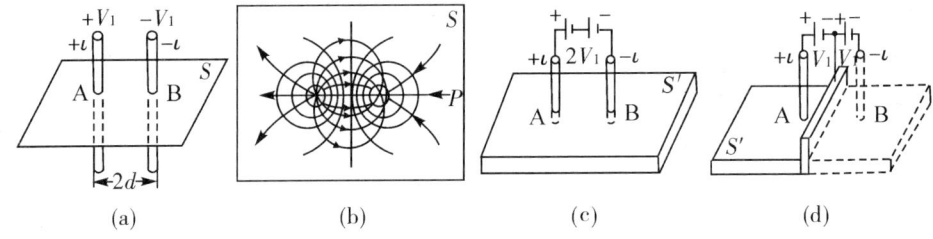

图 3-74

以均匀的不良导体填满整个有电场的空间（指除电极本身之外的无穷大空间），并在电极 A，B 上接入电动势为 $2V_1$ 的电池．由前面所述的理论，不良导体内的电场分布，在有稳定电流的情况下不会改变．于是，原静电场中的电力线平面（S 面）也就表示了不良导体中的电力线平面（S' 面），即可以将 S 面直接改写为 S' 面．

在长平行导线的电场里，存在一个平面等位面，即过两导线垂直连线中点的平面，因此还可以将模拟模型简化．把图 3-74(c) 的 S' 薄块内两电极中间的平面等位面切开，中间加以任意厚度的良导体金属板，这样金属板与两个 V_1 电池的中间点是等电位的．用导线把金属板和这个等位点连接起来，得到图 3-74(d)，这时金属板两边的不良导体内有各自的电流状态，因而金属板两边各自的电场分布完全与图 3-74(c) 的相同，并且是左右对称的．

在所研究的情况中，实际的电极尺寸可能很小（或很大），可以按比例放大（或缩小）模拟模型，从而得到便于测量的模拟场．

综上所述，用稳恒电流场模拟静电场的条件可以归纳为下列三点：

(1) 稳恒电流场中的电极形状应与被模拟的静电场中的带电体几何形状相同；

(2) 稳恒电流场中的导电介质应是不良导体且电导率分布均匀，并满足 $\sigma_{电极} \gg \sigma_{导电质}$ 才

能保证电流场中的电极(良导体)的表面也近似是一个等位面;

(3) 模拟所用电极系统与被模拟静电场的边界条件相同.

实验内容与步骤

1. 描绘无限长同轴柱面间的静电场分布

(1) 按图 3－75 连接电路;

(2) 打开稳压电源,调节稳压电源使之输出一个适当电压,使 A,B 两电极间的电势差为 10V;

(3) 在两电极间用探针分别找出一系列当 V = 1V,3V,5V,7V,9V(或 V = 2V,4V,6V,8V,10V) 时的等电位点;

(4) 用圆滑曲线作出各等位线,根据等位线作出电力线;

(5) 取某一矢径方向的 U 和 r 值,作 $U-r$ 曲线,在曲线上取 V = 1V,3V,5V,7V,9V(或 V = 2V,4V,6V,8V,10V) 五点,按 $\overline{E} = \dfrac{\Delta V}{\Delta r}$ 计算出电场强度的值.

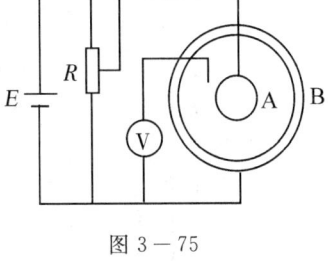

图 3－75

2. 描绘两相互垂直的长直导线间的电场方法同上

注意事项

(1) 测量过程中要保持两极间的电压不变;

(2) 实验时上下探针应保持在同一垂线上,否则会使图形失真;

(3) 记录纸应保持平整,测量时不能移动.

思考题

1. 若电极间电压正负交换一下,所作的等位线有变化吗?为什么?

2. 用电压表找等位点时,电压表内阻对测量结果有什么影响?

实验二十二　　交流电桥测电容和电感

在科研、教学和生产实践中,经常要测量各种电子元件的参数.例如测量电阻、电容、电感(自感系数或互感系数),电容的介质损耗因数 D,电感的品质因数 Q 等.在低频范围内,电桥法测量电路元件参数是最准确的一种方法.

实验目的

1. 了解交流电桥的基本原理和特点.

2. 掌握交流电桥调节平衡的方法.

3. 测量电容、电感及其损耗.

实验仪器

QS－18A 型万能电桥,待测电容、电感、电阻及导线等.
QS－18A 型万能电桥的前面板如图 3－76 所示：

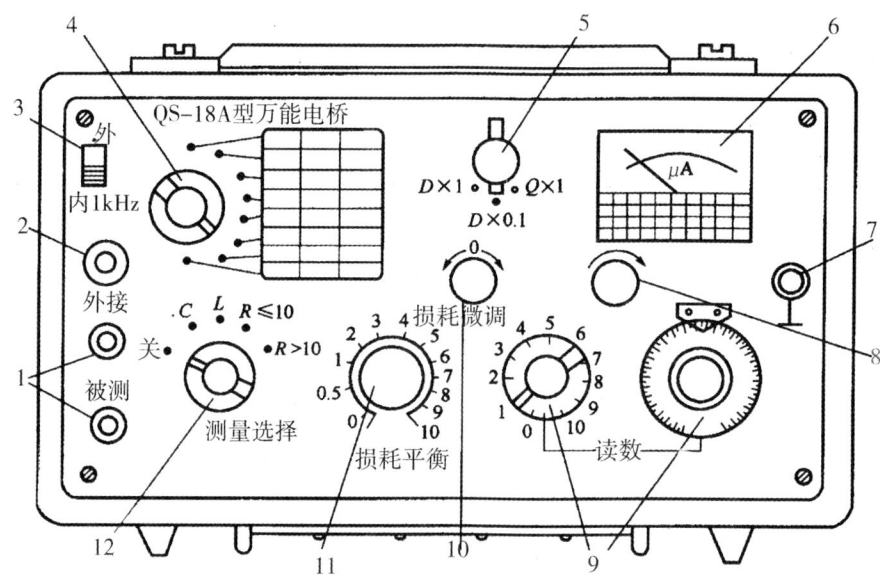

图 3－76　QS－18A 型万能电桥前面板图

1. 连接被测元件的接线柱.
2. 外接插孔. 当使用外部音频信号源时可由此插孔输入.
3. 拨动开关. 使用机内 1kHz 电源时,此开关拨向"内"位置；使用外部音频信号电源时,此开关拨向"外"位置.
4. 量程开关. 供选择测量范围用.
5. 损耗倍率开关. 用来扩展损耗平衡的读数范围. 测量空心线圈时放在"$Q\times 1$"位置；测量损耗较小的电容器时放在"$D\times 0.1$"位置；测量损耗较大的电容器时放在"$D\times 1$"位置.
6. 晶体管指零仪. 用来指示电桥平衡.
7. 接壳端钮. 与仪器外壳相连.
8. 灵敏度调节旋钮.
9. 读数盘. 调节此读数盘和损耗平衡旋钮,使电桥平衡.
10. 损耗微调. 用来提高损耗平衡旋钮的调节细度. 一般情况下此旋钮放在"0"位置.
11. 损耗平衡调节旋钮. 被测元件(电容器、电感线圈)的损耗读数由此旋钮指示.
12. 测量选择开关. 测电容时应放在"C"处,测电感时应放在"L"处,若被测电阻值在 10Ω 以内放在"$R<10\Omega$"处. 测量完毕,应将旋钮放在"关"处.

实验原理

1. 测试的基本原理

用交流电桥测量电感、电容、电阻以及电感的品质因数 Q 与电容损耗因数 D,它与直流电桥基本相同. 所不同的是:交流电桥采用交流电源,桥臂中各元件不是纯电阻,而是标准电容、电感或 LRC 的组合回路,交流电桥的平衡指示器能够指示微小交流电压.

如图 3-77 所示,设电桥四臂的复阻抗分别为 Z_1, Z_2, Z_3, Z_4,当电桥平衡时 $I_G = 0$,即 $I_1 = I_2, I_3 = I_4$. 或电桥平衡条件 $V_1 = V_3, V_2 = V_4$,即 $U_{AB} = 0$,由此可得到: $Z_1 Z_4 = Z_2 Z_3$.

也就是当电桥平衡时,四臂阻抗必须满足的条件——电桥两两相对桥臂的复数阻抗乘积相等.

由于 $Z = Z e^{j\Psi}$,故上式可改写为:

$$Z_1 Z_4 e^{j(\Psi_1 + \Psi_4)} = Z_2 Z_3 e^{j(\Psi_2 + \Psi_3)}$$

欲使此等式两端的复数相等,必须使其阻抗之模和辐角之和分别相等,即

$$Z_1 Z_4 = Z_2 Z_3$$
$$\Psi_1 + \Psi_4 = \Psi_2 + \Psi_3$$

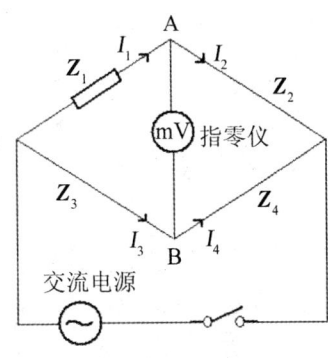

图 3-77

结论:交流电桥的平衡条件是只有当交流电桥两两相对的桥臂的阻抗之模的乘积相等,且其辐角之和亦相等时该电桥平衡.

2. 元件参数测试原理

① 电感 L 及其品质因数 Q 的测量:

实际电感是由导线绕制而成,除了电感之外,还有电阻存在,这使得电桥的形式如图 3-78 所示,根据电桥平衡条件可得到:

$$L_x = R_1 R_4 C_0, \quad R_x = \frac{R_1 R_4}{R_0}$$

式中的 L_x, R_x 为被测的电感以及被测电感的损耗电阻,E_0 为交流电源.

电感品质因数 Q 的定义为:

$$Q = \frac{1}{\text{tg}\delta}$$

或 $Q = \dfrac{\omega L_x}{R_x} = \dfrac{2\pi f L_x}{R_x} = 2\pi f R_0 C_0$

式中 R_0 为电桥平衡时电阻箱的读数值,C_0 为标准电容的容量,f 为交流电源的频率.

② 电容 C 及其损耗角的测量

如图 3-79 所示,在电路中,电容器的介质要损耗一定的能量,把它看成一个理想的电容器 C_x 和

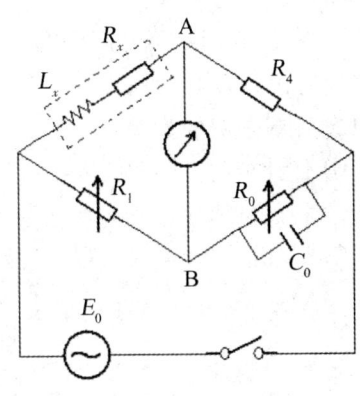

图 3-78 实际电桥的一种形式

一个损耗电阻 R_x 构成的. 对于低损耗的电容可看成二者串联, 对于高损耗的电容可看成二者并联.

根据电桥平衡条件可得:

$$C_x = R_2 \frac{C_0}{R_1}$$

$$R_x = R_1 \frac{R_0}{R_2}$$

其中 R_0 是电桥平衡时电阻箱的读数, C_0 是标准电容的容量. 交流电通过电容时其电压与电流的相位差 $\Phi = 90 - \delta$, 其中 δ 称为电容的损耗角, δ 随 R_x 的增大而增大, δ 是衡量实际电容与理想电容的差别的一个重要因素. 电容损耗因素 D 的定义:

$$D = \mathrm{tg}\delta$$
$$D = 2\pi f R_x C_x = 2\pi f R_0 C_0$$

其中 f 为交流电的频率, D 为无量纲的量值.

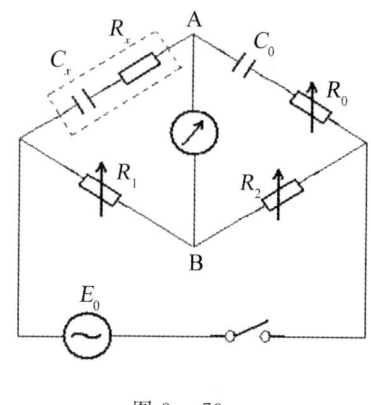

图 3-79

实验内容及步骤

1. 测量电容的步骤

① 估计被测电容的大小, 然后旋动量程开关放在恰当的位置.

② 测量选择开关放在 "C" 的位置. 损耗倍率开关放在 $D \times 0.1$ 或 $D \times 1$ 位置. 损耗平衡盘放在 1 左右的位置. 损耗微调按逆时针方向旋到底.

③ 灵敏度调节逐步增大.

④ 先调节电桥"读数盘", 使指示电表朝零刻度偏转, 当"读数盘"的调节失去作用时, 改为调节损耗平衡旋钮, 使指针继续向零刻度偏转. 反复调节读数盘和损耗平衡旋钮使电表指零. 直至灵敏度达到满足测量精度的要求为止. 一般情形下, 被测电容 C_x 等于量程乘电桥的读数盘的示值. 例如电桥平衡时, 若电桥的读数盘第一个盘指在 0.5, 第二个盘刻度值为 0.038, 量程开关在 $1000 pF$ 的位置, 则被测电容 $C_x = 1000 \times (0.5 + 0.038) = 538 pF$. 被测电容的损耗因数 D_x 等于损耗倍率示值乘损耗平衡示值. 例如损耗倍率示值为 $D \times 0.1$, 损耗平衡旋钮读数为 1.2, 则 $D_x = 0.1 \times 1.2 = 0.12$.

2. 测量电感的步骤

① 估计被测电感量的大小, 然后选择合适量程.

② 将测量选择开关旋到 "L" 位置.

③ 损耗倍率开关放在 $Q \times 1$ 位置, 只有测量高 Q 值的滤波线圈和铁心线圈时, 损耗倍率开关才分别放在 $D \times 0.1$ 或 $D \times 1$ 位置, 然后根据 $Q = \frac{1}{D}$ 计算.

④ 依照测量电容的步骤, 调节电桥平衡. 电桥平衡后, 可从电桥的有关旋钮的示值计算出被测电感 L_x 和品质因数 Q_x. $L_x = $ 电桥量程 $\times$ 读数盘示值; $Q_x = $ 损耗倍率示值 $\times$ 损耗平衡旋钮示值.

3. 测量电阻步骤

估计被测电阻的大小,选择合适量程和测量选择旋钮的位置.如被测电阻 R 在 $1\sim10\Omega$ 之间,测量选择旋钮放在 $R\leqslant10\Omega$.若电阻 R 在 10Ω 以上,选择开关旋钮放在 $R>10\Omega$.然后调节电桥读数使电桥平衡.电桥平衡时,R_x = 量程 × 电桥读数盘示值.

交流电桥测量中的几个问题

(1) 由前面的分析可以看出,交流电桥测量时与电源的频率无关,但实践证明,电桥工作在 $1000Hz$ 的频率下时,灵敏度最高,产生的测量误差也最小,因此,一般的交流电桥电源选取 $1000Hz$ 的正弦交流电.

(2) 由于交流电桥的平衡需要同时满足两个条件,因此各臂的参量中至少要有两个是可以调节的,只有这两个被调节的参量达到平衡时的数值,示零仪才指零.然而实际调节时总是先固定一个参量,使示零仪中的电流达到最小,然后,固定刚才调节的这个参量的数值,调节另一个,使示零仪中的电流达到最小值.为了将电桥调得完全平衡,必须反复调节这两个参量逐次逼近平衡.

(3) 空间杂散信号对示零仪的干扰:在交流电桥的调节中,很难出现示零仪确实指零的情况,即使电桥确已达到平衡,示零仪仍不指零,这说明仍有微小电流流过它,这是由于空间中存在的杂散交流信号进入了示零仪而造成的,如无线电信号,电机干扰,人体所带的交流信号,特别是市电 $50Hz$ 的交流电更是显著.所以在交流电桥的调节中只能要求调节指零仪示数到不能再小的程度就认为电桥平衡了.这显然使电桥的不平衡和外界对示零仪的干扰混淆不清,实验操作过程中应设法消除或减弱外界的干扰.

思考题

1. 交流电桥平衡的条件是什么?
2. 实际电容、电感与理论电容、电感有何区别?衡量电感线圈的品质如何定义?
3. 比较惠斯通电桥与交流电桥操作过程中的异同,调节交流电桥的平衡有何体会?

实验二十三 铁磁材料的磁滞回线和基本磁化曲线

磁介质分为顺磁质、抗磁质、铁磁质等.对于顺磁质和抗磁质,其磁感应强度与磁场强度成正比关系.而铁磁质却具有磁导率随磁场强度变化,外磁场停止作用后仍保留部分剩磁以及居里点处材料磁性突变等特性.

由于铁磁质的磁化规律比较复杂,一般都是通过测量磁场的磁感应强度和磁场强度的对应关系,测出磁化曲线和磁滞回线来研究其磁化规律的.在实际应用中,磁化曲线和磁滞回线是铁磁材料分类和选用的主要途径.

实验目的

（1）认识铁磁物质的磁化规律，比较两种典型的铁磁物质的动态磁化特性；
（2）测定样品的基本磁化曲线，作 $\mu - H$ 曲线；
（3）测定样品的 H_c、B_r、H_m、B_m 等参数；
（4）测绘样品的磁滞回线，估算其磁滞损耗.

实验仪器

磁滞回线综合实验仪，双踪示波器等.

实验原理

铁磁物质是一种性能特异、用途广泛的材料. 铁、钴、镍及其众多合金以及含铁的氧化物（铁氧体）均属铁磁物质. 其特征是在外磁场作用下能被强烈磁化，故磁导率 μ 很高. 另一特征是磁滞，即磁化场作用停止后，铁磁质仍保留磁化状态. 图 3－80 为铁磁物质的磁感应强度 B 与磁化强度 H 之间的关系曲线.

图 3－80 中的原点 O 表示磁化之前铁磁物质处于磁中性状态，即 $B = H = 0$，当磁场 H 从零开始增加时，磁感应强度 B 随之缓慢上升，如线段 oa 所示，继之 B 随 H 迅速增长，如 ab 所示，其后 B 的增长又趋缓慢，并当 H 增至 H_s 时，B 到达饱和值 B_s，$0abs$ 称为起始磁化曲线. 图 3－80 表明，当磁场从 H_s 逐渐减小至零，磁感应强度 B 并不沿起始磁化曲线恢复到"O"点，而是沿另一条新的曲线 SR 下降，比较线段 OS 和 SR 可知，H 减小 B 相应也减小，但 B 的变化滞后于 H 的变化，这现象称为磁滞，磁滞的明显特征是当 $H = 0$ 时，B 不为零，而保留剩磁 B_r.

当磁场反向从 0 逐渐变至 $-H_c$ 时，磁感应强度 B 消失，说明要消除剩磁，必须施加反向磁场，H_D 称为矫顽力，它的大小反映铁磁材料保持剩磁状态的能力，线段 RD 称为退磁曲线.

图 3－80 还表明，当磁场按 $H_s \rightarrow 0 \rightarrow -H_c \rightarrow -H_s \rightarrow 0 \rightarrow H_c \rightarrow H_s$ 次序变化，相应的磁感应强度 B 则沿闭合曲线 $SRDS'R'D'S$ 变化，这闭合曲线称为磁滞回线. 所以，当铁磁材料处于交变磁场中时（如变压器中的铁芯），将沿磁滞回线反复被磁化 → 去磁 → 反向磁化 → 反向去磁. 在此过程中要消耗额外的能量，并以热的形式从铁磁材料中释放，这种损耗称为磁滞损耗，可以证明，磁滞损耗与磁滞回线所围面积成正比.

应该说明，当初始态为 $H = B = 0$ 的铁磁材料，在交变磁场强度由弱到强依次进行磁化，可以得到面积由小到大向外扩张的一簇磁滞回线，如图 3－81 所示，这些磁滞回线顶点的连线称为铁磁材料的基本磁化曲线，由此可近似确定其磁导率 $\mu = B/H$，因 B 与 H 非线性，故铁磁材料的 μ 不是常数而是随 H 而变化（如图 3－82 所示）. 铁磁材料的相对磁导率可高达数千乃至数万，这一特点是它用途广泛的主要原因之一.

可以说磁化曲线和磁滞回线是铁磁材料分类和选用的主要依据，图 3－83 为常见的两

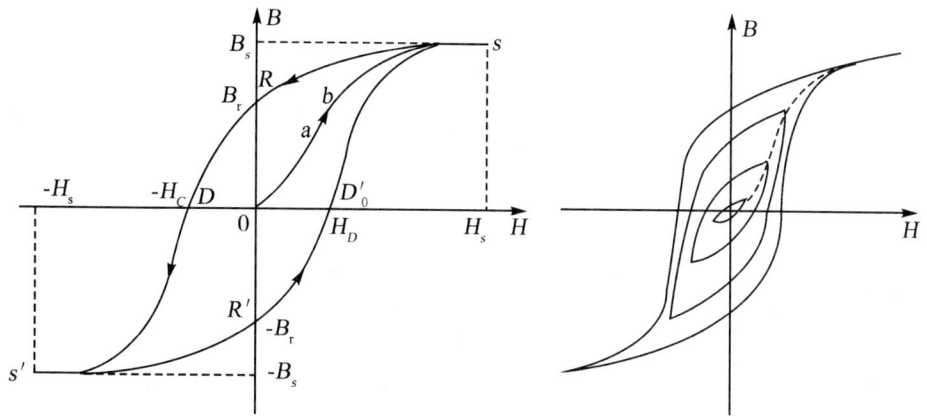

图 3-80　铁磁质起始磁化曲线和磁滞回线　　图 3-81　同一铁磁材料的一簇磁滞回线

种典型的磁滞回线,其中软磁材料的磁滞回线狭长、矫顽力、剩磁和磁滞损耗均较小,是制造变压器、电机和交流磁铁的主要材料.而硬磁材料的磁滞回线较宽,矫顽力大,剩磁强,可用来制造永磁体.

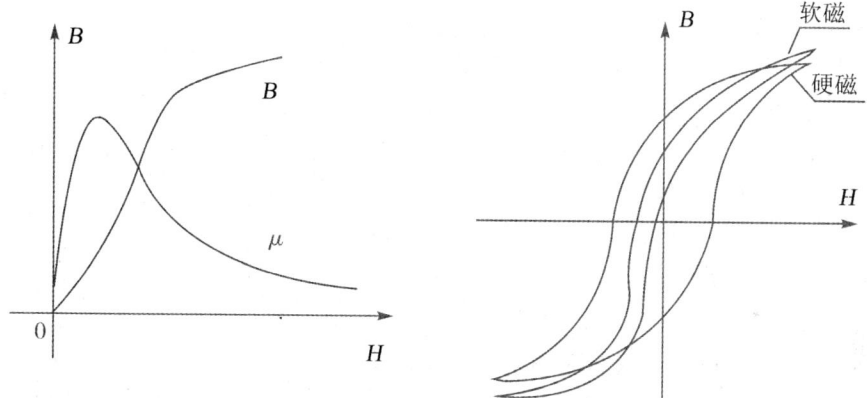

图 3-82　铁磁材料 μ 与 H 关系曲线　　图 3-83　不同铁磁材料的磁滞回线

观察和测量磁滞回线和基本磁化曲线线路如图 3-84 所示.

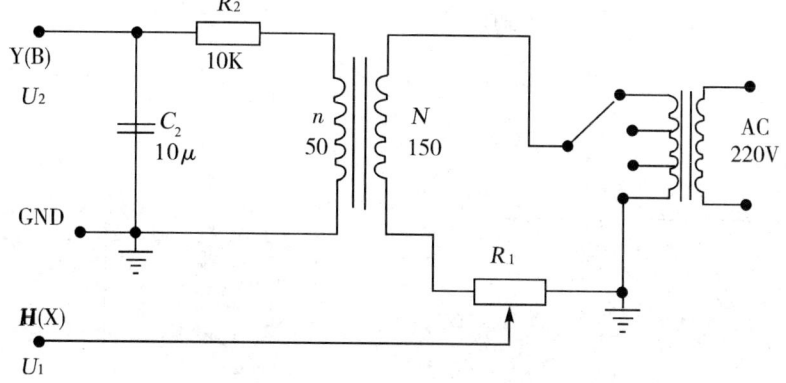

图 3-84　实验线路图

待测样品为 E_1 型矽钢片,N 为励磁绕组,n 为用来测量磁感应强度 B 而设置的大绕组. R_1 为励磁电流取样电阻,设通过 N 的交流励磁电流为 I,根据安培环路定律,样品的磁化场

强 $H = NI/L$(L 为样品的平均磁路)，

$$\because I = \frac{U_1}{R_1}$$

$$\therefore H = \frac{N}{L} \cdot \frac{U_1}{R_1} \tag{1}$$

(1) 式中的 N, L, R_1 均为已知常数，所以由 U_1 可确定 H.

在交变磁场下，样品的磁感应强度瞬时值 B 是测量绕组 n 和 $R_2 C_2$ 电路给定的，根据法拉第电磁感应定律，由于样品中的磁通 Φ 的变化，在测量线圈中产生的感生电动势为：

$$\varepsilon_2 = n \frac{d\varphi}{dt}$$

$$\varphi = \frac{1}{n} \int \varepsilon_2 dt$$

$$B = \frac{\varphi}{S} = \frac{1}{nS} \int \varepsilon_2 dt \tag{2}$$

S 为样品的截面积. 可以证明：

$$B = \frac{C_2 R_2}{nS} U_2 \tag{3}$$

上式中 C_2, R_2, n 和 S 均为已知常数. 所以由 U_2 可确定 B.

综上所述，将图 3－84 中的 U_1 和 U_2 分别加到示波器的"X 输入"和"Y 输入"便可观察样品的 $B \sim H$ 曲线；如将 U_1 和 U_2 加到测试仪的信号输入端可测定样品的饱和磁感应强度 B_s、剩磁 B_r、矫顽力 H_c、磁滞损耗 $[BH]$ 以及磁导率 μ 等参数.

实验内容与步骤

1. 电路连接：选样品 1 按实验仪上所给的电路图连接线路，并令 $R_1 = 2.5\Omega$，"U 选择"置于 0 位. U_H 和 U_2（即 U_1 和 U_2）分别接示波器的"X 输入"和"Y 输入"，插孔为公共端.

2. 样品退磁：开启实验仪电源，对试样进行退磁，即顺时针方向转动"U 选择"旋钮，令 U 从 0 增至 3V，然后逆时针方向转动旋钮，将 U 从最大值降为 0，其目的是消除剩磁，确保样品处于磁中性状态，即 $B = H = 0$，如图 3－85 所示.

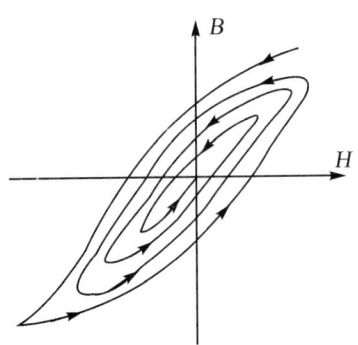

图 3－85 退磁示意图

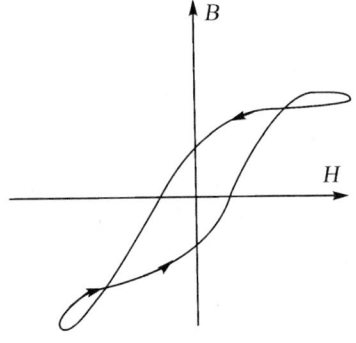

图 3－86 U_2 和 B 的相位差等因素引起的畸变

3. 观察磁滞回线:开启示波器电源,令光点位于坐标网格中心,令 $U = 2.2\text{V}$,并分别调节示波器 x 和 y 轴的灵敏度,使显示屏上出现图形大小合适的磁滞回线(若图形顶部出现编织状的小环,如图 3-86 所示,这时可降低励磁电压 U 予以消除).

4. 观察基本磁化曲线,按步骤 2 对样品 2 进行退磁,从 $U = 0$ 开始,逐档提高励磁电压,将在显示屏上看到面积由小到大一个套一个的一簇磁滞回线.这些磁滞回线顶点的连线就是样品的基本磁化曲线.如果借助长余辉示波器,便可观察到该曲线的轨迹.

5. 观察、比较样品 1 和样品 2 的磁化性能.

6. 测绘 $\mu \sim H$ 曲线:仔细阅读测试仪的使用说明,接通实验仪和测试仪之间的连线.开启电源,对样品进行退磁后,依次测定 $U = 0.5, 1.0, \cdots 3.0\text{V}$ 时的十组 H_m 和 B_m 值,作 $\mu \sim H$ 曲线.

7. 令 $U = 3.0\text{V}$,$R_1 = 2.5\Omega$,测定样品 1 的 H_m,B_m,B_r,H_c 和 $[BH]$ 等参数.

8. 取步骤 7 中的 H 和其相应的 B 值,用坐标纸绘制 $B \sim H$ 曲线,并估算曲线所围面积.

数据记录与处理

表1 基本磁化曲线与 $\mu - H$ 曲线

$U(\text{V})$	$H \times 10^3 (\text{A/m})$	$B \times 10^1 (\text{T})$	$\mu = B/H (\text{H/m})$
0.5			
1.0			
1.2			
1.5			
1.8			
2.0			
2.2			
2.5			
2.8			
3.0			

表2 $B-H$ 曲线 $H_c =$ _____ $B_r =$ _____ $H_m =$ _____ $B_m =$ _____

NO	$H \times 10^3 \text{A/m}$	$B \times 10\text{T}$	NO	$H \times 10^3 \text{A/m}$	$B \times 10\text{T}$	NO	$H \times 10^3 \text{A/m}$	$B \times 10\text{T}$
1								
10								
20								
30								

思考题

1. 磁滞损耗是如何产生的?它与什么有关?如何减少磁滞损耗?涡流损耗又是如何产生

的,如何减少涡流损耗?

2. 如果测量前没有将材料退磁,会出现什么情况?

实验二十四　磁阻效应

导电材料的电阻值 R 随磁感应强度 B 变化这样一个规律,称为磁阻效应. 磁阻效应是 1857 年由英国物理学家威廉·汤姆森发现的. 磁阻器件由于体积小、灵敏度高、抗干扰能力强等优点在工业、交通、仪器仪表、医疗器械、探矿等领域得到广泛应用,如数字式罗盘、交通车辆检测、导航系统、伪钞鉴别等.

从一般磁阻开始,磁阻发展经历了巨磁阻(GMR)、庞磁阻(CMR)、穿隧磁阻(TMR)、直冲磁阻(BMR)和异常磁阻(EMR)等阶段. 2007 年诺贝尔物理学奖授予来自法国国家科学研究中心的物理学家阿尔伯特·福特和来自德国尤利希研究中心的物理学家彼得·格林德,以表彰他们发现巨磁电阻效应的贡献.

实验目的

(1) 学习用霍尔效应法测量磁场强度的方法;
(2) 研究锑化铟磁阻元件的阻值 R 随磁感应强度 B 的关系.

实验仪器

THQCZ－1 型磁阻效应实验仪,THQCZ－1 型磁阻效应测试仪.

实验原理

1. 磁阻效应原理

许多金属、合金及金属化合物材料处于磁场中时,传导电子受到强烈磁散射作用,使材料的电阻显著增大,这种现象称为磁阻效应. 通常以电阻率的相对改变量来表示磁阻,即

$$R = \frac{\Delta\rho}{\rho} = \frac{\rho_B - \rho_0}{\rho_0} \tag{1}$$

式中,ρ_B 和 ρ_0 分别为有磁场和无磁场时的电阻率.

磁场与外电场垂直时所产生的磁阻称为横向磁阻,磁场平行于外电场时所产生的磁阻称为纵向磁阻. 由于横向磁阻效应比纵向磁阻效应更明显,本实验仅讨论前者.

材料电阻的变化,可以是材料电学性质的改变引起的,或是材料几何尺寸引起的. 因此,可以分为两类:

(1) 物理磁阻效应:如图 3－87 所示的长方形 n 型半导体薄片,并施加直流恒定电流,当放置于图示方向的磁场 B 中,半导体内的载流子将受到洛伦兹力的作用而发生偏转,在 a、b 端产生电荷积聚,因而产生霍尔电场. 如果霍尔电场作用和某一速度的载流子的洛伦兹力作用刚好抵消,那么小于或大于该速度的载流子将发生偏转,因而沿外加电场方向运动的载流

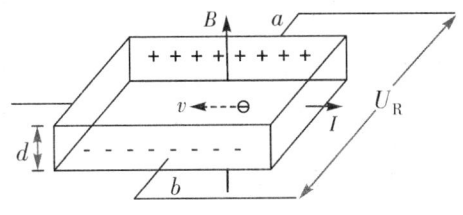

图 3-87 磁阻效应

子数目将减少,使该方向的电阻增大,表现横向磁阻效应.如果将 a、b 端短接,霍尔电场将不存在,所有电子将向 b 端偏转,使电阻变得更大,因而磁阻效应加强.因此,霍尔效应比较明显的样品,磁阻效应就小;霍尔效应比较小的样品,磁阻效应就大.

(2) 几何磁阻效应:磁阻效应也与样品的形状有关,不同几何形状的同种样品,在同样大小的磁场作用下,其电阻变化不同,此现象称为几何磁阻效应.

在实际测量中,常用磁阻器件的磁电阻相对改变量 $\Delta R/R$ 来研究磁阻效应,由于 $\Delta R/R \propto \Delta\rho/\rho$,$\Delta R = R(B) - R(0)$,则

$$\frac{\Delta R}{R} = \frac{R(B) - R(0)}{R(0)} \tag{2}$$

其中,$R(B)$ 是磁场为 B 时的磁电阻,$R(0)$ 为零磁场时的磁电阻.理论和实验都证明,在弱磁场中 $\Delta R/R$ 正比于磁感应强度 B 的平方,而在强磁场中时与 B 呈线性关系.

锑化铟(InSb)是一种化合物半导体材料,具有比一般半导体材料大得多的电子迁移率,其磁阻效应非常显著.锑化铟磁敏电阻就是利用磁阻效应研制的一种两端结构的磁敏器件.而在强磁场中,$\frac{\Delta R}{R(0)}$ 与 B 呈线性函数关系.本仪器采用的磁阻元件的阻值 R 随磁场强度 B 的变化规律:

a:$B < 0.1T$ 时,$R \propto B^2$;

b:$B > 0.1T$ 时,$R \propto B$;

c:$B = 0.3T$ 时,$\frac{R_B}{R_0} \geqslant 2$;

2. 仪器工作原理

$0 \sim 1000$mA 的恒流电源为电磁铁提供励磁电流,通过改变电磁铁中的电流来改变加在磁阻元件上的磁感应强度 B 的大小,另外还可以通过双刀双掷开关来切换励磁电流的方向,从而改变通过磁阻元件上的磁场方向.1mA 的恒流源为磁阻元件提供工作电流,接在磁阻元件两端的电压表可以测量磁阻元件两端的电压,如果用毫伏来表示时,电压值在数值上和电阻值相等.另外在磁阻元件的背面贴了霍尔元件,利用霍尔元件的霍尔效应来测量磁阻元件表面的磁场强度,具体的原理和方法为:

当电流 I 垂直于外磁场 B 的方向流过某导电体时,在垂直于电流和磁场的方向,该导电体两侧会产生电势差 U_H,其大小与 I 和 B 的乘积成正比,而与导电体延磁场方向的厚度 d 成反比.这一现象被称为霍尔效应,其数学表达式为:

$$U_H = R_H \frac{IB}{d} = KIB \tag{3}$$

式中 R_H 为导电体的霍尔系数,K 称为元件的霍尔灵敏度.如果保持通过霍尔元件的电流 I 不变,当磁场改变 ΔB 时,输出的霍尔电势差为:

$$\Delta U_H = KI\Delta B \tag{4}$$

只要知道霍尔片的霍尔灵敏度 K，就可以测量出磁感应强度的大小.

实验内容及步骤

1. 实验前的准备

按照仪器使用说明书将实验仪器和测试仪连接好.

2. 学习用霍尔元件测量磁场的方法

(1) 将电磁铁的励磁电流调节到 0，观察毫特表的显示是否为零(仪器出厂前已经调好，如果不为零可以用小螺丝刀调节调零电位器使其显示为零).

(2) 改变励磁电流的大小，观察毫特表的变化.

3. 测量磁阻元件的阻值随磁场强度的变化规律

(1) 将双刀双掷开关掷于上方，调节测试仪面板上的"励磁电流调节"电位器，每隔 10mT 记录一次磁阻元件的电阻值，并将实验数据记录在表 1.

(2) 将双刀双掷开关掷于下方，调节测试仪面板上的"励磁电流调节"电位器，每隔 10mT 记录一次磁阻元件的电阻值，并将实验数据记录在表 1.

表 1　磁阻元件的阻值随磁场强度的变化表

$B(\text{mT})$	0	10	20	30	40	50	60	70	80	90	100
$R_x(\Omega)$											
$B(\text{mT})$	110	120	130	140	150	160	170	180	190	200	210
$R_x(\Omega)$											
$B(\text{mT})$	220	230	240	250	260	270	280	290	300	310	320
$R_x(\Omega)$											
$B(\text{mT})$	330	340	350	360	370	380	390	400			
$R_x(\Omega)$											
$B(\text{mT})$	0	−10	−20	−30	−40	−50	−60	−70	−80	−90	−100
$R_x(\Omega)$											
$B(\text{mT})$	−110	−120	−130	−140	−150	−160	−170	−180	−190	−200	−210
$R_x(\Omega)$											
$B(\text{mT})$	−220	−230	−240	−250	−260	−270	−280	−290	−300	−310	−320
$R_x(\Omega)$											
$B(\text{mT})$	−330	−340	−350	−360	−370	−380	−390	−400			
$R_x(\Omega)$											

数据处理

1. 根据表格(1)中的数据描绘 $B-R$ 的曲线，并和理论曲线进行对比.

2. 通过分段拟合求出磁阻元件的阻值 R 随垂直通过它的磁场强度 B 变化的规律,并将结果与理论预期做一比较.(弱磁场取 $B < 60\text{mT}$,强磁场取 $B > 130\text{mT}$)

思考题

1. 什么是磁阻效应?有什么实际应用?
2. 磁阻元件的阻值变化为什么受温度的影响比较大?
3. 请查阅有关资料,对巨磁阻效应及其应用做一简单介绍.

实验二十五 薄透镜焦距的测定

透镜是一种重要的光学元件,焦距是反映光学透镜特性的重要物理量.当透镜的厚度比其焦距很小时,称为薄透镜.不同焦距的透镜及透镜组组成了各种各样的光学仪器,为了使用这些光学仪器,对透镜焦距的测定是不可缺少的一个重要环节.

实验目的

(1) 学习光学系统的共轴调节;
(2) 掌握测量透镜焦距的基本方法;
(3) 加深对透镜成像规律的理解.

实验仪器

光具座,凸透镜,凹透镜,平面镜,光源等.

实验原理

测定透镜焦距的方法很多,但其原理都是建立在透镜成像规律的基础上.
1. 薄透镜成像公式
在近轴光线的条件下,薄透镜的成像公式为:
$$\frac{1}{u}+\frac{1}{v}=\frac{1}{f} \tag{1}$$

式中,u 为物距,v 为像距,f 为焦距.u,v,f 均从透镜的光心量起.物距 u 和像距 v 的正负由物和像的虚实来确定,实物、实像时,u,v 为正值;虚物、虚像时,u,v 为负值.凸透镜的焦距 f 取正值,凹透镜的焦距 f 取负值.
2. 凸透镜焦距的测量方法
(1) 自准直法

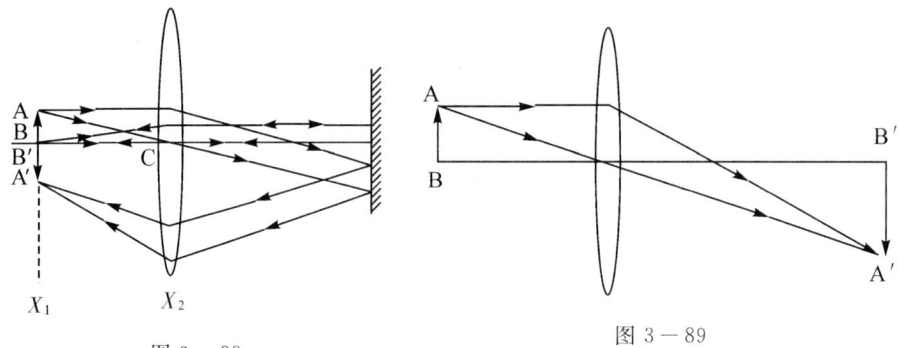

图 3-88   图 3-89

当物体 AB 位于凸透镜的焦平面上时,它发出的光线通过凸透镜后成为一束平行光,若在凸透镜的另一面放一与主光轴垂直的平面镜将平行光反射回去,反射光再次通过透镜后仍会聚于物体所在的焦平面上. 这个像 $A'B'$ 与原物体 AB 大小相等,是倒立的实像,如图 3-88,X_1 是物体的位置,X_2 是透镜的位置.

$$f = |X_1 - X_2|$$

(2) 物距像距法

物体发出的光线经过凸透镜折射后成像,由薄透镜成像公式得:

$$f = \frac{uv}{u+v} \tag{2}$$

测得物距、像距,代入(2)式,即可计算得出焦距.

(3) 两次成像法(或贝塞尔法)

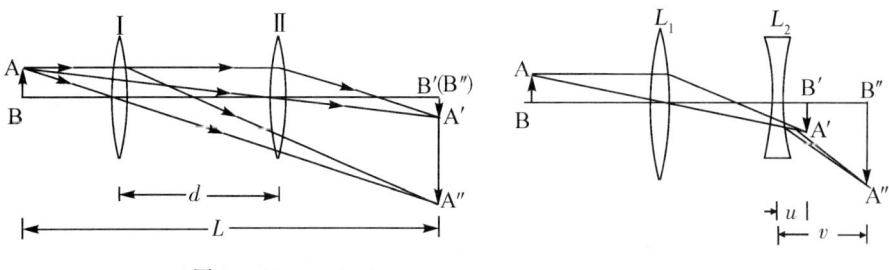

图 3-90   图 3-91

如图 3-90 所示,取物与屏间的距离为 L(要求 $L > 4f$),且在实验中保持不变,在物与屏之间移动透镜时,物体会在屏上两次成像. 当透镜移动到 Ⅰ 处时,屏上出现一放大、倒立的实像;当透镜移动到 Ⅱ 处时,在屏上出现一缩小、倒立的实像. 如果 Ⅰ 和 Ⅱ 之间的距离为 d,根据成像公式和图 3-90 中的几何关系可以证明:

$$f = \frac{L^2 - d^2}{4L} \tag{3}$$

两次成像中,只要测得 L 和 d,就能求出 f,避免了自准直法和物距像距法中透镜光心位置不容易确定所带来的测量误差.

3. 凹透镜焦距的测定

凹透镜是发散透镜,实物成虚像,所以它的焦距无法直接测定. 选用一个凸透镜作辅助透镜,利用虚物成像法可以测量出凹透镜的焦距.

如图 3-91,物体 AB 经凸透镜 L_1 成像于 $A'B'$,然后将凹透镜 L_2 放置于凸透镜与 $A'B'$ 之间,这时 $A'B'$ 相当于凹透镜 L_2 的一个虚物体,经凹透镜可成一实像 $A''B''$,分别测出物距 u

和像距 v,就可根据薄透镜成像公式:

$$f = \frac{uv}{u-v} \tag{4}$$

计算出凹透镜的焦距.

实验内容及步骤

1. 调节各光学元件共轴

"共轴"是指用来测量的各光学元件(如光源、发光物、透镜等)的主光轴重合,如果实验是在光具座上进行,还必须使各光轴与光具座导轨平行.共轴调节的方法分粗调和细调.

(1) 粗调.将光源、物、屏、透镜放置在光具座上,用目视法将各光学元件中心处在一条线上,且垂直于光具座的导轨.

(2) 细调.利用两次成像法进行调节,使两次成像的中心位置完全重合,表示各光学元件已共轴.

2. 测量凸透镜的焦距

(1) 自准直法

将光源、物体(带有"1"孔的屏)、凸透镜和平面镜依次装在光具座上.

打开光源,照亮物体(带有"1"孔的屏),改变凸透镜与物体之间的距离,在屏的"1"字旁边出现清晰的等大倒立的"1"字像.此时的物距即为凸透镜的焦距.

在实际测量时,对成像清晰度的判断总是存在一定的误差,通常采用左右逼近法读数,先使透镜由右向左移动,当像刚清楚时,记下透镜位置的读数,然后从左向右移动透镜,当像刚清楚时,记下透镜位置的读数,取这两次读数的平均值作为成像清晰时凸透镜的位置.然后改变物屏的位置,重复上述方法测量3次,求出透镜的焦距及不确定度.

(2) 物距像距法

在前面实验数据的基础上,依次使 u 为:$f < u < 2f, u = 2f, u > 2f$,观察成像结果,并记录像距 v,物距 u,代入公式(2)计算出焦距,进行比较.

(3) 两次成像法

① 将物、凸透镜、光屏依次放在光具座上,取物和屏的距离 $L > 4f$,但 L 不能过大,否则缩小的像将很小,难以确定像的清晰度.

② 移动透镜,当光屏上出现清晰放大和缩小的实像时,记录透镜两次成像的位置 Ⅰ、Ⅱ(使用左右逼近法),测出 Ⅰ 与 Ⅱ 的距离 d.

③ 改变物、屏的位置,但仍保持 L 不变,重复测量求出 L 和 d 的平均值,按照式(3)求出焦距及不确定度.

3. 辅助法凹透镜焦距的测定

(1) 参照步骤2(2),使物经凸透镜 L_1 成一像 $A'B'$(此像不能太大,也不能太小,应与"1"孔的大小相差不大为宜).

(2) 在凸透镜 L_1 与像 $A'B'$ 间插入待测凹透镜 L_2(注意:此时凸透镜的位置不能动),根据目测先进行粗调,使凹透镜 L_2 与原系统共轴,移动像屏直至形成清晰的实像,再细调凹透镜 L_2 的上下左右进行共轴细调。调好共轴后,记录 L_2 与 $A'B'$ 之间的距离 u,仔细调节像屏的前后位置以确定最终成像的位置 $A''B''$,记录 L_2 与 $A''B''$ 之间的距离 v,代入公式(3)计算出凹透镜的焦距.

（3）在凸透镜 L_1 的位置不变的情况下,改变凹透镜 L_2 的位置,重复步骤(2),测量三次,求出 f 的平均值.

数据记录表格

1. 凸透镜焦距的测定

（1）自准直法测凸透镜的焦距   单位:cm

物屏的位置:_____

	从左向右移动透镜			从右向左移动透镜		
	1	2	3	1	2	3
透镜位置(cm)						
旋转180°后透镜位置						
$\bar{f}$						

（2）物距像距法测凸透镜的焦距   单位:cm

次数 \ 测量量	物屏位置	透镜位置	像屏位置	u	v	f	$\bar{f}$
1							
2							
3							

（3）两次成像法测凸透镜的焦距   单位:cm

次数 \ 测量量	物屏位置	透镜位置Ⅰ	透镜位置Ⅱ	像屏位置	L	d	f	$\bar{f}$
1								
2								
3								

2. 辅助法凹透镜焦距的测定

单位:cm

次数 \ 测量量	像$A'B'$位置	凹透镜位置	像$A''B''$位置	u	v	f	$\bar{f}$
1							
2							
3							

思考题

1. 做光学实验为何要调节共轴?共轴调节的基本步骤是什么?对多透镜系统应如何处理?

2. 两次成像法测凸透镜焦距,为何物屏间距要大于四倍焦距?此法有何优点?物屏间距为何不可取得太大?

3. 自准直测凸透镜焦距,当物距远小于焦距时,也会在白屏上生成一倒立、等大的实像,且取走平面镜后,此像依然存在,请予以解释.

4. 测量像距时要根据像的清晰度来确定像的位置,应该选择成像较大的位置,还是选择成像较小的位置?

实验二十六 阿贝折射计测液体折射率

折射率是物质的重要光学常数之一,能借以了解物质的光学性能、纯度及浓度大小等.在分光计的调整和使用实验中已给出了固体(玻璃)折射率的测定方法,本实验介绍用阿贝折射计测定液体折射率的方法.

实验目的

(1) 了解用掠入射法测量液体折射率的原理;
(2) 了解阿贝折射计的结构和工作原理,学会使用该仪器测量液体的折射率.

实验仪器

阿贝折射计,滴管,蒸馏水,无水酒精,少许脱脂棉,待测液体(水).

实验原理

光线从光密介质进入光疏介质,入射角小于折射角.逐渐加大入射角,可使折射角达到90°.折射角等于90°时的入射角称为临界角.反过来,若光线自光疏介质进入光密介质,入射角大于折射角.当光线以90°入射(掠射)时仍有光线进入光密介质,此时的折射角亦为临界角.本实验测量折射率的原理及阿贝折射计的工作原理,就是基于测定临界角的原理.

1. 掠入射法测量液体的折射率

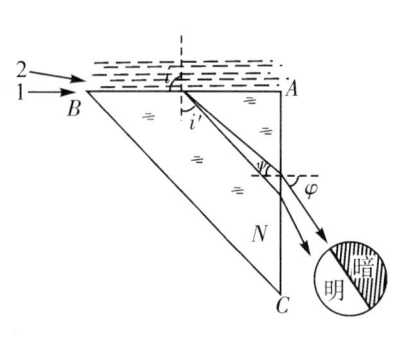
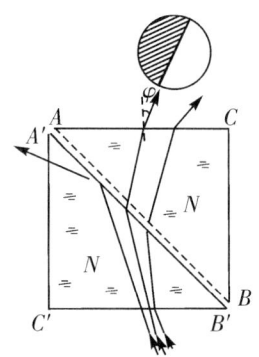

图 3-92   图 3-93

如图 3-92 所示,在折射棱镜的 AB 面上充满了折射率为 n_1 的液体,棱镜的折射率 $n_2 > n_1$.若以单色的扩展光源照射分界面 AB 时,从图 3-92 可看出:入射角为 $90°$ 的光线 1 将掠射到 AB 界面而折射进入三棱镜内.显然,光线 1 经折射面 AB 后的折射角 i' 正如发生全反射时的临界角,因而满足

$$\sin i' = \frac{n_1}{n_2} \tag{1}$$

当掠入射光线 1 经折射到 AC 面,再经折射而进入空气时,设在 AC 面上的入射角为 ψ,折射角为 φ,则有

$$\sin\varphi = n_2 \sin\psi \tag{2}$$

除掠入射光线 1 外,其他光线如光线 2 在 AB 面上的入射角均小于 $90°$,因此经三棱镜折射,最后从 AC 面折射进入空气时,都在光线 i' 的左侧.由于入射角 i 不可能比 $90°$ 大,因而在三棱镜内不可能出现比临界角 i' 大的光线,即 AC 面上出射的光线中,没有比 φ 角小的折射光线,故称 φ 为极限角.当用望远镜对准 AC 面观察时,视场中将看到明暗两部分,其分界线就是 $i = 90°$ 的掠入射引起的极限角方向.

由图 3-92 中的光路图可知:三棱镜的棱镜角 A 与角 i' 及角 ψ 有如下关系:

$$A = i' + \psi$$

即 $$i' = A - \psi \tag{3}$$

应用式(3),并从式(1)和式(2)中消去 i' 和 ψ 后可得

$$n_1 = \sin A \sqrt{n_2^2 - \sin^2\varphi} - \cos A \cdot \sin\varphi \tag{4}$$

如果棱镜角 $A = 90°$,则

$$n_1 = \sqrt{n_2^2 - \sin^2\varphi} \tag{5}$$

因此,当直角三棱镜的折射率 n_2 为已知时,测出 φ 角后即可计算出待测液体的折射率 n_1.上述测定折射率的方法即为掠入射法.

2. 阿贝折射计的测量原理及仪器结构

阿贝折射计是测量透明、半透明液体或固体折射率的常用仪器.国产的 WYA 型阿贝折射计的测量范围为 $1.3000 \sim 1.7000$(精度为 ± 0.0002).若该仪器接上恒温器,则可测定温度为 $0℃ \sim 70℃$ 内的折射率 n.

阿贝折射计是根据全反射原理设计的.它有两种工作方式,即透射式和反射式.本实验

只要求采用透射式方法测量透明液体的折射率.透射式测量光路如图3-93所示.将折射率为n的待测液体放置在折射率为N的折射棱镜的AB面上,其棱角为A,并将进光棱镜盖上,则液体将充满AB面与$A'B'$面之间隙,并用光源照明之.如果$n < N$,与图3-92相同,入射到AB面上的光线,经棱镜ABC两次折射后,由AC面射出的光束,在望远镜视场中将看到半明半暗的视场,明暗分界线就对应于掠面入射光束.测出AC面上相应的临界角φ,即可应用(4)式计算求出待测的n值.因阿贝折射计是用望远镜观察和进行角度测量的一种直读式仪器,所以仪器中直接刻有与φ角对应的折射率值.故不需要任何计算,可根据调节的明暗分界现象,直接读出与分界线对应的折射率值.

应用阿贝计测量n值时,无论采用透射光或反射光,式(3)都成立.反射式测量用于测量固体(透明或半透明)物质的折射率,测量方法不再介绍.

实验内容与步骤

1. 校准阿贝折射计.

用蒸馏水校准.打开进光棱镜,用脱脂棉沾一些乙醚、酒精的混合液(4∶1)将镜面轻擦干净,然后用滴管在镜面上滴几滴蒸馏水(其折射率标准值20℃时为1.3330),调手轮,使读数恰为1.3330,再从望远镜目镜中看叉丝交线是否与黑白分界线重合.校正完毕后,再进行测定.测定的过程中不允许随意再动此部位.

2. 测量水的折射率.要求重复读数5次,求出待测n的平均值.

3. 按照上述方法,测量另一种液体的折射率.

注意事项

1. 每次测量前必须按照步骤1的方法对棱镜面进行清洁,清洗后必须待晾干才能再加入被测液体.

2. 任何物质的折射率都与测量时的温度和使用的光波波长有关.本仪器是在消除色散的情况下测得的折射率,其对应光波波长$\lambda = 589$nm.如不需要测量不同温度时的折射率,测定可在室温下进行.

3. 实验完毕,必须用步骤1的方法清洗棱镜面.

思考题

1. 入射法测量液体折射率的理论根据是什么?

2. 如果待测液体折射率n_x大于折射棱镜的折射率N,能否用阿贝折射计来测量?为什么?

实验二十七　　光的等厚干涉实验

实验目的

(1) 用分振幅的方法实现双光束干涉；
(2) 加深对等厚干涉原理的理解；
(3) 掌握用牛顿环仪测定透镜曲率半径的方法；
(4) 学会使用读数显微镜.

实验仪器

牛顿环仪,读数显微镜,钠光灯.

实验原理

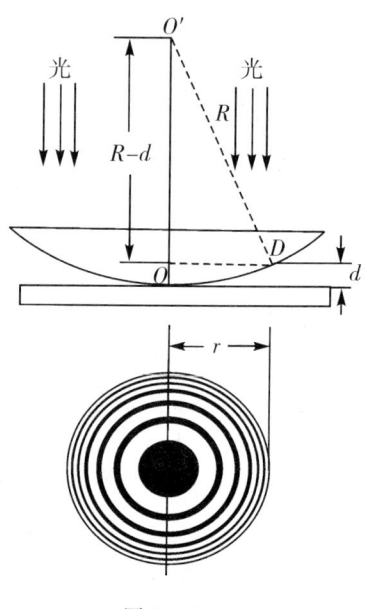

图 3－94

如图 3－94 所示,将一块曲率半径较大的平凸透镜的凸面放在一平面玻璃板上,就组成了一个牛顿环装置,在透镜的凸表面与平面玻璃板的上表面之间,形成了一个空气薄层,在以接触点 O 为中心的任一圆周上,空气层的厚度都相等. 这样,如果有以波长为 λ 的单色光垂直入射时,则空气薄层的上边缘面所反射的光和下边缘面所反射的光之间就有了光程差,因此发生干涉现像. 光程差相等的地方就是以 O 点为中心的同心圆,因此干涉条纹也就是一组以 O 点为中心的同心圆,称为牛顿环.

设平凸透镜的曲率半径为 R,距接触点 O 半径为 r 的圆周上一点 D 处的空气层厚度为 d,对应于 D 点产生的干涉所形成的暗条纹的条件为

$$2d + \frac{\lambda}{2} = (2k+1)\frac{\lambda}{2}, k = 0,1,2\cdots\cdots \quad (1)$$

由图 3－94 的几何关系可看出

$$R^2 = r^2 + (R-d)^2 = r^2 + R^2 - 2Rd + d^2 \quad (2)$$

由于 $R \gg d$,上式中 d^2 略去,故

$$d = \frac{r^2}{2R} \quad (3)$$

将 d 值代入式(1),化简得

$$r^2 = k\lambda R \quad (4)$$

由式(4)可知,如果已知单色光的波长 λ,又能测出各暗条纹的半径 r,就可算出曲率半

径 R. 反之，如果知道 R，测出 r，亦可算出单色光的波长 λ.

在实际测量时，由于牛顿环的级数 K 和中心不易确定，可将式(4)变为如下形式

$$R = \frac{D_{k+m}^2 - D_k^2}{4\lambda m}. \qquad (5)$$

式中，D_{k+m} 和 D_k 分别为 $k+m$ 级和 k 级暗环的直径，如图 3-95，从式(5)可知，只要求出所测各环的环数差，而无须确定各环的级数，不必确定圆环的中心，避免了实验中圆心不易确定的困难.

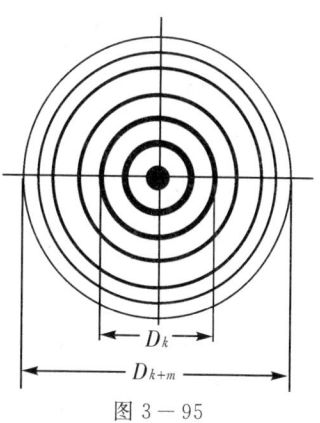

图 3-95

实验方法

1. 调整实验装置

(1) 调节牛顿环仪上的三个螺钉，用眼睛直接观察，使干涉条纹成圆形并处在牛顿环仪的中心. 注意平凸透镜和玻璃板不能挤压过紧，以免损坏牛顿环仪.

(2) 将牛顿环仪置于显微镜筒下方(如图 3-96)，开启钠光灯源，调节显微镜座架的高度，使套在显微镜镜头上 45° 的反射镜 M 与钠光灯等高.

(3) 调节目镜，使十字叉丝清晰，调节反射镜 M，使显微镜下视场黄光明亮均匀.

(4) 调节调焦旋钮对牛顿环聚焦，使干涉条纹清晰. 调节时，显微镜筒应自下而上缓慢移动，直到在目镜中看清干涉条纹止(不要自上而下调，以免损坏仪器)，并适当移动牛顿环仪，使牛顿环圆心处在视场中央.

2. 观察干涉条纹的分布特征

观察牛顿环条纹的粗细和形状，间距是否相等，并从理论上做出解释，观察牛顿环中心是亮斑还是暗斑.

3. 测量平凸透镜的曲率半径

(1) 调节目镜镜筒，使一根十字叉丝与显微镜移动方向垂直，保持这条叉丝与干涉条纹相切，另一根水平叉丝则和显微镜移动方向一致，以便观察和测量条纹的直径.

(2) 旋转显微镜的鼓轮，使十字叉丝由牛顿环中央缓慢向左移动到 35 环，然后单方向向右移动 5 环后，测出显微镜的叉丝与各条纹相切的读数 $d_{30}, d_{29} \cdots \cdots d_{21}$ 的读数. 然后继续向右移动，经过环的中心，到另一边继续向右测出 $d_{21}{}'$，$d_{22}{}' \cdots \cdots d_{30}{}'$，则第 k 级条纹的直径 $D_k = |d_k - d_k{}'|$ ($d_k{}'$ 指环中心另一边的读数)，测量时应注意回程差.

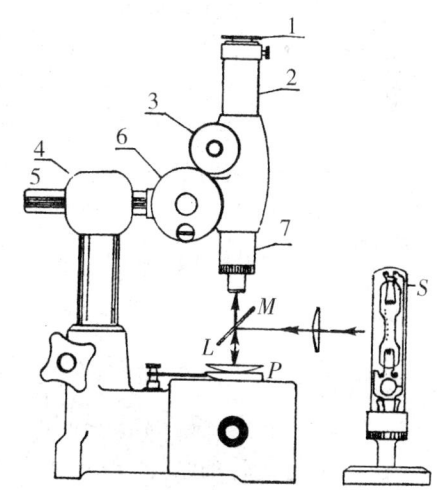

1. 目镜；2. 镜筒；3. 调焦手轮；4. 立柱；
5. 横杆；6. 测微刻度轮；7. 物镜；

图 3-96

(3) 用逐差法，将 D_k 值分为两组，一组为 k_2，另一组为 k_1，将数据填入表 1 中.

表 1 用牛顿环测平凸透镜的曲率半径实验数据(单位:mm)

k_2	d_{k_2}	d'_{k_2}	D_{k_2}	$D^2_{k_2}$	k_1	d_{k_1}	d'_{k_1}	Dk_1	$D^2_{k_1}$	$D^2_{k_2}-D^2_{k_1}$
30					25					
29					24					
28					23					
27					22					
26					21					

用逐差法计算出 $D^2_{k+m}-D^2_k$ 的值,再计算出曲率半径 R 及标准偏差 S_x,写成 $\overline{R}=R\pm S_x$ 的结果.

注意事项

1. 使用读数显微镜进行测量时,手轮必须向一个方向旋转,中途不可倒退.
2. 读数显微镜镜筒必须自下而上移动,切莫让镜筒与牛顿环仪碰撞.

思考题

1. 什么是光的干涉?产生光的干涉现象的条件是什么?
2. 如何用等厚干涉条纹的形状来判别平凸透镜的凸面和凹面?
3. 观察牛顿环为什么选用钠光灯作光源?若用白光照射将如何?
4. 为什么读数显微镜测量的是牛顿环的直径,而不是牛顿环放大的直径?
5. 本实验处理数据时,为什么要用逐差法?用算术平均法行吗?为什么?
6. 使用读数显微镜进行测量时,手轮为什么必须向一个方向旋转,中途不可倒退?
7. 使用读数显微镜进行测量时,为什么读数显微镜镜筒必须自下而上移动?

实验二十八　分光计的调整和使用

实验目的

(1) 了解分光计的结构、作用和工作原理;
(2) 掌握分光计的调节要求和调节方法;
(3) 在分光计上用最小偏向角法测定三棱镜的折射率.

实验仪器

分光计,玻璃三棱镜,平面反射镜,钠光灯源.

实验原理

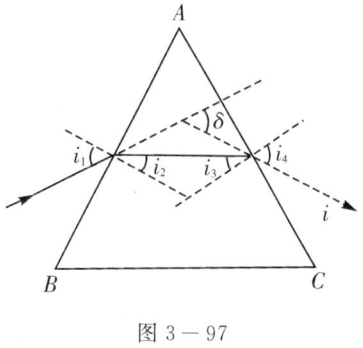

图 3-97

将待测的光学玻璃制成三棱镜,可用最小偏向角法测其折射率 n. 测量原理见图 3-97,光线 a 代表一束单色平行光,以入射角 i_1 投射到棱镜的 AB 面上,经棱镜两次折射后以 i_4 角从另一面 AC 射出来,成为光线 t. 经棱镜两次折射,光线传播方向总的变化可用入射光线 a 和出射光线 t 延长线的夹角 δ 来表示,δ 称为偏向角. 由图 3-97 可知:

$$\delta = (i_1 - i_2) + (i_4 - i_3) = i_1 + i_4 - A$$

当 $i_1 = i_4$ 或 $i_2 = i_3$ 时,即入射光线 a 和出射光线 t 对称地"站在"棱镜两旁时,偏向角有最小值,称为最小偏向角,用 δ_m 表示. 此时,有 $i_2 = A/2, i_1 = (A + \delta_m)/2$,故

$$n = \frac{\sin \dfrac{A + \delta_m}{2}}{\sin \dfrac{A}{2}} \tag{1}$$

用分光计测出棱镜的顶角 A 和最小偏向角 δ_m,由上式可求得棱镜的折射率 n.

最小偏向角法是测折射率的基本方法,测 n 的准确度与测角仪(分光计)的精度密切相关,它多用于测固体折射率. 这种方法要求把待测固体加工成规划的三棱镜,对光源要求除单色外,还要求是平行光.

实验装置

光在传播过程中,遇到不同介质的分界面或微小的障碍时,要发生反射、折射、衍射等现象. 为了研究光的传播规律,必须测量与这些现象有关的角度,如反射角、折射角及衍射角等,才能计算有关的光学量,如物质的折射率、光波波长、色散率等. 分光计是用来准确测量角度的仪器,它和其他一些光学仪器,如摄谱仪、单色仪等在结构上有很多相似之处,所以了解它的结构原理,熟练掌握其使用方法,是很必要的.

1. 分光计的结构

利用分光计测量光线的偏折角,实际上是确定光线的传播方向. 只有平行光才具有确定的方向,调焦于无穷远的望远镜可以判定平行光的传播方向. 因此,分光计由平行光管、望远镜、载物台、角度刻度盘和三角底座五个主要部分构成. 图 3-98 是它的全貌.

(1) 三角底座. 它是整个分光计的底座,底座中心有沿铅直方向的转轴套,望远镜和刻度盘可绕该轴转动.

(2) 平行光管. 它的作用是产生平行光. 平行光管通过立柱固定在仪器底座上. 管的一端装有一个消色差的复合透镜(物镜),另一端是装有狭缝的套管,调节手轮可以改变狭缝的宽度. 若用光源照亮狭缝,调节狭缝装置锁紧螺钉可以使狭缝套管前后移动,以改变狭缝和物镜间的距离,使狭缝落在物镜的前焦面上以产生平行光,管下方的平行光管高低调节螺钉用来调节管的倾度,使平行光管的光轴与仪器转轴垂直. 平行光管水平调节螺钉用来微调左右.

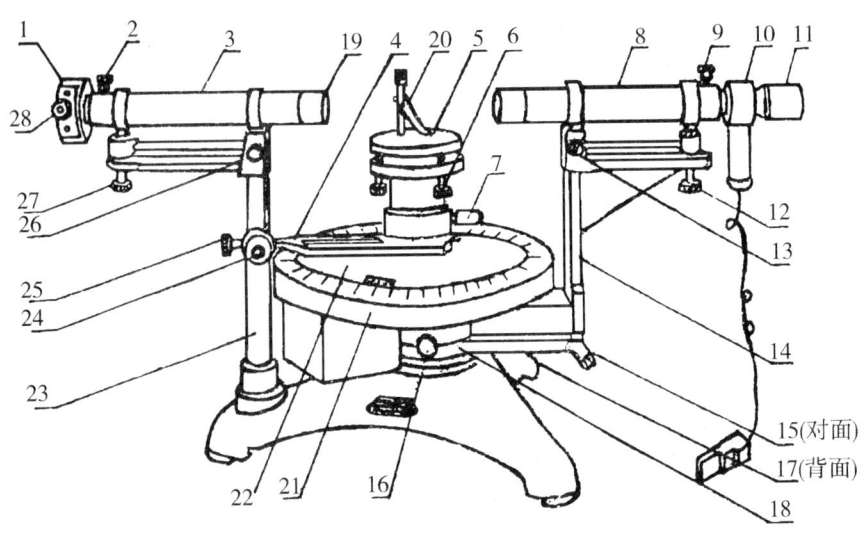

1.狭缝装置;2.狭缝装置锁紧螺钉;3.平行光管部件;4.制动架(二);5.载物台;6.载物台调平螺钉;7.载物台锁紧螺钉;8.望远镜部件;9.目镜锁紧螺钉;10.阿贝式自准值目镜;11.目镜视度调节手轮;12.望远镜光轴高低调节螺钉;13.望远镜光轴水平调节锁钉;14.支臂;15.望远镜微调螺钉;16.转座与度盘止动螺钉;17.底座;18.望远镜止动螺钉;19.平行光管准直镜;20.压片;21.度盘;22.游标盘;23.立柱;24.游标盘微调螺钉;25.游标盘止动螺钉;26.平行光管光轴水平调节螺钉;27.平行光管高低调节螺钉;28.狭缝宽度调节手轮

图 3-98

(3) 望远镜. 结构见图 3-99,它有目镜和物镜组成. 为了调节和测量,物镜和目镜间装有一分划板(分划板的尺寸见图 3-100),分划板固定在筒 B 上,目镜 C 装在筒 B 里,通过调节目镜调节手轮可沿筒 B 前后移动,以改变目镜与分划板之间的距离,适应不同实验者眼睛的差异,使分划板调到能使实验者看的最清楚为原则. 物镜固定在筒 A 的另一顶端,它是消色差的复合透镜,调节目镜锁紧螺钉,可使筒 B 沿筒 A 滑动,以改变分划板与物镜的距离,使分划板能调到物镜的后焦面上.

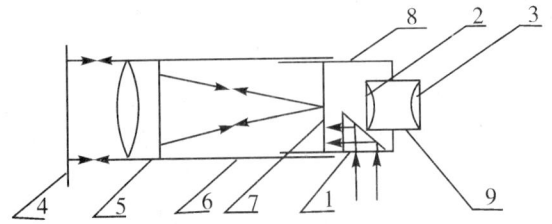

1. 小三棱镜;2. 场镜;3. 接目镜;4. 反射镜
5. 物镜;6. 筒A;7. 分划板;8. 筒B;9. 阿贝目镜

图 3-99

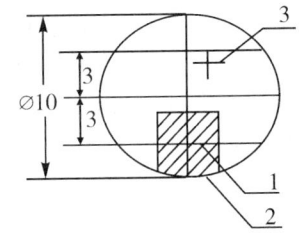

1. 透光小十字(黑色);2. 小三棱镜
3. 小十字的像(绿色)

图 3-100

目镜是由场镜和接目镜组成. 图 3-100 是阿贝目镜,在目镜和分划板间装了一个小三棱镜. 绿色光经小三棱镜反射将分划板照亮,由目镜望去,分划板被照亮部分是一绿色小方块(视场下方),绿色方块中的透光部分是一黑色小十字(以下简称小十字).

望远镜下方的望远镜光轴高低调节螺钉是用来调节望远镜的纵向倾度,使镜筒的光轴垂直于仪器转轴. 望远镜光轴水平调节螺钉是用来调节望远镜的横向倾度. 望远镜可通过望远镜止动螺钉固定在仪器转轴上,这时可通过望远镜微调螺钉微调,将望远镜止动螺钉放松,望远镜可绕仪器的转轴自由转动.

(4) 载物台. 它是一个用以放置被测对象或光学元件的小平台. 它可绕仪器转轴转动和沿仪器转轴升降,并可通过载物台锁紧螺钉把它固定在任一高度上. 平台下有三个调平螺钉用以改变平台对仪器转轴的倾度. 台上有一压片用来固定待测物体.

(5) 角度刻度盘. 分光计在出厂时已将刻度盘调到与仪器转轴垂直. 刻度盘有内、外两层. 外层通过转座与刻度盘止动螺钉和望远镜相连,能随望远镜一起转动. 内层盘上相隔 $180°$ 处有两个角游标,当把游标盘止动螺钉旋紧时,内盘与仪器转轴的相对位置被固定,放松时,内盘可绕仪器转轴自由转动. 当内盘固定,望远镜转动时,可从外盘上读出望远镜的转角.

2. 分光计的调节

在进行精确测量前,必须经过仔细调节,使分光计达到下述状态:使平行光管发出平行光,望远镜接受平行光(即聚焦无穷远);平行光管和望远镜的光轴(望远镜光轴此处是指分划板中心十字交点与物镜光心的连线)与分光计的转轴垂直.

调节前应先进行粗调,即用眼睛估测,把载物台、望远镜和平行光管尽量调成水平,然后再对各部分细调.

(1) 调节望远镜

① 用自准值法调节望远镜聚焦无穷远. 为了满足这个要求,用分划板做标志,如果分划板处于望远镜物镜后焦面上,则无穷远的光(平行光)必聚焦在分划板面上. 具体调节方法是:使绿色光通过小三棱镜反射,将分划板上的小十字照亮,旋转手轮使小十字清晰,然后将一平面反射镜垂直放在载物台上,并且使平面镜的镜面与载物台下三个调平螺钉 b_1,b_2 和 b_3 中的任意两个的连线垂直(通过调节这两个螺钉可以改变平面镜对望远镜的倾度). 缓慢转动载物台,以求从望远镜内找到反射回来的小十字像(是一绿色小十字),若找不到,就要重新判断载物台和望远镜的水平度. 找到小十字像后,松开目镜锁紧螺钉,拉伸套筒 B,使小十字像清晰. 把头左右稍微摆动,使小十字像与小十字无相对位移(即无视差),则小十字像刚好落到小十字平面上,此时,小十字(即分划板)已处于物镜焦平面上. 即望远镜已聚焦无穷远. 用目镜锁紧螺钉固定好套筒.

② 用渐进法调节望远镜光轴与仪器转轴垂直. 目的是使望远镜光轴与刻度盘平行,从而可以从刻度盘上准确读出望远镜光轴的角坐标. 借助平面镜调节,如果转动载物台 $180°$ 前后,平面镜的两个面反射回来的小十字像均与分划板上方黑十字重合,则说明载物台绕仪器转轴转 $180°$ 前后,望远镜光轴均垂直于平面镜,且平面镜平行于仪器转轴,因而望远镜光轴垂直于仪器转轴. 具体调节方法是:在上一步已看见反射的小十字像的基础上,转动载物台,使平面镜绕仪器转轴转 $180°$,如果仍能看到反射回来的小十字像,则可细调使小十字像与分划板上方黑十字重合. 否则,应重新进行粗调,直至载物台绕仪器转轴转 $180°$ 前后均能

看见平面镜反射回来的像,再进行细调.细调采用渐进法,即先调望远镜下光轴高低调节螺钉,使小十字像与分划板上方黑十字的上下距离移近一半,再调小平台下的螺钉(调该螺钉能够改变平面镜倾度)b_1,b_2 和 b_3,使它们重合,转动载物台 180°,再照以上方法调节,反复多次,必可使载物台转过 180° 前后,平面镜的两个面反射回来的小十字像均与分划板上方黑十字重合.此时望远镜光轴与仪器转轴垂直.

(2) 调节平行光管

① 调节平行光管出射平行光.用已聚焦无穷远的望远镜为标准,如果平行光管产生了平行光,射入望远镜后必会聚到分划板面上.调节时,先用光源把平行光管的狭缝照亮,将望远镜正对平行光管,松开螺钉,使平行光管的狭缝前后移动,直到从望远镜中能看到清晰的狭缝像,且狭缝像与分划板之间无视差,这时平行光管产生的就是平行光.

② 使平行光管光轴与仪器转轴垂直.用已调好的与仪器转轴垂直的望远镜光轴为标准,只要平行光管的光轴与望远镜的光轴平行,则平行光管的光轴与仪器转轴必定垂直.调节方法是:先使垂直的狭缝像经过分划板中心黑十字的交点,然后使狭缝转 90°,如果狭缝像仍通过分划板中心黑十字的交点,即表明平行光管光轴与望远镜光轴平行,否则应调节螺钉 27 达到此目的.

至此,望远镜、平行光管均已调好,在以后的测量中,不得破坏此状态,否则前功尽弃,需要重新调节.

3. 分光计的读数

角刻度盘的外盘分为 360°,最小分格值为 0.5°,即 30′.游标盘被等分为 30 格,最小分格值为 1′.

角度的读法以角游标的零线为准,从外盘上找到与游标零线相对应的地方,读出"度"数,再找到游标上与外盘刻线刚好重合的刻线,读出"分"数.

在计算望远镜转过角度 φ 时,要注意望远镜是否经过了刻度盘的零点:

	未过零点	过零点
$\theta_{终} > \theta_{起}$	$\varphi = \theta_{终} - \theta_{起}$	$\varphi = 360° + \theta_{起} - \theta_{终}$
$\theta_{终} < \theta_{起}$	$\varphi = \theta_{起} - \theta_{终}$	$\varphi = 360° + \theta_{终} - \theta_{起}$

为了提高读数的精度,每次读数都需要从刻度盘的两边(即游标 1,游标 2)读数.目的是为了消除刻度盘外盘中心 O'(即仪器转轴中心)与内盘游标中心 O 不重合所产生的偏心差,即消偏心差.如图 3-101 所示,设外盘(连带望远镜能够)绕仪器转轴 O' 实际转过的角度是 φ,但从游标上读出的是 φ_1 和 φ_2,由几何原理知:

$$\alpha_1 = \frac{\varphi_1}{2}, \alpha_2 = \frac{\varphi_2}{2}, \varphi = \alpha_1 + \alpha_2.$$

所以, $$\varphi = \frac{1}{2}(\varphi_1 + \varphi_2),$$

或者, $$\varphi = \frac{1}{2}[(\theta_1'' - \theta_1') + (\theta_2'' - \theta_2')].$$

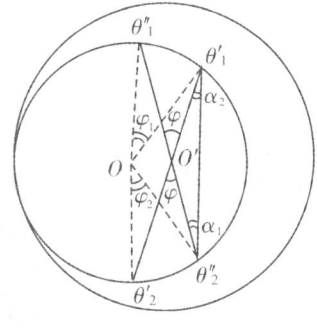

图 3-101

此式说明可用游标 1 和游标 2 读数分别算出的转角 $\varphi_1 = \theta_1'' - \theta_1'$ 及 $\varphi_2 = \theta_2'' - \theta_2'$.取

平均值得到实际转角 φ. 式中,φ 为望远镜相对仪器转轴实际转过的角度;θ_1',θ_2' 是第一次游标 1 和游标 2 的读数值(起始值);θ_1'',θ_2'' 为转动望远镜之后(游标和游标 2)两游标的读数值.

应注意,θ_1',θ_1'' 为一个游标的读数值,θ_2',θ_2'' 为另一个游标的读数值,不能弄混.

实验内容及步骤

1. 调节分光计

(1) 调节望远镜聚焦于无穷远;
(2) 使望远镜光轴与仪器转轴垂直;
(3) 调节平行光管产生平行光;
(4) 使平行光管光轴与仪器转轴垂直.

2. 调节三棱镜的主截面与仪器转轴垂直

把三棱镜放在载物台上(载物台应升至最高处),调节与顶角 A 相关的两个侧面(即光学面 AB 和 AC)与仪器转轴平行,即与已调好的望远镜光轴垂直. 为了便于调节,将三棱镜的三条边垂直于载物台下面三个螺钉 b_1,b_2 和 b_3 的连线,放置如图 3—102. 转动望远镜使 AB 面正对望远镜,先调节螺丝 b_1,b_2,使 AB 面与望远镜光轴垂直(不可调节望远镜下面的调倾度的螺钉 12,否则失去准). 然后使 AC 面正对望远镜,这时只能调节螺钉 b_3,使 AC 面与望远镜光轴垂直,再令 AB 面正对望远镜,只能调节螺钉 b_1,使 AB 与望远镜光轴垂直. 直到两个侧面 AB 和 AC 反射回来的小十字像均和分划板上方黑十字重合为止. 这样三棱镜的光学面 AB 和 AC 就都与仪器转轴平行,因而三棱镜的主截面与仪器转轴垂直.

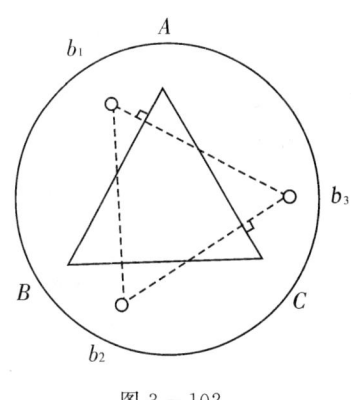

图 3—102

3. 测定最小偏向角 δ_m

在前两步调好分光计与三棱镜的基础上,测定棱镜对钠光($\lambda = 589.3\text{nm}$)的最小偏向角 δ_m.

(1) 用钠光灯照亮平行光管狭缝,松开游标盘止动螺钉,转动载物台使棱镜处在图 3—103 所示位置. 先用眼睛沿棱镜出射光方向寻找棱镜折射后的狭缝像,找到后再将望远镜移到眼睛所在方位,此时在望远镜能够中就能看到钠光谱线.

(2) 稍稍转动载物台,以改变入射角,观察钠谱线往偏向角增大还是减小的方向移动. 慢慢转动载物台,使钠谱线朝偏向角减小的方向移动,并要转动望远镜跟踪钠谱线,直到载物台沿着同方向转动时,该谱线不再向前移动却反而往相反的方向移动(即偏向角反而变大为止). 这个钠谱线反向移动的转折位置就是棱镜对钠谱线的最小偏向角位置.

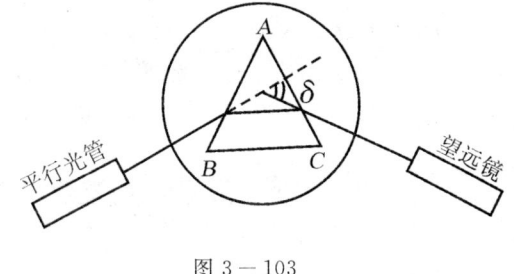

图 3—103

(3) 将望远镜中分划板中心十字的交点固定在这一最小偏向角位置上(对准钠谱线),

用游标盘止动螺钉固定载物台(或游标盘),并用游标盘微调螺钉微调载物台,使棱镜作微小转动,准确找出钠谱线反向移动的确切位置,固定载物台(它不能再作任何转动了),转动望远镜,使分划板中心十字交点对准钠谱线,记下游标1和游标2的读数θ_1'',θ_2''(出射光方位).

(4)移去三棱镜,转动望远镜对着入射平行光,使分划板中心十字交点对准平行光管的狭缝像,记下游标1和游标2的读数θ_1',θ_2'(入射光方位).

(5)重复步骤(2)、(3)、(4),测量3次,数据记录表格见表1,求δ_m''的平均值$\bar{\delta}_m$,由公式(1)计算n.

表1 最小偏向角测定的实验数据

	游标1读数			游标2读数			$\bar{\delta}_m = \dfrac{\delta_m' + \delta_m''}{2}$
	θ_1'' (出射光)	θ_1' (入射光)	$\delta_m' = \theta_1'' - \theta_1'$	θ_2'' (出射光)	θ_2' (入射光)	$\delta_m'' = \theta_2'' - \theta_2'$	
1							
2							
3							
平均值			—			—	

4. 测顶角 A

见图3-104转动望远镜,先使望远镜光轴与棱镜AB面垂直,记下此时游标的读数θ_1',θ_2'.然后转动望远镜,使其光轴与AC面垂直,记下两游标读数θ_1'',θ_2''.两次读数相减便得顶角A的补角即$A = 180° - \varphi$,其中

$$\varphi = \frac{1}{2}[(\theta_1'' - \theta_1') + (\theta_2'' + \theta_2')]$$

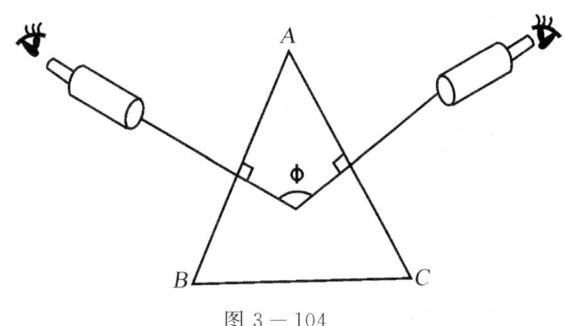

图 3-104

思考题

1.在测量前,分光计必须调到工作状态,如何实现?

2.在调节望远镜光轴与仪器中心轴垂直时,小平面镜放置的方法多种,你是如何做的?

3.在已调好望远镜光轴与仪器转轴垂直后,拧载物台下的螺钉,会不会破坏这种垂直性?为什么?若拧望远镜下方的螺钉又会怎样?

4.测三棱镜折射率时,应把三棱镜如何放置在载物台上?为什么?

5.分光计的最小分格值是多少?如何读数?

6.何谓最小偏向角?实验中如何确定最小偏向角的位置?

实验二十九　　光的夫琅禾费衍射研究

实验目的

(1)观察单缝衍射现象,加深对衍射理论的理解;

(2) 学会用光电元件测量单缝衍射的相对光强分布，掌握其分布规律；
(3) 学会用衍射法测量单缝的宽度．

实验仪器

激光器，单缝，硅光电池，读数显微镜，光电检流计和米尺．

实验原理

1. 单缝衍射的光强分布及单缝宽度的测量

光在传播光程中遇到障碍物时，能够绕过障碍物边缘继续前进，光的这种偏离直线传播的现象称为光的衍射．衍射和干涉一样，是波动的基本特征．

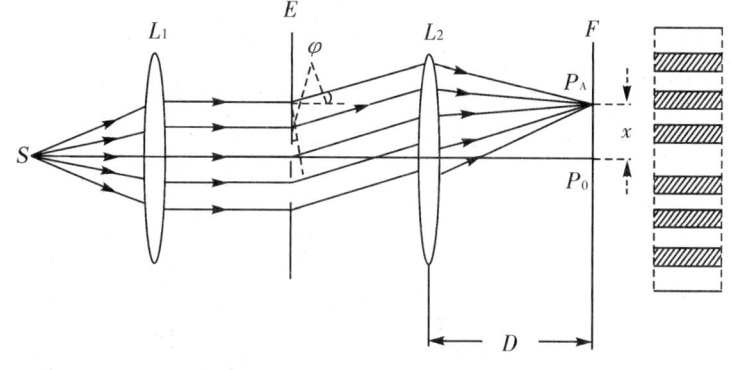

图 3－105

根据光源及观察衍射图象的屏幕（衍射屏）到产生衍射的障碍物的距离不同，分为菲涅耳衍射和夫琅禾费衍射两种，前者是光源和衍射屏到衍射物的距离为有限远时的衍射，即所谓近场衍射；后者则为无限远时的衍射，即所谓远场衍射．要实现夫琅禾费衍射，必须保证光源至单缝的距离和单缝到衍射屏的距离均为无限远（或相当于无限远），即要求照射到单缝上的入射光、衍射光都为平行光，屏应放到相当远处，在实验中只用两个透镜即可达到此要求，实验光路如图 3－105 所示．

与狭缝垂直的衍射光束会聚于屏上 P_0 处，是中央明纹的中心，光强最大，设为 I_0，与光轴方向成 φ 角的衍射光束会聚于屏上 P_A 处，P_A 的光强由计算可得：

$$I_A = I_0 \frac{\sin^2\beta}{\beta^2} \left(\beta = \frac{\pi a \sin\varphi}{\lambda}\right) \tag{1}$$

式(1)中，a 为狭缝的宽度，λ 为单色光的波长，当 $\beta=0$ 时，光强最大，称为主极大，主极大的强度决定于光强的强度和缝的宽度．

当 $\beta = K\pi$ 即：

$\sin\varphi = K \dfrac{\lambda}{a}$，$K = \pm 1, \pm 2, \pm 3, \cdots$ 时，出现暗条纹．

除了主极大之外，两相邻暗纹之间都有一个次极大，由数学计算可得出这些次极大的位置在 $\beta = \pm 1.43\pi, \pm 2.46\pi, \pm 3.47\pi, \cdots$ 这些次极大的相对光强 I/I_0 依次为 0.047，0.017，

0.008,…

夫琅禾费衍射的光强分布如图 3-106.

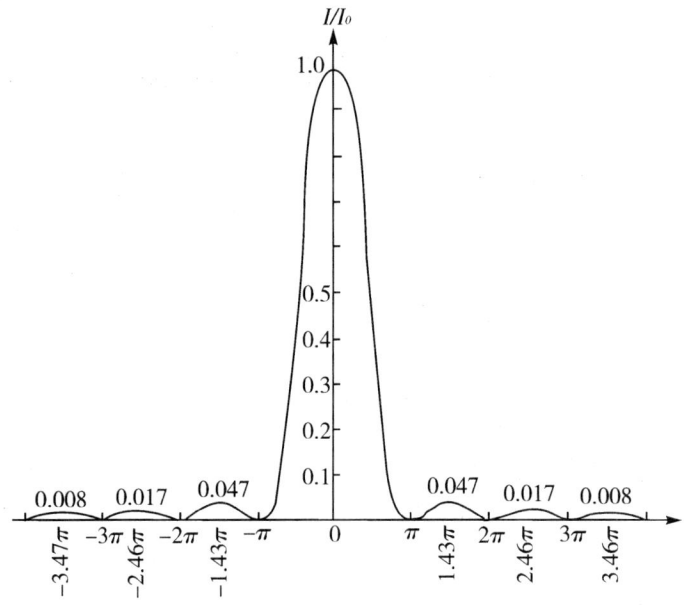

图 3-106

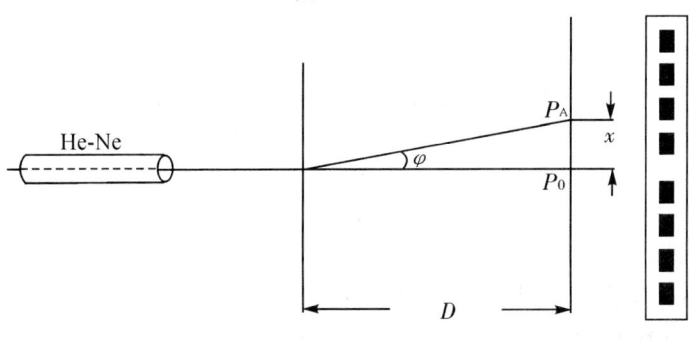

图 3-107

用氦氖激光器作光源,则由于激光束的方向性好,能量集中,且缝的宽度 a 一般很小,这样就可以不用透镜 L_1,若观察屏、接收器距离狭缝也较远(即 D 远大于 a),则透镜 L_2 也可以不用,这样夫琅禾费衍射装置就简化为图 3-107.

这时,
$$\sin\varphi \approx \tan\varphi = x/D \tag{2}$$

由式(1)、式(2)可得:
$$a = \frac{K\lambda D}{x} \tag{3}$$

实验内容及步骤

1. 单缝衍射的光强分布测试

(1) 按图 3-108 搭好实验装置开启激光电源,预热;

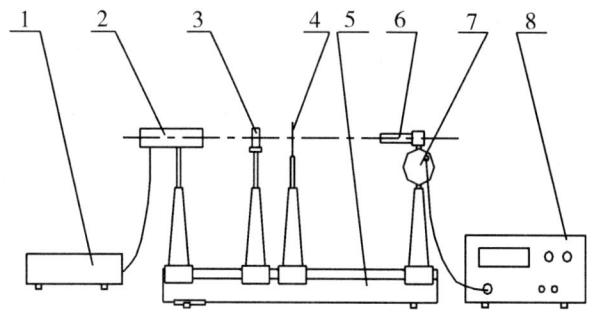

1.激光电源;2.激光器;3.单双缝等二维调节架;4.小孔屏;5.导轨;6.光电探头;7.一维光强测量装置;8.数字检流计

图 3-108

(2) 将单缝靠近激光器的激光管管口,并照亮狭缝;

(3) 在光电探头前放上小孔屏,然后改变缝宽,观察花样变化规律;

(4) 移开小孔屏,调整一维光强测量装置,使光电探头中心与激光束高低一致,移动方向与激光束垂直,起始位置适当;

(5) 开始测量,转动手轮,使光电探头沿衍射图样展开方向(x轴)单向平移,以等间隔的位移(如 0.5mm 或 1mm 等)对衍射图样的光强进行逐点测量,记录位置坐标 x 和对应的检流计(置适当量程)所指示的光电流值读数 i,要特别注意衍射光强的极大值和极小值所对应的坐标的测量;

(6) 绘制衍射光的相对强度 I/I_0 与位置坐标 x 的关系曲线. 由于光的强度与检流计所示的电流读数成正比,因此可用检流计的光电流的相对强度 i/i_0 代替衍射光的相对强度 I/I_0.

2. 测量单缝的宽度

(1) 用卷尺测取单缝到光电探头的距离 D;

(2) 在从以上步骤中所得的光强分布曲线可得各级衍射暗条纹到明条纹中心的距离 x_k 的平均值,并和 D 值代入公式(1),计算出单缝的宽度,用不同级数的结果计算平均值;

(3) 将各次极大相对光强与理论值进行比较,分析产生误差的原因.

思考题

1. 如果激光器输出的单色光照射在一根头发丝上,将会产生怎样的衍射花样?可用本实验的哪种方法测量头发丝的直径?

2. 本实验中采用了激光衍射测径法测量细丝直径,它与普通物理实验中的其他测量细丝直径方法相比较有何优点?试举例说明.

3. 如果用白光做单缝夫琅禾费衍射,衍射花样将如何?

实验三十 用透射光栅测定光的波长及光栅角色散率

光栅是一种根据多缝衍射原理制成的分光元件,由于它能产生亮度较大、间距较宽的匀排光谱,且分辨本领较大,故常用于光谱分析和精确测量光波波长.光栅不仅适用于可见光,也适用于 X 射线、紫外线、红外线甚至远红外线.

实验目的

(1) 观察光通过透射光栅的衍射现象,了解透射光栅的主要特性;
(2) 学会用透射光栅测定光的波长及光栅角色散率的方法.

实验仪器

分光计,透射光栅,汞灯.

实验原理

光栅是衍射光栅的简称.衍射光栅分为透射光栅和反射光栅两类.它们都相当于一组排列紧密的平行狭缝.透射光栅是用金刚石刻刀在平面玻璃上刻制而成;反射光栅则多是在铝蒸发层上刻线(以前常用的是硬质合金).近年来,由于全息技术的发展,可以利用全息照相技术来制作光栅,这种光栅称为全息光栅.实验教学用的是复制光栅,由明胶或动物胶在金属反射光栅上印下痕线,再用平板玻璃夹好.

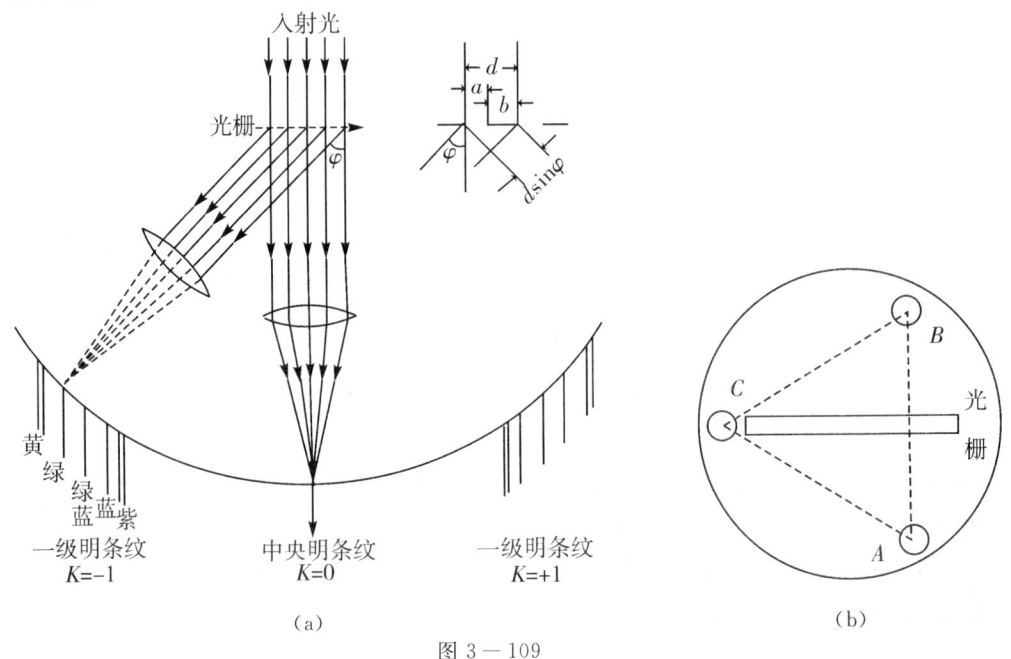

图 3-109

当一束单色平行光垂直地投射到光栅平面上时,透镜 L 将与光栅平面法线成 φ 角的衍射光会聚于其焦平面上.根据夫琅和费衍射理论,产生亮条纹的条件为

$$d\sin\varphi = K\lambda \quad (K = 0, \pm 1, \pm 2 \cdots\cdots) \tag{1}$$

上式称为光栅方程.式中 $d = a + b$ 称为光栅常数,λ 是光波波长,K 为亮条纹(光谱线)

级数,φ为K级亮条纹的衍射角(见图3—109(a)).在$K=0$、$\varphi=0$处可观察到中央亮条纹,称为零级谱线,其他各级谱线对称地分布在零级谱线的两侧.

如果光源是复色光,则同一级谱线对不同波长将有不同的衍射角φ,从而在不同地方形成彩色谱线.

光栅的基本特征之一为角色散率,它定义为同一级两条谱线衍射角之差与它们的波长差之比.将光栅方程两边微分即可得到光栅的角色散率

$$D = \frac{d\varphi}{d\lambda} = \frac{K}{d\cos\varphi} \tag{2}$$

显然,光栅常数d愈小,光谱的级次愈高,则角色散率愈大.

当光栅常数d为已知时,如测得第K级谱线的衍射角φ,则由式(1)即可求出相应于这个衍射角的谱线的波长,由式(2)可求出相应的角色散率D.

实验内容与步骤

1. 仪器调节

(1) 按照分光计调节操作要点,使分光计的望远镜聚焦于无穷远且光轴垂直于仪器转轴,使平行光管垂直于仪器转轴并出射平行光.狭缝宽度调至约0.5mm,并使叉丝竖线与狭缝平行,叉丝交点恰好在狭缝像中点,再注意消除视差,调好后固定望远镜.

(2) 将光栅按图3—109(b)所示置于分光计的载物台上.使入射光垂直照射光栅表面(请同学们考虑为什么?),光栅刻痕和平行光管狭缝平行.具体调节步骤为:

① 先用目视使光栅平面和平行光管轴线大致垂直,以光栅面作为反射面用自准值法使光栅平面与望远镜轴线垂直,注意,因望远镜已调好不能再动,应调节光栅支架或载物台上的两个螺钉A,B,使从光栅面反射回来的叉丝像与原叉丝重合.随后固定载物台.

② 调节载物台的螺钉C,使光栅的刻痕和平行光管狭缝平行,这时转动望远镜可看到中央亮条纹两侧的谱线基本上在同一水平面内.

2. 测量

(1) 测量衍射角.由于衍射光谱对中央亮条纹是对称的,转动望远镜让十字叉丝依次对准零级左右两边$K=\pm1$的绿线和两条黄线,测出其位置.每一条谱线±1级位置之差为其衍射角的2倍.为了消除分光计刻度盘的偏心差,测量每一条谱线时要分别读出刻度盘上两个游标的读数,然后取平均值.为使叉丝能精确对准光谱线,应使用望远镜微动螺旋来对准.测量的具体步骤和数据表格自拟.

(2) 根据测得的衍射角和已知的光栅常数,代入式(1)计算相应的波长.

(3) 计算角色散率.根据测得的衍射角和已知的光栅常数以及光谱级数代入式(2)计算出相应的角色散率.

3. 注意事项

(1) 汞灯的紫外线很强,不可直视,以免损伤眼睛.

(2) 测量衍射角时应防止光栅移动,特别是不能调节主刻盘的微动螺钉以免引起测量的错误.

(3) 光栅是精密光学器件,严禁用手触摸刻痕,以免弄脏或损坏.

思考题

1. 用式 $d\sin\varphi = k\lambda$ 来测量波长 λ 时,应保证什么条件?如何保证?
2. 光栅分光和棱镜分光各有什么特点?有哪些不同之处?
3. 利用本实验装置可以测定光栅常数吗?如何测量?
4. 除了本实验指出的测量光波波长的方法外,你还能找出哪些测量光波波长的方法?试比较它们的特点.

实验三十一　用菲涅耳双棱镜测光波波长

用菲涅耳双棱镜测光波波长是一种分波阵面的干涉实验,实验装置简单,但设计思想巧妙.它通过测量毫米量级的长度,可以推算出小于微米量级的光波波长.

实验目的

(1) 了解双棱镜干涉装置及光路调整方法;
(2) 观察双棱镜干涉现象并用它测量光波波长.

实验原理

菲涅耳双棱镜可以看作两块底面相接、棱角很小的直角棱镜合成的. 图 3—110 所示就是菲涅尔 1818 年设计的双棱镜干涉实验示意图.杨氏干涉实验中的双狭缝被一个双棱镜所取代.当单色狭条光源 S(或点光源)从棱镜正前方照射时,经双棱镜折射后成为两束相重叠的光,这相当于光源 S_0 的两个虚像 S_1,S_2 射出的光(相干光),在两光束相交的区域放置观察屏,在 P_1,P_2 间就可以观察到干涉条纹.也就是说,虚光源等效于双狭缝形成了光波的分波阵面干涉.

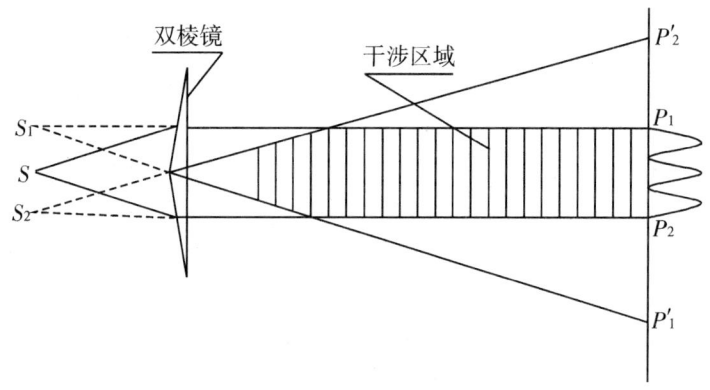

图 3—110

下面我们就来进一步研究它们同干涉条纹分布之间的对应关系.

如图 3-111 所示,设两虚光源的间距为 d,它们到观察屏的距离为 L,观察点 P_x 的光强为:

$$I = 4I_0 \cos^2(\frac{\pi}{\lambda} d \sin\theta)$$

式中 λ 为入射光的波长,θ 为 d 的中点与 P_x 点连线与光轴的夹角.

当 $d\sin\theta = \pm k\lambda$ 时,$I = 4I_0$,即干涉光强极大;

当 $d\sin\theta = \pm(2k+1)\frac{\lambda}{2}$ 时,$I = 0$,即干涉光强极小.因此在观察屏上可以看到明暗相间的干涉条纹.

因为 $d \ll L$,θ 角很小,有 $\sin\theta \approx \frac{x_k}{L}$ 的缘故.

对于亮条纹,$d\frac{x}{L} = \pm k\lambda$ 即有:$x = \pm k \frac{L}{d}\lambda$;

对于暗条纹,$d\frac{x}{L} = \pm(2k+1)\frac{\lambda}{2}$ 即有:$x = \pm(2k+1)\frac{L}{d}\frac{\lambda}{2}$

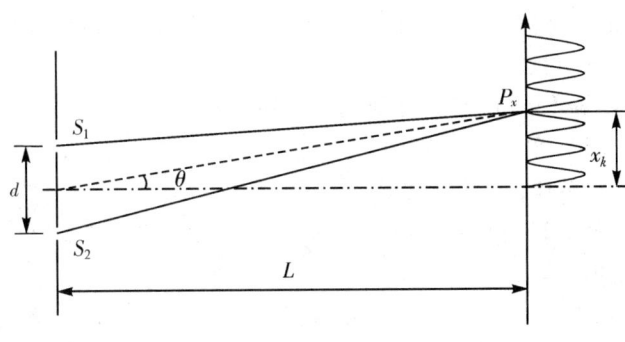

图 3-111

因此,相邻亮条纹(或暗条纹)的条纹间距为:$\Delta x = \frac{L}{d}\lambda$

所以,在实验中只要测得条纹间距 Δx,就可以计算出干涉光源的波长:

$$\lambda = \Delta x \frac{d}{L}$$

实验内容及步骤

(1) 将钠光灯、单狭缝、双棱镜和测微目镜在光具座上如图 3-112 摆放.

(2) 检查并调整狭缝、双棱镜、测微目镜以及凸透镜的高度,使其轴线在 y 方向等高;把凸透镜从光具座滑块上取下,使其离开光路.手持观察白屏于双棱镜后方.加大单狭缝的宽度,使钠光投射到双棱镜上的亮度足以在观察屏上看到单狭缝以及双棱镜的顶脊的影象.

(3) 旋转单狭缝的方向,并且调节支撑双棱镜的滑块的平移机构,使双棱镜沿 x 方向平移,最终达到图 3-113(c) 所示的状态.此时表明双棱镜顶脊位于狭缝正中且被对称照明.

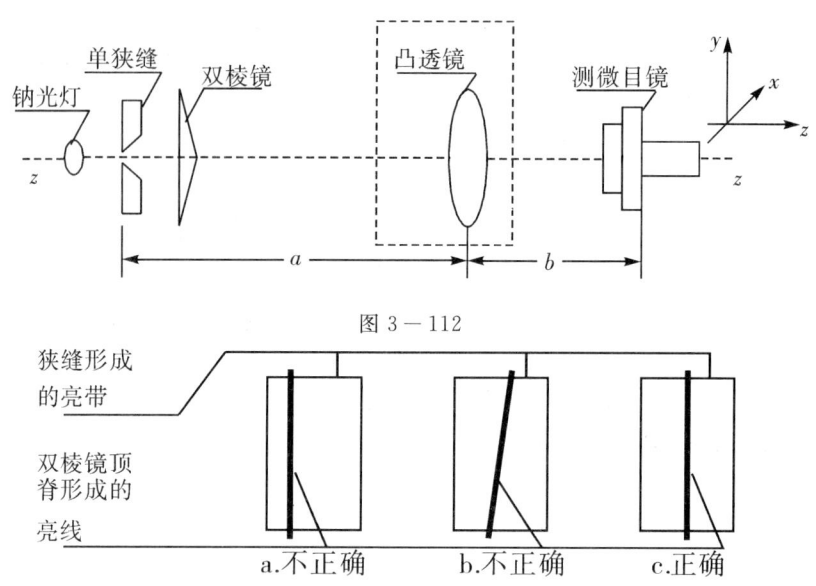

图 3—112

图 3—113

（4）借助观察白屏（放在测微目镜的入口前面），在 x 和 y 方向调节测微目镜，保证狭缝和棱镜的像能够进入测微目镜．

（5）沿着 z 方向从测微目镜中观察狭缝像，逐渐减小单狭缝的缝宽，在视场中应当出现明暗相间的垂直干涉条纹．开始的时候干涉条纹可能比较模糊，这时应该再细致地微调狭缝的方向，使干涉条纹变得清晰．如果条纹偏向视场一侧，可以沿着 x 方向微调测微目镜；如果干涉条纹太细，可增加测微目镜到双棱镜的距离；如果条纹太少，可增加双棱镜到单狭缝的距离（条纹以 8—10 条为宜）．

（6）进一步精细地微调单狭缝在 xy 平面内的方向和自身的宽度，使干涉条纹的可见度（即对比度）和亮度都最好．

（7）利用测微目镜里的十字叉丝，测量每组干涉条纹（即一条亮纹加一条暗纹）的宽度，为了提高测量精度，应当测量 8 组以上条纹的总宽度，然后再求出一组条纹的平均宽度，并及时测出狭缝到测微目镜叉丝平面的距离 L．

（8）注意在本实验中，双狭缝是虚拟的，其距离 d 自然就无法直接测量．这里，通过凸透镜成像的简单物象关系，间接测量得到 d．

（9）保持狭缝、双棱镜不动，在光路中放入凸透镜，沿着光轴的方向前后移动测微目镜和凸透镜，找到单狭缝清晰的像——两根垂直亮线，用测微目镜测量出像的宽度 d'，重复三次，计算平均值；并且分别测量凸透镜到单狭缝的距离 a（物距）和到测微目镜十字叉丝的距离 b（像距）．

（10）由透镜放大率公式，可以求得：$d = d'\dfrac{a}{b}$，进而根据公式：$\lambda = \Delta x \dfrac{d}{L}$，即可求得钠光的波长 λ．

注意事项

（1）光源狭缝与双棱镜的顶脊必须位于整个系统的光轴上并平行，才能获得强度相等的两条光束,这是获得有较好可见度的干涉条纹的关键;其次,适当的狭缝宽度也是非常重要的.狭缝太宽,双棱镜所形成的双光束相干性太差,难于干涉;反之,光线的强度太弱也不利于观测.

(2) 注意凸透镜 D 是在第 9 步测量缝宽时才放入光路的,但是在第一步摆放光路时在 z 方向必须预先留出足够的距离,保证凸透镜可以清晰成像.

(3) 在测量缝宽时,由于光路调整的原因,理想的两根亮线可能变成两条亮带.此时可以对亮带的最亮的锐边的间距进行测量.

(4) 注意有的测微目镜在转轮轴上没有毫米刻度,在它的视场里,可以读出黑色的毫米标尺,若观察时亮度不够,可用手电筒在前斜上方辅助照明.也可以直接利用光具座滑块上所附的 x 方向微调螺旋来进行测量.

思考题

1. 影响波长测量精度的主要环节是什么?
2. 影响干涉条纹宽度的因素是什么?
3. 若实验时光源改成白炽灯,将会看到怎样的干涉条纹?请分析.

实验三十二　旋光法测糖溶液浓度

旋光仪是测定物质旋光度的仪器.通过对样品旋光度的测定,可以确定样品的浓度、纯度、糖度或含量.广泛用于制糖、制药、药检、食品、香料、味精以及化工、石油等工业生产、科研、教学部门,作化验分析或过程质量控制.

实验目的

(1) 观察旋光现象,了解旋光物质的旋光性质;
(2) 熟悉旋光仪的结构、原理和使用方法;
(3) 学会测量旋光性溶液的旋光率和浓度.

实验仪器

旋光仪,长、短试管各一支,已知和未知浓度葡萄糖溶液.

实验原理

1. 偏振光的基本概念

根据麦克斯韦的电磁场理论,光是一种电磁波.光的传播就是电场强度 E 和磁场强度 H 传播的过程,而 E 与 H 互相垂直,都垂直于光的传播方向,因此光波是一种横波.由于引起视觉和光化学反应的是 E,所以 E 矢量又称为光矢量,把 E 的振动称为光振动,E 与光波传播方向之间组成的平面叫振动面. 光在传播过程中,光振动始终在某一确定方向的光称为线偏振光,简称偏振光,见图 3-114(a). 普通光源发射的光是由大量原子或分子辐射而产生,单个原子或分子辐射的光是偏振的,但由于热运动和辐射的随机性,大量原子或分子所发射的光的光矢量出现在各个方向的概率是相同的,没有哪个方向的光振动占优势,这种光源发射的光不显现偏振的性质,称为自然光,见图 3-114(b). 还有一种光线,光矢量在某个特定方向上出现的概率比较大,也就是光振动在某一方向上较强,这样的光称为部分偏振光,见图 3-114(c).

2. 偏振光的获得和检测

将自然光变成偏振光的过程称为起偏,起偏的装置称为起偏器. 常用的起偏器有人工制造的偏振片、晶体起偏器和利用反射或多次透射(布儒斯特定律)而获得偏振光. 自然光通过偏振片后,所形成偏振光的光矢量方向与偏振片的偏振化方向(或称透光轴)一致. 在偏振片上用符号"↕"表示其偏振化方向.

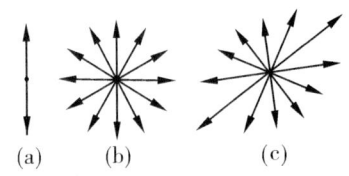

图 3-114　光线垂直射出时,偏振光、自然光、部分偏振光光矢量分布

鉴别光的偏振状态的过程称为检偏,检偏的装置称为检偏器. 实际上起偏器也就是检偏器,两者是通用的. 如图 3-115 所示,自然光通过作为起偏器的偏振片①以后,变成光强为 I_0 的偏振光,这个偏振光的光矢量与起偏器偏振化方向②平行,而与作为检偏器的偏振片③的偏振化方向④的夹角为 φ. 根据马吕斯定律, I_0 通过检偏器后,透射光强为

$$I = I_0 \cos^2 \varphi \tag{1}$$

透射光仍为偏振光,其光矢量与检偏器偏振化方向平行. 显然,当以光线传播方向为

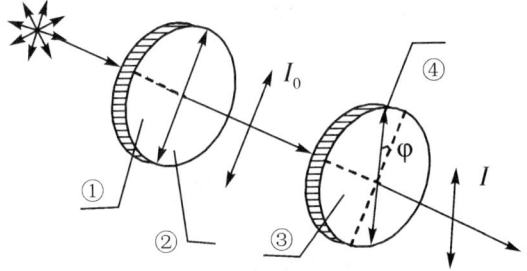

1. 起偏器; 2. 起偏器偏振化方向
3. 检偏器; 4. 检偏器偏振化方向

图 3-115　自然光通过起偏器与检偏器的变化

轴转动检偏器时,透射光强 I 将发生周期性变化. 当 $\varphi = 0°$ 时,透射光通量最大; 当 $\varphi = 90°$ 时,透射光强为极小值(消光状态),接近全暗; 当 $0° < \varphi < 90°$ 时,透射光强介于最大值和最小值之间. 但同样对自然光转动检偏器时,就不会发生上述现象,透射光强不变. 对部分偏振光转动检偏器时,透射光强有变化但没有消光状态. 因此根据透射光通量的变化,就可以区分偏振光、自然光和部分偏振光.

3. 旋光现象

偏振光通过某些晶体或某些物质的溶液以后,偏振光的振动面将旋转一定的角度,这种现象称为旋光现象. 如图 3-116 所示,这个角 φ 称为旋光角(或旋光度). 对于透明的固体来说,旋光角 φ 与光透过物质的厚度 L 成正比.

而对于液体来说. 除了厚度之外,还与溶液的浓度 C 成正比. 实验证明,对某一旋光溶液,当入射光的波长给定时,旋光角 φ 与偏振光通过溶液的长度 L 和溶液的浓度 C 成正比,即:

$$\varphi = [\alpha]_\lambda^t \frac{C}{100} L \tag{2}$$

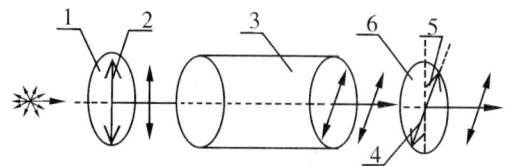

1-起偏器；2-起偏器偏振化方向；3-旋光物质
4-旋光角；5-检偏器；6-检偏器偏振化方向

图 3—116

式中$[\alpha]_\lambda^t$为旋光率(比旋光度或旋光本领),它在数值上等于偏振光通过单位长度(dm)、单位浓度($g \cdot l^{-1}$)的溶液后引起的振动面的旋转角度,其单位为(° · mL · dm^{-1} · g^{-1});C为100毫升溶液中含有溶质的克数;φ的单位为°,L的单位为dm.

在溶液浓度已知的情况下,测出溶液试管的长度L和旋光角φ,就可以计算出该溶液比旋光度,即:

$$[\alpha]_\lambda^t = \frac{\varphi}{CL} \times 100 \tag{3}$$

实验表明,同一旋光物质对不同波长的光有不同的旋光率.实际测量时,常采用钠黄光(589.3nm)来测定旋光率.旋光率还与旋光物质的温度有关.如对于蔗糖水溶液,在室温条件下温度每升高(或降低)1℃,其旋光率约减小(或增加)0.024° · mL · dm^{-1} · g^{-1}.因此对于所测的旋光率,必须说明测量时的温度.旋光率还有正负,这是因为迎着射来的光线看去,如果旋光现象使振动面向右(顺时针方向)旋转,这种溶液称为右旋溶液,如葡萄糖、麦芽糖、蔗糖的水溶液,它们的旋光率用正值表示.反之,如果振动面向左(逆时针方向)旋转,这种溶液称为左旋溶液,如转化糖、果糖的水溶液,它们的旋光率用负值表示.严格来讲旋光率还与溶液浓度有关,在要求不高的情况下,此项影响可以忽略.

4. 比较法与间接测定法的测量原理

通过对旋光角的测定,可检验溶液的浓度、纯度和溶质的含量,下面简要介绍在医、药学中常用的两种分析方法,即比较法和间接测定法的基本原理.

(1) 比较法

已知浓度为C_1的某种旋光性溶液,其厚度为L_1,测出其旋光角φ_1。要测同种未知浓度的溶液,保持测量条件不变,只要测定该溶液在厚度为L_2时的旋光角φ_x,由式(2)就可计算出未知浓度C_x,即:

$$\varphi_1 = [\alpha]_\lambda^t \frac{C_1}{100} L_1 \qquad \varphi_x = [\alpha]_\lambda^t \frac{C_x}{100} L_2$$

$$得 \ C_x = \frac{\varphi_x L_1}{\varphi_1 L_2} C_1 \tag{4}$$

如果两溶液厚度相同,则
$$C_x = \frac{\varphi_x}{\varphi_1} C_1 \tag{5}$$

(2) 间接测定法

对于浓度C_1、厚度L_1已知的某种旋光性溶液,测出其旋光角φ_1,也可由式(3)算出旋光率$[\alpha]_\lambda^t$,再测出厚度为L_2的待测溶液的旋光角φ_x,再由式(4)或式(5)计算出未知浓度C_x.

实验仪器介绍

测定物质旋光角的仪器叫旋光仪,如图3－117所示为WXG－4型旋光仪的结构图.

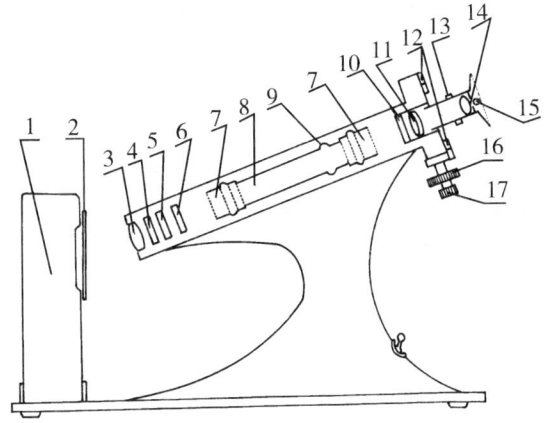

1. 钠光灯 2. 毛玻璃片 3. 会聚透镜 4. 滤色镜 5. 起偏镜 6. 石英片 7. 测试管端螺帽 8. 测试管 9. 测试管凸起部分 10. 检偏镜 11. 望远镜物镜 12. 度盘和游标 13. 望远镜调焦手轮 14. 望远镜目镜 15. 游标读数放大镜 16. 度盘转动细调手轮 17. 度盘转动粗调手轮

图3－117 WXG－4型旋光仪结构图

如图3－117所示,光线从光源1投射到会聚透镜3,经过滤色镜4,起偏镜5后,变成平

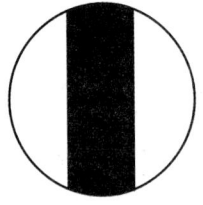 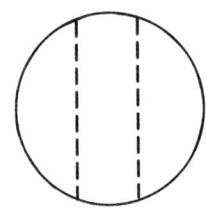  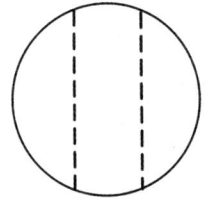

(a)中间为暗区　　(b)三分视界消失　　(c)中间为亮区　　(d)三分视界消失
　　两边为亮区　　　　视场较暗　　　　两边为暗区　　　　视场较亮

图3－118 转动检偏镜时,目镜中视场明暗变化

面偏振光,再经石英片(半波片)6分解成寻常光与非常光后,视场中出现了三分视场,即从旋光仪目镜中观察到的视场分为三个部分.通过检偏镜10和望远镜11可以观察到如图3－118所示的四种典型情况.

由于在亮度不太强的情况下,人眼辨别亮度微小差别的能力较大,所以常取图3－118(b)所示的视场为参考视场.并将此时检偏镜的位置作为刻度盘的零点,故称该视场为零度视场.当放入装满旋光性溶液的管子后,零度视场将发生变化.将检偏镜转动一定角度后,零度视场再度出现,这时旋光仪旋转的角度就是溶液的旋光角 φ,其数值可从度盘12上读出.

为了准确地测定旋光角 φ,仪器的读数装置采用双游标读数,以消除度盘的偏心差.度盘等分作360格,分度值 $\alpha = 1°$,角游标的分度数 $n = 20$,因此,角游标的分度值 $i = \alpha/n = 0.05°$,与20分游标卡尺的读数方法相似.度盘和检偏镜联结成一体,利用度盘转动手轮作粗(轮)、细(大轮)调节.游标窗前装有供读游标用的放大镜.

仪器三分度视场形成如图3-119、图3-120所示,其原理是在起偏镜后面加一块石英晶体片,石英片和起偏镜的中部在视场中重叠,将视场分为三部分.并在石英片旁边装上一定厚度的玻璃片,以补偿由于石英片的吸收而发生的光亮度变化,石英片的光轴平行于自身表面并与起偏镜的偏振化方向呈一小夹角 θ(称影荫角).由光源发出的光经过起偏镜后变成偏振光,其中一部分再经过石英片,石英是各向异性晶体,光线通过它将发生双折射.可以证明,厚度适当的石英片会使穿过它的偏振光的振动面转过 2θ 角,这样进入测试管的光是振动面夹角为 2θ 的两束偏振光.

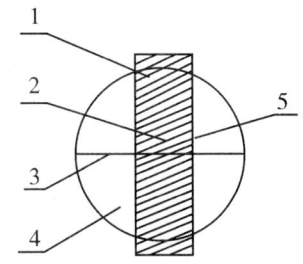

1. 石英片; 2. 石英片光轴;
3. 起偏镜偏振化方向; 4. 起偏镜;
5. 起偏镜偏振化方向与石英片光轴的夹角

图 3-119

在图3-120中,OP 表示通过起偏镜后的光矢量(也是透过厚玻璃后光矢量),而 OP' 则表示通过起偏镜与石英片后的偏振光的光矢量,OA 表示检偏镜的偏振化方向,OP 和 OP' 与 OA 的夹角分别为 β 和 β',OP 和 OP' 在 OA 轴上的分量分别为 OP_A 和 OP_A'.转动检偏镜时,OP_A 和 OP_A' 的大小将发生变化,于是从目镜中所看到的三分视场的明暗也将发生变化.可以观察到图3-118所示的四种不同的情形:

(1) $\beta' > \beta$,$OP_A > OP_A'$.从目镜观察到三分视场中与石英片对应的中部为暗区,与起偏镜直接对应的两侧为亮区,三分视场很清晰.当 $\beta' = \pi/2$ 时,亮区与暗区的反差最大.

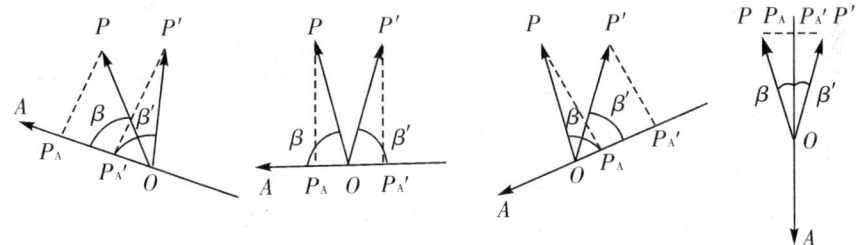

图 3-120 三分度视场形成原理

(2) $\beta' = \beta$,$OP_A = OP_A'$.三分视场消失,整个视场为较暗的黄色.

(3) $\beta' < \beta$,$OP_A < OP_A'$.视场又分为三部分,与石英片对应的中部为亮区,与起偏镜直接对应的两侧为暗区.当 $\beta = \pi/2$ 时,亮区与暗区的反差最大.

(4) $\beta' = \beta$,$OP_A = OP_A'$.三分视场消失.由于此时 OP 和 OP' 在 OA 轴上的分量比第二种情形时大,因此整个视场为较亮的黄色.

实验内容与步骤

1. 调整旋光仪

(1) 接通旋光仪电源,约5min后待钠光灯发光正常,开始实验.

(2) 调节旋光仪调焦手轮,使其能观察到清晰的三分视场.

(3) 转动检偏镜,观察并熟悉视场明暗变化的规律,掌握零度视场的特点是测量旋光度的关键.零度视场即三分视界线消失,三部分亮度相等,且视场较暗.

(4) 校验零点位置:在没有放测试管时,调节望远镜调焦手轮,使三分视场清晰.调节度盘转动手轮,当三分视场刚消失并且整个视场变为较暗的黄色时,记录下左、右两游标的读数 θ_{L0},θ_{R0}(有正负之分).由 $\theta_0 = \dfrac{\theta_{L0} + \theta_{R0}}{2}$ 计算零点读数。重复测量 3 次,求平均值 $\overline{\theta_0}$.

2. 测定旋光性溶液的旋光率和浓度

(1) 测定糖溶液的旋光率

将盛有已知浓度糖溶液的玻璃管放入旋光仪的镜筒内,转动检偏器,找出零度视场的新位置,从左、右度盘上分别读出该溶液对应的刻度值 θ_{L1} 和 θ_{R1},由 $\theta_1 = \dfrac{\theta_L + \theta_R}{2}$ 求旋光角的读数值.重复 3 次,并记下相应的数值,求得平均值 $\overline{\theta_1}$.根据 $\overline{\varphi} = \overline{\theta} - \overline{\theta_0}$ 求得旋转光角 $\overline{\varphi_1}$.由已知浓度 C_1 和 L_1,根据式(3),可计算出糖溶液的旋光率 $[\alpha]_\lambda^t$.

(2) 测定糖溶液的未知浓度

将盛有未知浓度 C_x 的糖溶液的玻璃管放入旋光仪中,按上述步骤进行测量,最后求得旋转光角 $\overline{\varphi_x}$.

间接法计算:根据实验所得的 $[\alpha]_\lambda^t$ 和已知的 L_2 值,由式(2)计算出 $\overline{C_x}$ 值.

比较法计算:根据已知的 L_1,L_2 和 C_1,及所测得的 $\overline{\varphi_1}$,$\overline{\varphi_x}$,由式(4)式求出 $\overline{C_x}$ 值.

数据记录及处理

表1　测定零位误差

1		2		3		$\overline{\theta_0}$(°)
左	右	左	右	左	右	

表2　测定糖溶液的旋光率(室温:____℃;钠黄光波长 λ:____ nm)

试管长度	浓度 C_1 (g/100mL)	读数 θ_1						平均值 $\overline{\theta_1}$(°)	旋光角 $\overline{\varphi_1}$(°)	旋光率 (°·mL·dm·g^{-1})
		1		2		3				
		左	右	左	右	左	右			
2(dm)	10(g/100mL)									

表3　测量糖溶液的浓度试管

试管长度	读数 θ_1						平均值 $\overline{\theta_x}$(°)	旋光角 $\overline{\varphi_x}$(°)	溶液浓度 C_x(g/100mL)	
	1		2		3				间接法	比较法
	左	右	左	右	左	右				
1(dm)										

注意事项

1. 溶液注满试管,旋上螺帽,两端不能有气泡,螺帽不宜太紧,以免玻璃窗受力而发生双折射,引起误差.
2. 试管两端均应擦干净方可放入旋光仪.
3. 在测量中应维持溶液温度不变.
4. 试管中溶液不应有沉淀,否则应更换溶液.
5. 只能在同一方向转动度盘手轮时读取始、末示值,决定旋光角.而不能在来回转动度盘手轮时读取示值,以免产生回程误差.

思考题

1. 根据测量结果,试问糖溶液是左旋还是右旋?
2. 旋光仪的最小分度值是多少?
3. 什么是旋光现象?物质的旋光度与哪些因素有关?物质的旋光率怎么定义?

实验三十三　阿贝比长仪的结构和使用原理

阿贝比长仪是基于阿贝原理而设计的精密计量仪器,主要用于测量两线之间的距离和平面两点之间的距离.在天文工作中,用于测量底片上谱线间的距离.本实验用作测量谱线间的距离.

实验目的

(1) 学习阿贝比长仪的结构和设计原理;
(2) 了解阿贝比长仪的用法.

实验仪器

阿贝比长仪、被测量物体.

实验原理

比长仪的量程是 200mm,测量精度可达 $\pm 1.5\mu m$. 仪器分三部分:第一部分是精密导轨;第二部分置片台是一块可沿导轨移动的钢板,它的一侧装着一条透明毫米尺,另一侧放待测底片;第三部分是两架固定连结的显微镜,一架用来对物体,称为对准显微镜;另一架用来对准毫米尺上的刻线,称为读数显微镜.熟练的测量者用这种仪器测量不对称的谱线,精度往往比自动测量仪器还高.用比长仪测量底片上待测谱线和比较谱线的位置,根据经验公式就可以计算出待测谱线的波长.

阿贝比长仪是基于阿贝原理而设计的精密计量仪器,主要用于测量两线之间的距离和平面两点之间的距离,本实验用作测谱线间的距离.测量谱线波长线性插入法的基本原理是在光谱图片间隔很小的范围内,摄谱仪的色散可以近似地认为是常数即谱线间隔和波长成正比.

1. 阿贝比长仪的原理

阿贝比长仪由两个固定在一起的显微镜——对线显微镜和读数显微镜组成,用于精确测量两点间的距离.由于两个显微镜紧紧固定在一起,所以当移动其中一个显微镜时另一个也获得相同的位移.读数显微镜上带有刻度尺可以精确的读当前所在位置的坐标.这样我们在对线显微镜中每确定一个点就把此时读数显微镜的所示值记录下来.这些数据的差值就反映了与其相应的点之间的距离.

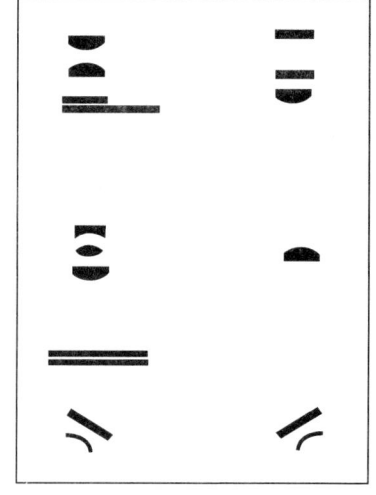

图 3－121　阿贝比长仪的原理图

2. 阿贝比长仪的结构

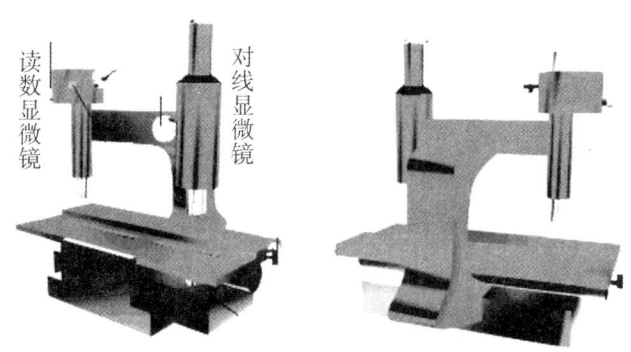

图 3－122　阿贝比长仪的外观图(部件按其调节顺序)

阿贝比长仪主要用于测量两线之间及平面上两点之间的距离,下面简单介绍一下:仪器有一个工作平台可以呈水平状态也可呈 45°倾斜状态.工作平台的锁紧螺钉松开时可沿钢梁纵向平移,螺钉锁紧后转动手轮可驱使平台横向移动.仪器中间为固定支架,左侧为"对谱"系统(对线系统),右侧为"读数"系统,两系统的显微镜用固定于支架上的防热钢板连成一体.

对谱系统由对线显微镜、采光反射镜、看谱孔、谱板压紧弹簧和谱板纵向移动装置等组成.

读数系统由读数显微镜、采光反射镜、嵌在平台右侧的 200mm 长的精密玻璃毫米尺等组成.

两个显微镜紧紧固定在一起,所以当移动其中一个显微镜时另一个也获得相同的位移.移动置片台,当对准显微镜从对准一条谱线到另一条谱线时,读数显微镜对准的毫米尺上的二次读数之差,即为谱线间的距离.根据阿贝提出的原理,只要待测对象和毫米尺精确地位于同一高度,置片台的滑动误差就不会影响测量精度.为了消除对准误差,可将底片转 180°

再测量一遍.

3. 阿贝比长仪的读数原理

阿贝比长仪是一种精度较高的测量距离的仪器,本实验用它测量两谱线间的距离.它是用两个显微镜相互配合来测量距离的,左边一个是对线显微镜,右边一个是读数显微镜.显微镜下的置片台,可以通过转动位移转轮而左右移动,也可以松开制动螺钉而直接推动.在读数显微镜的视场中可看到主标尺(每分格为1mm)、副标尺(0.1mm分划板)和圆形标尺(螺旋微米计)三个标尺.主标尺固定在置片台上,当置片台载着谱片左右移动时,主标尺也随着一起移动.因此谱片的移动直接反映在主标尺的移动上.主标尺移动的距离要通过读数显微镜进行测量.当主

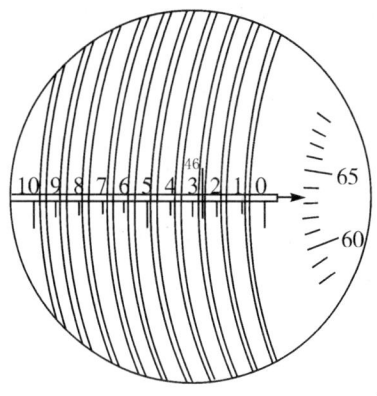

图 3-123　阿贝比长仪的读数

标尺的零线和副标尺零线对齐时,表示零位置.因此主标尺从零位置移过的距离,就由主副二标尺零线间的距离来确定.以毫米为单位,该距离的整数部分从主标尺上读出,毫米的下一位数从副标尺上读出,再往下的各位数就要由螺旋微米计读出.

如图3-123所示为读数显微镜的视场,旋转螺钉5可使圆刻度尺(分为100格)从小到大或由大到小旋转,随之运动的螺旋双线则好像在副标尺上左右移动.副标尺右端有一箭头,是微米计读数的准线.如果使螺旋线与副标尺上各刻度线对正(即各刻度线都在双线的正中),这时箭头恰好指圆刻度尺上的零,即微米计的零位置.当双线相对于副标尺移动一格时,圆形刻度尺恰好转一圈,即100分格.由此可知圆形尺上每一分格代表$1\mu m$,可以估读到$0.1\mu m$.据以上所述可得读数要点如下:当看谱显微镜中对准一待测谱线时,主标尺上总有一条刻线落在副标尺的刻度范围内.从这条刻度线读出以毫米为单位的整数值,再从此刻线右边的副标尺刻度读出毫米的下一位数,转动微米计,使其某一段螺旋双线正好将主标尺的上述刻线夹在正中,从箭头所指之处读出微米计读数,然后将主刻度线、副刻度线、微米刻度相加即得整个读数,使其在阿基米德螺线范围内的毫米刻度尺刻度线落在阿基米德双线(螺旋双线)之间,这时即可读数.图中所示读数读法如下:主刻度尺(毫米刻度尺)读数为46mm、副刻度尺(1/10毫米分划板)上的示值读为0.2mm,分划板的箭头所指圆刻度盘上的示值读数为0.0632mm,其中最后一位为估读值,所以结果读数为:46.2632mm.

实验内容与步骤

使用阿贝比长仪测谱线间距的步骤如下:

(1) 将待测物(光谱、尺子等)放在置片台上,调节台下两反射镜,使左右两视场明亮.

(2) 调节看谱显微镜的目镜和物镜,使叉丝及谱线清晰.调节读数显微镜的目镜,使螺旋微米计刻度清晰.

(3) 调节待测物方位使待测物随置片台移动时上下叉丝会合处能始终处于两个光谱的分界处,以保证测得的距离是两线间的垂直距离.

(4) 调节叉丝,使之与待测物平行.移动置片台,依次测定各线位置.测每一线时,都要使线位于叉丝双线的正中,然后再从读数显微镜中读出其位置读数.由各线的位置即可求出

它们之间的距离.测量时应注意避免空程.

(5) 要注意爱护仪器,使用完毕将主标尺盖好,用防尘罩罩好阿贝比长仪.

思考题

1. 阿贝比长仪的各部件有哪些?各起什么作用?
2. 如何正确使用阿贝比长仪读数?

实验三十四　迈克尔逊干涉仪的调整和使用

在物理学史上,迈克尔逊曾用自己发明的迈克尔逊干涉仪器进行实验,精确地测量微小长度,否定了"以太"的存在.这个著名的实验为近代物理学的诞生和兴起开辟了道路,为此,迈克尔逊获 1907 年度诺贝尔物理奖.迈克尔逊干涉仪原理简明,构思巧妙,堪称精密光学仪器的典范.随着对仪器的不断改进,还能用于光谱线精细结构的研究和利用光波标定标准米尺等实验.目前,根据迈克尔逊干涉仪的基本原理,研制的各种精密仪器已广泛地应用于生产、生活和科技领域.

实验目的

(1) 掌握迈克尔逊干涉仪的原理、结构;
(2) 学会迈克尔逊干涉仪的调节和使用方法;
(3) 应用迈克尔逊干涉仪测定 He-Ne 激光波长.

实验仪器

迈克尔逊干涉仪,He-Ne 激光器,扩束透镜,毛玻璃,接收屏.

实验原理

迈克尔逊干涉仪是利用半透膜分光板的反射和透射,把来自同一光源的光线用分振幅法分成两束相干光.以实现光的干涉的一种仪器,它是用来测量长度或长度变化的精密光学仪器.下面介绍其结构及测量原理.

1. 迈克尔逊干涉仪结构简介

迈克尔逊干涉仪的结构如图 3-124 所示,整个机械台面(包括导轨)固定在一个稳定的底座上,底座下有个调节螺钉,用以调节台面的水平.导轨内装有螺距为 1mm 的精密丝杠,丝杠的一端与齿轮系统相连接.转动鼓轮或微调鼓轮都可使丝杠转动,从而带动滑块及固定在滑块上的反射镜 M_1 沿着导轨移动.反射镜 M_1 的位置读数由台面一侧的毫米标尺、读数窗 9 内的鼓轮刻度盘的读数(最小刻度为 0.01mm),及微调鼓轮刻度盘读数(最小分度为 0.0001mm)读出.反射镜 M_2 固定在导轨的一侧.M_1,M_2 两镜的背面各有 3 个调节螺钉,用

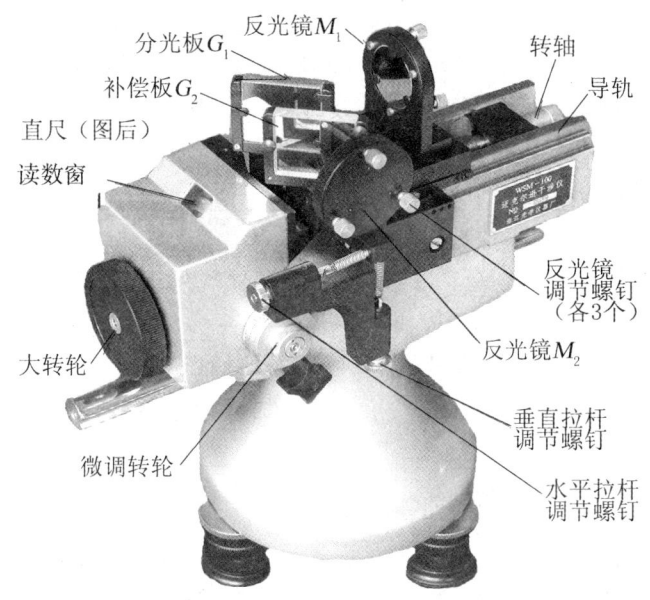

图 3-124

以调节镜面的方位. M_2 镜台下还装有两个方向相互垂直的微调拉簧螺丝,其松紧使 M_2 镜台产生一极小的形变,从而可对 M_2 的倾斜度作细调. 分光板 G_1 和补偿板 G_2 两者严格平行放置,其材料与厚度完全相同,G_1 的内表面为半反射面,从而使入射光分成振幅和光强基本相等的反射光束和透射光束,并且 G_1 与 M_1 和 M_2 两镜均呈 45° 角.

2. 干涉花样及波长测量原理

迈克尔逊干涉仪的原理光路如图 3-125 所示,从光源 S 发出的一束光经分光板 G_1 半反半透分成相互垂直的反射光束"1"和透射光束"2",因 G_1 与 M_1 和 M_2 均成 45° 角,所以这两束光分别垂直射到平面镜 M_1 和 M_2,再经 M_1 和 M_2 所反射各自沿原路返回到 G_1,反射光"1"透过 G_1 而到达 O 处,透射光束"2"在 G_1 的后表面反射后到近 O 处,与光束1相遇而产生干涉. 由于 G_2 板的补偿作用(因为光束2在 G_1 中只通过1次,而光束"1"在 G_1 中共通过3次),使得两束光在玻璃中走的光程相等,因此计算两束光的光程差时,只需计算两束光在空气中的光程差.

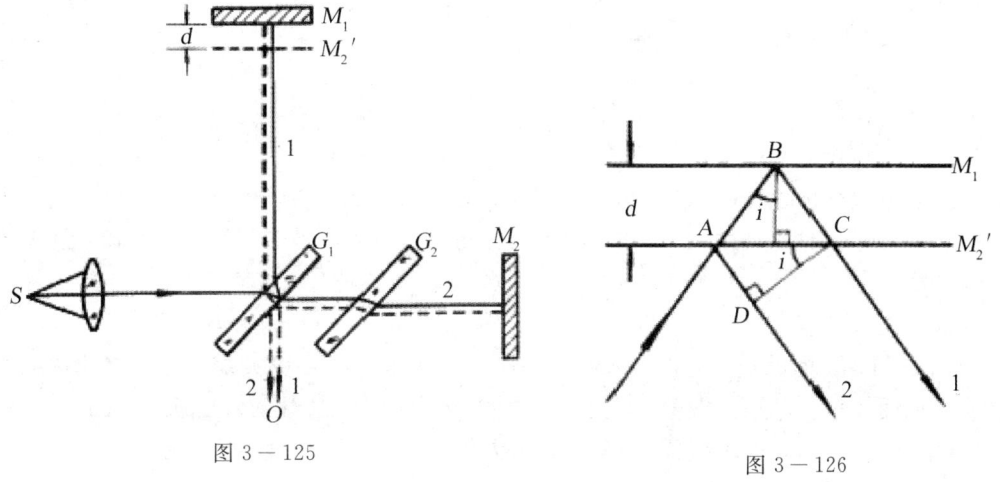

图 3-125　　　　　　　　　　图 3-126

187

图 3-125 中的 M_2' 是 M_2 在半反射面 G_1 中的虚像,显然光线"2"经 M_2 反射到达 O 点的光程与它经 M_2' 反射到达 O 点的光程严格相等,因此干涉仪所产生的干涉条纹和由平面 M_1 与 M_2' 之间的空气薄膜所产生的干涉条纹是完全一样的. 故在 O 处观察到的干涉条纹即是从 M_1 与 M_2' 之间的空气层两表面的反射光叠加所产生的. 并且 M_1 与 M_2' 之间所夹的空气层形状可以任意调节,若调节 M_1 与 M_2' 平行、不平行或相交时,则在 O 处可观察到不同的干涉条纹. 下面讨论常出现的三种干涉现象.

(1) 等倾干涉图样

调节 M_1 与 M_2 垂直,即 M_1 与 M_2' 相平行(夹层为空气平板),如图 3-126 所示. 若 M_1 与 M_2' 相距为 d,当入射光以 i 角入射,经 M_1、M_2' 反射后成为"1"、"2"两束平行光,它们的光程差为:

$$\Delta L = AB + BC - AD = 2d\cos i \tag{1}$$

上式表明,当 M_1 与 M_2' 之间距 d 一定时,光程差随入射角 i 而改变,所有倾角相同的光束具有相同的光程差,它们将在无限远处形成干涉条纹,若用透镜会聚反射光束,则干涉条纹将形成在透镜的焦平面上,这时具有相同倾角 i 的入射光相干形成一条圆环,而不同倾角的入射光形成明暗相间的同心圆环,这种干涉称为等倾干涉,形成亮条纹的条件为

$$2d\cos i = k\lambda, \quad k = 1, 2, 3 \cdots\cdots \tag{2}$$

式中,k 为条纹的级次,λ 为入射的单色光波长. 从式(2)可知:

① 若 d 一定时,则 i 角越小,$\cos i$ 越大,光程差也越大,干涉条纹级次 k 也越高. 但 i 越小,形成的干涉圆环直径越小,在干涉环放的圆心处 $i = 0$,此时两相干光束的光程差最大,即 $\Delta L = 2d = k\lambda$,对应的干涉条纹的级次(k 值)最高,随着 i 从零开始变大,k 值由最大值起变小,则从圆心向外的干涉圆环的级次逐渐降低(这与牛顿环级次排列正好相反),并且各级条纹分布由粗而清晰变为细而模糊,条纹间距由大变小.

② 当 d 变化时,干涉圆环随之变化,当移动 M_1 使得 M_1 与 M_2' 之间距 d 变小时,观察干涉圆环中的某一级条纹 k_1,则有 $2d\cos i_1 = k_1\lambda$,为保持 $2d\cos i_1$ 为一常数,即条纹的级次不变(为 k_1 级),当 d 变小时,则 $\cos i$ 必须增大,故 i 必须减小,随着 i 减小而干涉圆环的直径同步减小. 当 i 小到接近 0 时,干涉圆环直径趋近于 0,从而逐渐缩近圆心处,同时整体条纹变粗、变稀;反之,当 d 增大时,i 也随之增大,则 $\cos i$ 变小,会看到干涉圆环自中心处不断"冒出",环纹向外扩张,整体条纹变细、变密. 因此,随着 d 的增大或减小,条纹从中心"冒出"或向中心"缩入",每变化一个条纹,相应的光程差改变了一个波长 λ,而 d 就改变 $\lambda/2$ 的距离,设 M_1 移动 Δd 时,k 的变化为 ΔN,则从式(2)得

$$\Delta d = \Delta N \cdot \frac{\lambda}{2} \tag{3}$$

可见,如果数出"缩入"或"冒出"的条纹数,由已知的波长 λ 就可计算出 Δd,这就是测量微小距离的变化原理;反之,由读出的 Δd 也可测定入射光的波长,这也是测定单色光波长的一种方法.

(2) 等厚干涉图样

当 M_1 与 M_2' 略偏离平行时,则 M_1 与 M_2' 的平面有一很小的夹角 θ,它们之间形成楔形空气层. 如图 3-127 所示,这样的空气薄膜相当于楔形膜的作用,故在 M_1 镜的表面附近产生等厚干涉条纹. 当 θ 角很小时,经 M_1、M_2' 反射的两束光的光程差近似为

$$\Delta L = 2d\cos i \tag{4}$$

式中,d 为观察点 B 处空气层的厚度,i 为入射角. 在 M_1 与 M_2' 的相交处 $\Delta L = 0$(因 $d=0$),即光程差为零,出现直线条纹,称为中央条纹. 当入射角 i 足够小时,即在相交线附近 d 很小,$\cos i$ 近似为 1,则光程差主要取决于 d 的变化,因而看到的干涉条纹是与中央条纹大体上平行的直条纹. 由此可知:等厚干涉条纹只能出现在 i 接近于零区域. 在远离相交线处,d 值逐渐增大,由于光线入射角 i 的变化对光程差 ΔL 的影响不能忽略,则干涉条纹变成弧线,故离中央条纹较远处干涉条纹将发生弯曲且凸向中央条纹.

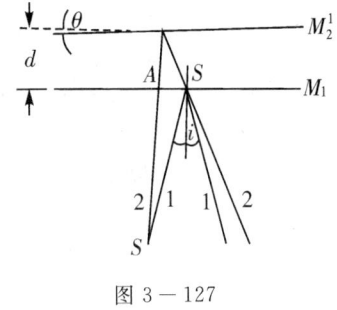

图 3－127

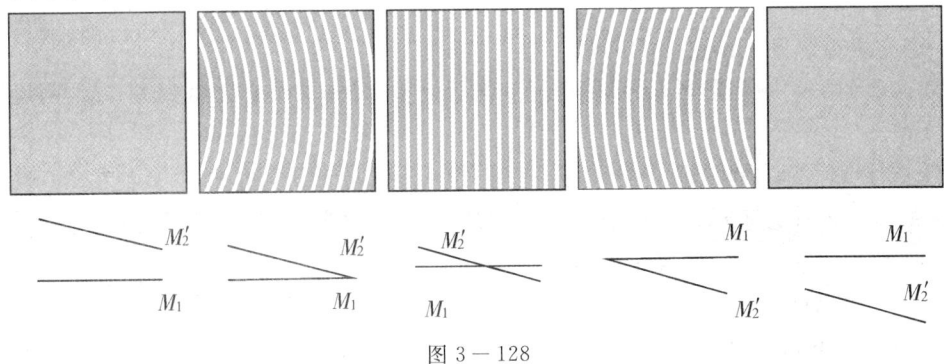

图 3－128

(3) 点光源产生的非定域干涉图样

激光通过短焦距透镜会聚后是一个强度很高的点光源 S,强点光源经 M_1 与 M_2' 的反射产生的干涉现象,等效于沿轴向分布的两个虚点光源 S_1' 和 S_2' 发出的光的干涉. 如图 3－129 所示,S_1' 和 S_2' 的距离为 M_1 与 M_2' 之间距 d 的 2 倍. 因从虚点光源 S_1' 和 S_2' 发出的球面光波在相遇的空间处处相干. 只要观察屏放在两点光源发出光波的重叠区域里都能看到干涉现象,故称这种干涉为非定域干涉. 若将观察屏放在光波重叠区域的不同位置上,则可看到不同形状(圆、椭圆、双曲线及直线状条纹)的干涉条纹. 因实验室中放屏空间是有限的,只有圆形、椭圆形干涉条纹容易观察到,所以通常是将观察屏放于 S_1' 和 S_2' 联线上且垂直于联线轴,则屏上呈现出的干涉花样是一组同心的明暗相间的圆环. 圆心在 S_1',S_2' 联线与屏交点 E 上,如 3－129 所示. 可以证明屏上任意点 P 的光程差,在 $z > 2d$ 时,

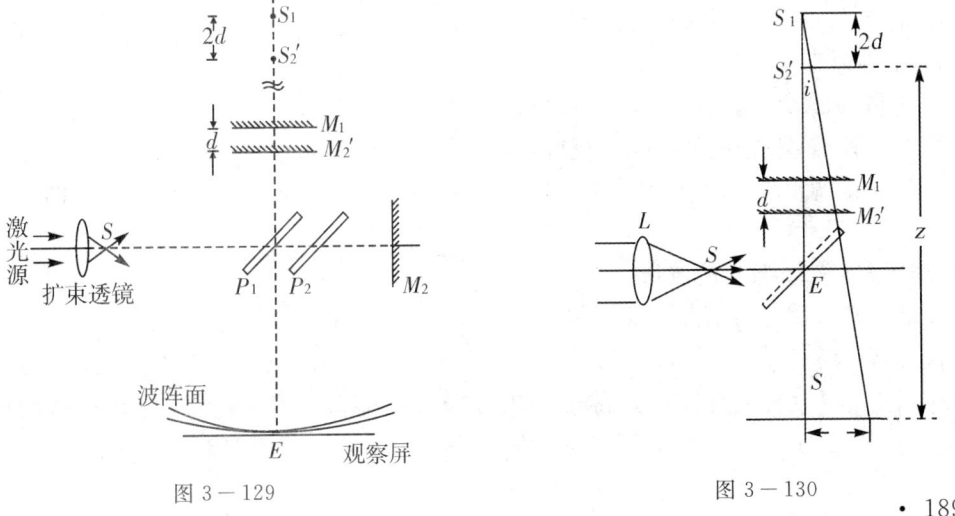

图 3－129　　　　　图 3－130

$$\Delta L = 2d\cos i[1 + \frac{d}{z}\sin^2 i] \approx 2d\cos i \tag{5}$$

在这种情况下,光程差表达式与面光源等倾干涉情况相同. 通过 P 点的条纹为一以 E 点为圆心的圆环,该圆环是由具有同一倾角 i 的入射光相干形成的,等倾干涉条纹相似. 当 $i = 0$ 时,即在圆环中心处光程差最大,$\Delta L = 2d = N\lambda$,当调节 M_1 使 d 增大或减小时,也可以看到条纹从中心"冒出"或向中心"缩入". 每"冒出"或"缩入"一条,d 的相应改变即为半个波长($\lambda/2$),因此也可用以计量长度或测定波长.

实验内容及步骤

1. 调整迈克尔逊干涉仪

(1) 调节 He－Ne 激光器光源,使激光束与分光板等高,并垂直入射到 M_1,M_2 两反射镜中部.

(2) 遮住 M_2 镜,使激光束经分光板 G_1 射向 M_1 镜. 调节激光器的方向,使由 M_1 反射回激光器的光,能射在光束出发点(也可以通过观察置于激光器出射孔附近的小孔屏上反射点的分布来调节. 因为玻璃板的每个平行界面都有反射,故光点不止一个,但 M_1 是高反射的. 所以,它反射的光点光强最强).

(3) 调粗调手轮,移动动镜 M_1,使 M_1 到分光板 G_1 的距离 M_1G_1 与定镜 M_2 到 G_1 的距离 M_2G_1 接近相等.

(4) 使 He－Ne 激光束基本上垂直于 M_2 时,在屏上即可看到两排激光光点,且每排都有几个光点;调节 M_2 背面的三个螺钉,使两排中两个最亮的光点重合,如果经调节两排最亮的难以重合,可略调一下 M_1 镜后的三个螺钉,直至完全重合为止. 这时,M_1 与 M_2 处于相互垂直状态,则 M_1 与 M_2' 相互平行,至此干涉仪的光路系统调整完毕.

2. 观察激光的非定域干涉

(1) 沿激光入射的方向放一短焦距的透镜 L,观察屏上的弧形条纹,改变 M_1 与 M_2' 之间距 d,根据条纹的形状、粗细和密度判断 d 变大还是变小,并记录条纹的变化情况.

(2) 调节 M_2 的两个微动拉簧螺丝,使 M_1 与 M_2' 严格平行,观察屏上出现的圆形条纹.

3. 观察等倾干涉条纹的变化

(1) 把毛玻璃放在透镜 L 前面,使球面波经过漫反射成为扩展光源,这时屏上就可看到明暗相间的圆形干涉条纹.

(2) 谨慎调节 M_2 背后的三个螺钉,使条纹变宽,趋向圆形.

(3) 仔细调节 M_1 镜的两个拉簧螺钉,直到把干涉环中心调到视场中央.

(4) 旋转微调手轮,改变 d 值,观察干涉环的"冒出"或"缩入"现象,记录干涉图像的特点.

4. 测量 He－Ne 激光的波长

(1) 在完成步骤 4 的基础上,旋转微调手轮,当干涉环刚要"冒出"或"缩入"时,记下 M_1 镜的初始位置 d.

(2) 沿上述转动方向继续转动手轮,数出每"冒出"或"缩入"50 个干涉环记一次 M_1 镜的位置 d_{50},d_{100},d_{150}……连续记录 M_1 的位置 6 次,(在此过程中微调手轮的转向不变)并将记录数据填入下面表格中.再据公式 $\Delta d = \Delta L \cdot \lambda/2$ 得 $\lambda = 2\Delta d/\Delta N$,并由此式利用逐差法计算出 He－Ne 激光的波长 $\bar{\lambda}$ 值.计算中求 $\Delta N = 100$ 条时,Δd 的平均值.

表(一)

d_0(mm)	d_{50}(mm)	d_{100}(mm)	d_{150}(mm)	d_{200}(mm)	d_{250}(mm)	d_{300}(mm)

表(二)

$\Delta d_1 = d_{100} - d_0$	$\Delta d_2 = d_{150} - d_{50}$	$\Delta d_3 = d_{200} - d_{100}$	$\Delta d_4 = d_{250} - d_{150}$	$\Delta d_5 = d_{300} - d_{200}$

(3)He－Ne 激光的标准波长值为 $\lambda_0 = 632.8$nm,可用测量最佳值 $\bar{\lambda}$ 与标准值 λ_0 比较求出相对误差:$E_r = \dfrac{|\bar{\lambda} - \lambda_0|}{\lambda_0} \times 100\%$

5. 观察等厚干涉条纹

当 M_1 与 M_2' 非常接近,并使 M_1 与 M_2' 有一个非常小的夹角 θ 时,屏上可看到等厚干涉条纹.

(1)在完成步骤 4 的基础上,缓慢转动粗调手轮使 M_1 与 M_2' 非常接近,观察到屏上条纹由细变粗,由密变疏,并且呈等轴双曲线形状,表明 M_1 与 M_2' 已经非常接近.

(2)再调节 M_2 镜的两个微调拉簧螺丝,使 M_1 与 M_2' 之间有一很小的夹角,至屏上出现直线形平行干涉条纹为止,并且此干涉条纹的间距与夹角成反比.当夹角太大时条纹很密,难分辨,条纹间距取 1mm 左右为宜,移动 M_1 镜观察条纹的特点.

注意事项

(1)迈克尔逊干涉仪是精密光学仪器,使用前必须先熟悉使用方法,然后再动手调节.

(2)使用过程中绝对不允许用手触摸各镜面及光学玻璃器件,镜面若有浮尘,可用洗耳球吹去.

(3)在调节和测量过程中,一定要非常细心,特别是转动粗、微调手轮时要缓慢、均匀.为了避免转动手轮时引起空程差.在使用中必须沿同一方向旋转手轮,不得中途倒转.

(4)实验前和实验结束后,所有调节螺钉均应处于放松状态,调节时应先使之处于中间状态,以便有双向调节的余地,调节动作要均匀缓慢.

预习思考题

1.试根据迈克尔逊干涉仪的光路,说明各光学元件的作用,总结迈克尔逊干涉仪的调整要点及规律.

2.简述本实验所用干涉仪的读数方法.

3.在迈克尔逊干涉仪中是利用什么方法产生两束相干光的?

思考题

1. 调出等倾干涉和等厚干涉条纹的条件是什么？

2. 试比较并分析等倾干涉条纹和牛顿环干涉条纹的异同，使 M_1 和 M_2 逐渐接近时等倾干涉条纹将越来越疏，试描述并说明在零光程处所观察到的现象．

3. 怎样利用干涉条纹的"涌出"和"缩入"来测定光波的波长？

第四章 综合性实验

实验三十五 伸长法测钢丝杨氏模量(CCD法)

材料受外力作用时必然发生形变,其内部胁强(单位面积上受力大小,又称应力)和胁变(即相对形变,又称应变)的比值称为弹性模量,这是衡量材料受力后形变大小的参数之一,是设计各种工程结构时选用材料的主要依据之一.

本实验测量钢丝的纵向弹性模量(也称杨氏模量).实验中涉及较多长度量的测量,应根据不同测量对象,选择不同的测量仪器.如读数显微镜配以CCD成像系统测量钢丝微小的伸长量.

实验目的

(1)学习伸长法测钢丝的杨氏模量;
(2)掌握JC—10读数显微镜的使用方法;
(3)学习CCD成像的使用方法.

实验仪器

FD—YC—ICCD伸长法测杨氏模量测定仪一套、钢卷尺、螺旋测微计.

实验仪器介绍

用伸长法测杨氏模量装置如图4—1所示,包括以下几部分:

1. 金属丝支架

S 为金属丝的支架,高约110cm,可置于实验桌上,支架顶端设有金属丝悬挂装置,金属丝长度可调,约60~80cm,金属丝下端连接一小圆柱 R,圆柱中部刻有细横线供读数用,小圆柱下端附有砝码托 F.支架下方还有一钳形平台 Q,设有限制小圆柱转动的装置(未画出),支架底脚螺钉可调.

2. 读数显微镜

读数显微镜 M 用来观测金属丝下端小圆柱中部细横线位置及其变化. H_1 为读数显微镜支架.

3. CCD成像、显示系统

(1)CCD黑白摄像机:像单元数542(H)×582(V);灵敏度:最低照度≤0.2Lux;分辨率≥380TV线,定焦镜头:$f=16$mm,CCD专用12V直流电源.

(2)黑白视频监视器:屏幕尺寸 23cm,800TV线,输入阻抗 75Ω.

(3)CCD摄像机支架 H_1、H_2.

以上读数显微镜及CCD成像显示系统的总放大率为62.5倍.

4. 其他长度测量工具:(1)钢卷尺、(2)游标卡尺、(3)螺旋测微计

实验原理

设一根钢丝的截面积为 S,原长为 L,沿其长度方向加一拉力 F 后,钢丝的伸长量为 ΔL.根据胡克定律,材料在弹性限度内应力与应变成正比:

$$\frac{F}{S} = E \frac{\Delta L}{L} \tag{1}$$

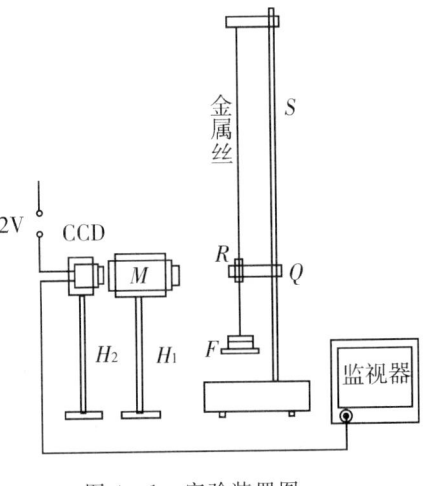

图4-1 实验装置图

式中的比例系数 E 称为该材料的杨氏模量.钢丝的截面积为 $S = \frac{\pi d^2}{4}$,d 为钢丝的直径.因此

$$E = \frac{FL}{S \Delta L} = \frac{4FL}{\pi d^2 \Delta L} \tag{2}$$

式中 ΔL 是一个很小的长度变化,可用读数显微镜配CCD成像系统直接测量,把原来从显微镜中看到的图像通过CCD呈现在监视器的屏幕上,便于观测.CCD是电荷耦合器件的简称,是目前较实用的一种图像传感器,它有一维和二维的两种.一维用于位移、尺寸的检测,二维用于平面图形、文字的传递.现在二维的CCD器件已大量应用于可视电话和无线电传真领域,在生产过程监视和检测上的应用也日渐广泛.

本实验采用二维CCD器件将光学图像转变为视频电信号,由视频电缆接到监视器,在电视屏幕上显示出来,对伸长量 ΔL 进行直接测量.

实验内容及步骤

1. 认识和调节仪器

(1)调支架 S 铅直(用底角螺钉调节),使金属丝下端的小圆柱与钳形平台无摩擦地上下自由滑动,旋转金属丝上端夹头,使圆柱两侧刻槽对准钳形平台两侧的限制圆柱转动的小螺钉;两侧同时对称的将旋转螺钉旋入刻槽中部,力求减小摩擦.

(2)先调节读数显微镜目镜,用眼睛看到清晰的十字叉丝,再将物镜对准小圆柱中部,调节显微镜前后距离,然后微调显微镜物镜,使得能够看到清晰小圆柱中部的刻度线,并且刻度线与十字叉丝之间没有视差.(判断无视差的方法:当左右或上下稍微改变视线方向时,两个像之间没有相对移动,这是读数显微镜已调节好的标志,只有无视差的调焦,才能保证测量精度.)

(3)将CCD摄像机装上镜头,把75Ω视频电缆的一端接摄像机的视频输出端子(Video

out),另一端接监视器的视频输入端(Video in).将 CCD 专用 12V 直流电源接到摄像机后面板"power"孔,并将直流电源和监视器分别接 220V 交流电源,仔细调整 CCD 位置及镜头焦距,直到监视器屏幕上看到清晰的图像.

2. 观测伸长变化

(1)为使砝码平稳,可在金属丝下端先加一块 0.2kg 的砝码,此时监视器屏幕上显示的小圆柱上的细横刻线指示的刻度为 Y_0,并记录其数值.

(2)然后在砝码托盘上逐次加 0.2kg 的砝码,对应的读数为 $Y_i(i=1,2\cdots\cdots 8)$.再将所加的砝码逐个减去.记下对应的读数为 $Y_i'(i=8,7\cdots\cdots 1)$,并将两对应读数 Y_i 与 Y_i' 求平均,$\overline{Y_i}=\dfrac{Y_i+Y_i'}{2}$.

3. 用钢卷尺测量细钢丝的长度 L,(细钢丝两端固定点间的长度)测量三次.用螺旋测微计测细钢丝不同位置的直径 d,测量 6 次

4. 用逐差法对 $\overline{Y_i}(i=1,2,\cdots\cdots 8)$ 进行处理计算 $\overline{\Delta L}$ 及 E 的值

数据处理与结果分析

1. 用逐差法处理荷重钢丝伸长变化(参考表1)

表1 用逐差法处理荷重钢丝伸长变化表　　　　　　　　长度单位:cm

次数	砝码	读数 S			$\Delta L=(\overline{Y}_{i+4}-\overline{Y}_i)$
		增重时	减重时	平均值	
0	1	Y_0	Y_0'		
1	2	Y_1	Y_1'		
2	3	Y_2	Y_2'		
3	4	Y_3	Y_3'		
4	5	Y_4	Y_4'		
5	6	Y_5	Y_5'		
6	7	Y_6	Y_6'		平均值
7	8	Y_7	Y_7'		$\overline{\Delta L}=$　$u_A(\overline{\Delta L})=$
8	9	Y_8	Y_8'		
9	10	Y_9	Y_9'		

为了充分利用实验数据,减小偶然误差,在函数成线性关系的情况下,作等间隔测量,得测量次数为偶数的测量列,把它前后分成两组,两组数据依次对应相减,然后取平均值.我们把这种分组相减的方法叫做逐差法,在数据处理中被广泛的应用.

本实验的直接测量是等间距变化的多次测量,故采用逐差法处理数据.

2. 测量细钢丝直径 d(参考表2)

表 2　测量细钢丝直径数据记录表　　　　　　　　　　长度单位:cm

测量次数	1	2	3	4	5	6	$\bar{d}$
d_i(mm)							
$d=\bar{d}\pm u_\Delta$							

注:不确定度的计算

$$u_A=\sqrt{\frac{(\bar{d}-d_i)^2}{3-1}},\ u_B=u_{仪},\ u_\Delta=\sqrt{u_A^2+u_B^2}.$$

3. 测量钢丝长度 L(参考表 3)

表 3　测量钢丝长度表　　　　　　　　　　　　　　长度单位:cm

测量次数	1	2	3	4	5	6	$\bar{L}$
L_i(mm)							
$L=\bar{L}\pm u_\Delta$							

思考题

1. 材料相同,粗细长度不同的两根钢丝,它们的杨氏弹性模量是否相同?
2. 在拉伸法测杨氏模量实验中,关键是测哪几个量?
3. 本实验中必须满足哪些实验条件?
4. 在有、无初始负载时,测量钢丝原长 L 有何区别?

实验三十六　声速测定

声波是一种在弹性介质中传播的纵波,振动频率在 20Hz～20kHz 的声波可被人听到,称为可闻声波,频率低于 20Hz 的声波称为次声波,频率高于 20kHz 的声波称为超声波.声速是指声波在媒质中的传播速度.声速是声学研究中的一个重要的基本参量.它的测定,特别是精确测定不仅有重要的基础研究价值,而且在工程技术和医学领域(诸如厚度、流量、温度、硬度以及血流等)也有重要的应用.由于超声波具有波长短、易于定向发射、不可闻等优点,本实验用超声波进行声速测定.

实验目的

(1)学会用共振干涉法和相位比较法测量声速,了解压电陶瓷的功能;
(2)进一步掌握示波器和低频信号发生器的使用方法;
(3)巩固用逐差法处理数据的知识.

实验仪器

超声声速测定仪、声速测定仪信号源、双通道通用示波器等.

实验原理

超声波的发射和接收一般通过电磁振动与机械振动的相互转换来实现,最常见的方法是利用压电效应和电致伸缩效应来实现的.压电效应是指没有电场作用,只是由于形变而使电介质电极化状态发生改变的现象,晶体受力所产生的电荷量与外力的大小成正比.压电效应的逆效应称为电致伸缩效应.依据电介质压电效应研制的一类传感器称为压电传感器.本实验采用的是压电陶瓷制成的换能器(探头),这种压电陶瓷可以在机械振动与交流电压之间双向换能.

在波动过程中,波速 v、波长 λ 与频率 f 之间存在着如下关系:

$$v = \lambda f$$

如果能同时测定介质中声波传播的频率及波长,即可求得该介质中的声波传播速度.实验中,声波频率可由信号发生器直接读出.

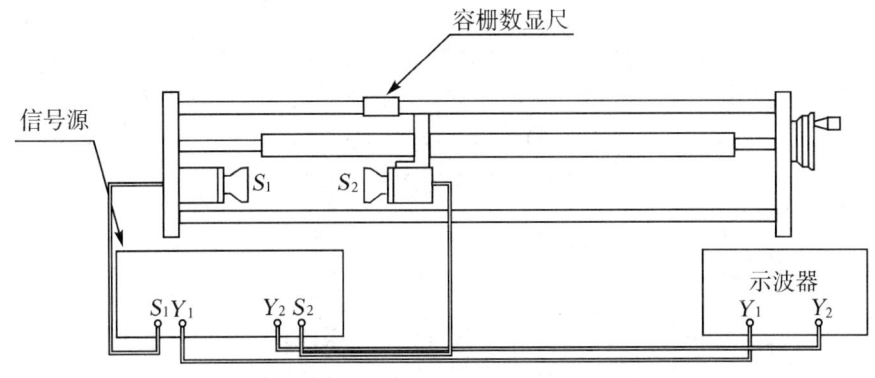

图 4-2

1. 共振干涉法(驻波法)

如图 4-2 所示,S_1 发出的声波传播到 S_2,激起 S_2 面振动的同时又被 S_2 面反射,若 S_1,S_2 两面平行,声波就在两个平面间往返形成驻波,若 S_1,S_2 间距离 L 为半波长的整数倍时,出现稳定的驻波共振现象,S_2 面声压波幅最大.连续改变 L 值,声压波幅在最大最小间呈周期性变化.接收端 S_2 上的电压与该处的声压成正比,测量接收器电压随 L 值变化的情况,连续两次电压最大值对应的距离变化就是半波长,由此即可得到波长 λ.

2. 相位比较法

S_1 处与 S_2 处的声波有一定的相位差,当两者距离为 L 时,相位差为:

$$\varphi = \frac{2\pi}{\lambda} \cdot L$$

连续改变 S_1 与 S_2 的间距,测出相位差变化 2π 时,对应的距离变化即为一个波长.而相位差的测定可以通过示波器,用李萨如图法观察测出,从而测定声波波长 λ.

实验内容及步骤

1. 调整测试系统的谐振频率

调节声速测定实验仪的频率输出为 30～40kHz 之间,微调频率调节钮,使接收波振幅至最大,此时测试系统发生谐振,该频率是压电陶瓷换能器系统最佳工作频率.

2. 在谐振频率处用共振干涉法和相位比较法测声速

(1)在最佳工作频率下,转动声速仪调节鼓轮,观察接收波波幅,测得某一声压的最大值,记下此时位置 L_0,继续改变接收器的位置由近而远,逐个记下连续出现的 9 个最大值的位置 $L_1,L_2,\cdots,L_9$.(S_1,S_2 初始距离约 5cm.)记 Ff,用逐差法求出 $\bar{\lambda}$,代入 $V=\lambda f$,求出 V.

(2)在应用相位比较法时,将接收器与示波器的 Y 轴相连,发射器与示波器的 X 轴相连,即可用李萨如图形观察发射波与接收波的相位差.观察李萨如图形由斜率为正的直线变为椭圆,再由椭圆变到斜率为负的直线,再变为斜率为正的直线周期变化过程(见图 4－3).每移动一个波长,就会重复出现同样斜率直线图形.记下荧光屏上连续 9 次出现同样斜率直线时数字游标尺的位置 $L_0,L_1,\cdots,L_9$,并记下此时的室温 t℃.

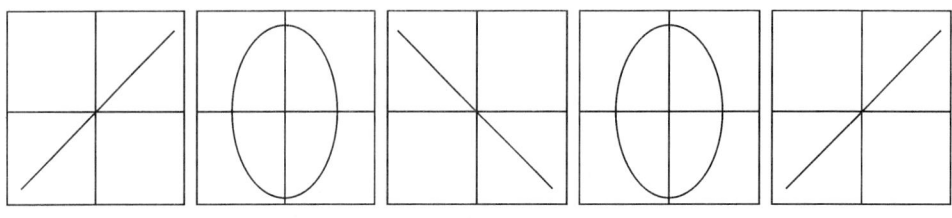

图 4－3

数据记录与处理

记录相关数据并用逐差法计算声波波长,从而计算声速.

表一 压电陶瓷换能器系统最佳工作频率

n	1	2	3	4	5	平均值
f/kHz						

表二 共振干涉法测波长

n	0	1	2	3	4	5	6	7	8	9
L_n										

$\bar{\lambda}=$ $v=$

表三 相位比较法测波长

n	0	1	2	3	4	5	6	7	8	9
L_n										

$\bar{\lambda}=$ $v=$

注意事项

(1)使用时,应避免将信号源功率输出端短路;

(2)测量 L 时,必须沿同一方向轻而缓慢的转动鼓轮;

(3)数显尺实验完毕必须关闭.

思考题

1. 实验时为什么要测定压电陶瓷换能器的最佳工作点?
2. 本实验中存在两个共振,它们各是什么共振?

实验三十七　多普勒效应实验

多普勒效应在科学研究、工程技术、交通管理、医疗诊断等各方面都有十分广泛的应用. 例如:在天体物理和受控热核聚变实验装置中,光谱线的多普勒增宽(由于相对运动使其发射和吸收的光谱线变宽,称为多普勒增宽)已成为一种分析恒星大气及等离子体物理状态的重要测量和诊断手段. 基于多普勒效应原理的雷达系统已广泛应用于导弹、卫星、车辆等运动目标速度的监测. 在医学上利用超声波的多普勒效应来对人体内脏活动进行检查. 电磁波(光波)与声波(超声波)的多普勒效应原理是一致的. 本实验既可研究超声波的多普勒效应,又可利用多普勒效应将超声探头作为运动传感器,研究物体的运动状态.

实验目的

(1)测量超导声波接收器运动速度与接收频率之间的关系,验证多普勒效应;
(2)利用多普勒效应测量物体运动的速度,其变化情况及测量重力加速度等.

实验仪器

多普勒效应综合实验仪(ZKF－DPL).

实验原理

当波源和接收器之间有相对运动时,接收器接收到的波的频率与波源发出的频率不同的现象称为多普勒效应. 根据声波的多普勒效应公式,当声源与接收器之间有相对运动时,接收器接收到的频率 f 为:

$$f = f_0 \frac{(u + V_1 \cos\alpha_1)}{(u - V_2 \cos\alpha_2)} \tag{1}$$

式中 f_0 为声源发射频率,u 为声速,V_1 为接收器运动速率,α_1 为声源与接收器连线与接收器运动方向之间的夹角,V_2 为声源运动速率,α_2 为声源与接收器连线与声源运动方向之间的夹角.

若声源保持不动,运动物体上的接收器沿声源与接收器连线方向以速度 V 运动,则从

(1)式可得接收器接收到的频率应为:

$$f = f_0 \left(1 + \frac{V}{u}\right) \qquad (2)$$

当接收器向着声源运动时,V 取正,反之取负.

若 f_0 保持不变,用光电门测量物体的运动速度,并测量出接收器接收到的频率,根据(2)式,作 $f-V$ 关系图可直观验证多普勒效应,且由实验点作直线,其斜率应为 $k = \frac{f_0}{u}$,由此可计算出声速.

由(2)式可解出:

$$V = u\left(\frac{f}{f_0} - 1\right) \qquad (3)$$

若已知声速 u 及声源频率 f_0,通过使仪器以某种时间间隔对接收器接收到的频率 f 采样计数,由(3)式可计算出接收器运动速度,由显示屏显示 $V-t$ 关系图,即可得出物体在运动过程中的速度变化情况,进而对物体运动状况及规律进行研究.

验证多普勒效应并由测量数据计算声速.

实验内容与步骤

1. 按图 4-4 安装仪器. 在液晶显示屏上,选中"多普勒效应验证实验",并按"确认".
2. 利用"▶"键修改测量总次数(选择范围 5~10,一般选 5 次),按"▼",选中"开始测试".

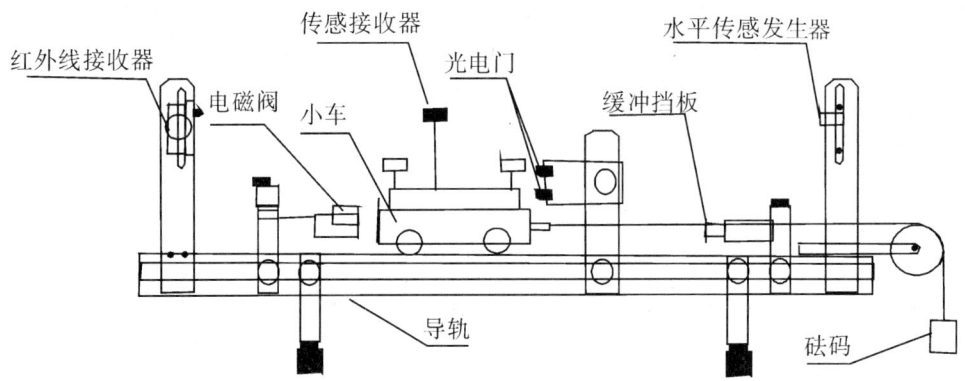

图 4-4 验证多普勒效应图

3. 准备好后,按"确认"键,电磁铁释放,测量开始进行,仪器自动记录小车通过光电门时的平均运动速度及与之对应的平均接收频率.

改变小车的运动速度,可用以下两种方式:
(1)砝码牵引:利用砝码的不同组合实现;
(2)用手推动:沿水平方向对小车施以变力,使其通过光电门.

为便于操作,一般由小到大改变小车的运动速度.

4. 每一次测试完成,都有"存入"或"重测"的提示,可根据实际情况选择,"确认"后回到测试状态,并显示测试总次数及已完成的测试次数.

5. 改变砝码质量(砝码牵引方式),并退回小车让磁铁吸住,按"开始"键,进行第二次测试.

6. 完成设定的测量次数后,仪器自动存储数据,并显示 $f-V$ 关系图及测量数据.

数据记录与处理

由 $f-V$ 关系图可看出,若测量点成直线,符合(2)式描述的规律,即直观验证了多普勒效应. 用"▶"键选中"数据","▼"键翻阅数据并记入表 1 中,用作图法或线性回归法计算 $f-V$ 关系直线的斜率 k. 公式(4)为线性回归法计算 k 值的公式,其中测量次数 $i=5\sim n$,$n\leqslant 10$.

$$k = \frac{\overline{V_i} \times \overline{f_i} - \overline{V_i \times f_i}}{\overline{V_i}^2 - \overline{V_i^2}} \tag{4}$$

由 k 计算声速,并与声速的理论值比较,声速理论值由 $u_0 = 331(1+\frac{t}{273})^{\frac{1}{2}}$(米/秒)计算,$t$ 表示室温. 测量数据的记录是仪器自动进行的. 在测量完成后,只需在出现的显示界面上,用"▶"键选中"数据","▼"键翻阅数据并记入表 1 中,然后按照上述公式计算出相关结果并填入表格.

表 1 多普勒效应的验证与声速的测量　　$f_0=$ _____

次数	测量数据						直线斜率 k	声速测量值 $u=f_0/k$	声速理论值	百分误差
	1	2	3	4	5	6				
V_i (m/s)										
f_i (Hz)										

注意事项

小车速度不可太快,以防小车脱轨跌落损坏.

学生自行设计实验部分:

研究自由落体运动,求自由落体加速度.

让带有超声接收器的接收组件自由下落,利用多普勒效应测量物体运动过程中多个时间点的速度,查看 $V-t$ 关系曲线,并调阅有关测量数据,即可得出物体在运动过程中的速度变化情况,进而计算自由落体加速度.

自行设计实验方案、实验步骤,进行实验.

可根据本实验特点,设计简谐振动、匀变速直线运动、验证牛顿第二运动定律以及其他变速运动的测量实验.

思考题

什么是多普勒效应？当声源迎面而来时，声音频率如何变化？

实验三十八　周期电信号的傅里叶分析

任何一个周期信号均可用傅里叶级数来表示，傅里叶级数的各项代表了不同频率的正弦或余弦信号，即任何波形的周期信号都可以看作是这些信号(谐波)的叠加.利用不同的方法，可以从周期信号中分解出它的各次谐波的幅值和相位，也可依据信号的傅里叶级数表达式的要求，将各次谐波叠加得到所期望的信号，用这种方法对信号进行分析处理，称为傅里叶分析.

傅里叶分析是一种最常用的分析电信号波形的方法，而对非电信号，一般总是将其转变为电信号进行测量和分析.信号分析在科学研究和工程技术中具有重要地位和广泛的应用.

实验目的

(1) 了解常用周期信号的傅里叶级数表示，掌握用串联谐振电路和带通滤波器选频电路组成的滤波电路，以构筑周期电信号谐波的分解电路；
(2) 学习用加法器实现对各次谐波信号的叠加；
(3) 熟悉方波和三角波等非正弦周期信号的傅里叶展开式；
(4) 掌握用谐波电源获取一个非正弦周期信号的方法.

实验仪器

周期电信号傅里叶分析仪、双踪示波器.

实验原理

1. 周期信号傅里叶分析的数学基础

任何一个满足狄利克雷条件的周期为 T 的函数 $f(t)$ 都可以表示为傅里叶级数：

$$f(t) = \frac{1}{2}a_0 + \sum_{n=1}^{\infty}(a_n \cos n\omega_0 t + b_n \sin n\omega_0 t)$$

其中 ω_0 为角频率，称为基频，$a_0/2$ 为常数(相当于信号的直流分量)，a_n 和 b_n 称为第 n 次谐波的幅值，$A_n = \sqrt{a_n^2 + b_n^2}$.

任何周期性非简谐交变信号均可用傅里叶级数进行展开，即分解为一系列不同次谐波的叠加. 例如：

① 方波

$$u(t) = \frac{4U_m}{\pi}\left(\sin\omega t + \frac{1}{3}\sin 3\omega t + \frac{1}{5}\sin 5\omega t + \frac{1}{7}\sin 7\omega t + \cdots\right) \tag{1}$$

② 三角波

$$u(t)=\frac{8U_m}{\pi^2}(\sin\omega t-\frac{1}{9}\sin3\omega t+\frac{1}{25}\sin5\omega t+\cdots) \qquad (2)$$

③ 半波

$$u(t)=\frac{2U_m}{\pi}(\frac{1}{2}+\frac{\pi}{4}\cos\omega t+\frac{1}{3}\cos2\omega t-\frac{1}{15}\cos4\omega t+\cdots) \qquad (3)$$

④ 全波

$$u(t)=\frac{4U_m}{\pi}(\frac{1}{2}+\frac{1}{3}\cos2\omega t-\frac{1}{15}\cos4\omega t-\frac{1}{35}\cos6\omega t+\cdots) \qquad (4)$$

⑤ 矩形波

$$u(t)=\frac{\tau U_m}{T}+\frac{2U_m}{\pi}(\sin\frac{\tau\pi}{T}\cos\omega t+\frac{1}{2}\sin\frac{2\tau\pi}{T}\cos2\omega t+\frac{1}{3}\sin\frac{3\tau\pi}{T}\cos3\omega t+\cdots) \qquad (5)$$

由以上各式可知,任何周期信号都可以表示为无限多次谐波的叠加,但谐波次数越高,振幅越小,它对叠加的贡献就越小,当小至一定程度时(如谐波振幅小于基波振幅的5%),则高次的谐波就可以忽略而变成有限次数谐波的叠加.

2. 用带通滤波器选频电路对周期信号进行傅里叶分解

由式(1)和式(2)可知,方波和三角波都只包含奇次谐波($n=1,3,5\cdots\cdots$)成分,因此可用相同的选频电路来对具有相同周期的这两种波进行谐波分解.从应用的角度看,由于RLC谐振电路中的电感 L 不容易得到准确值,也不容易小型化,现已广泛使用由运算放大器和阻容元件组成的高通、低通、带通及带阻等各种类型的滤波器.图4-5就是带通滤波器中的一种电路,此滤波器带通的中心频率为:

$$\omega_0=\sqrt{\frac{1}{R_3C_1C_2}\left(\frac{1}{R_1}+\frac{1}{R_2}\right)} \qquad (6)$$

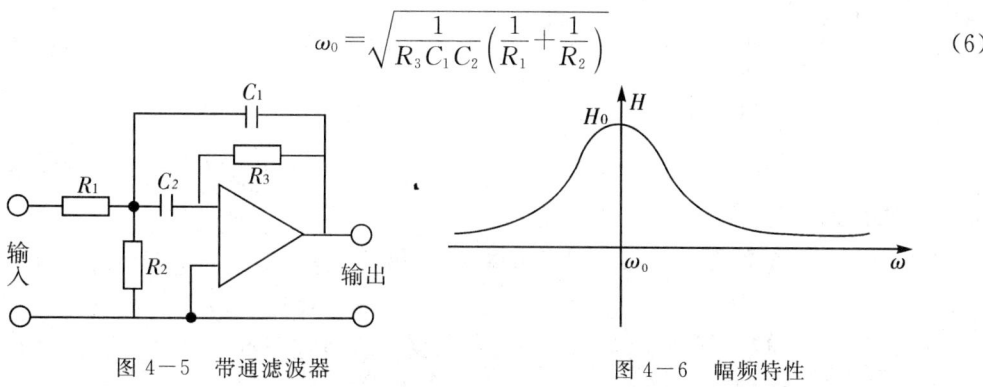

图4-5 带通滤波器　　　　图4-6 幅频特性

当 $C_1=C_2=C, R_1=R_2=R$ 时,由 $\omega_0=\sqrt{\frac{2}{RR_3C^2}}$ 可知该电路还有放大作用,它的放大倍数(谐振频率时)为:

$$A_0=\frac{1}{\frac{R_1}{R_2}\left(1+\frac{C_1}{C_2}\right)}=\frac{R_3}{2R} \qquad (7)$$

图4-6是这种滤波器的频谱特性,只有频率为 ω_0 时,滤波器输出为最大(谐振时).改变 R 和 C 即可改变滤波器的中心频率,比改变 L 和 C 要方便得多.

3. 非正弦周期信号的傅里叶级数合成

与上述情况相反,若要合成一个方波(或三角波)电信号,同样可以用电路来实现.由式

(1)或(2)可知,需要符合如下条件的一组正弦信号的电源:

(1)它们的频率之比为 1∶3∶5∶…

(2)它们的初相位彼此相等(可以用 RC 移相器,根据 $\tan\varphi=1/\omega RC$ 来改变这些正弦信号的初相位).

(3)诸正弦信号的电压幅值之比满足要求(方波时为 $1:\dfrac{1}{3}:\dfrac{1}{5}:\cdots$,三角波时为 $1:\dfrac{1}{3^2}:\dfrac{1}{5^2}:\cdots$).

实验内容及步骤

1. 利用分解与合成模块进行周期电信号的分解与合成

图 4-7 是信号分解与合成实验装置结构示意图(基频为 50 Hz),图中 LPF 为低通滤波器,可分解出非正弦周期函数的直流分量. $BPF_1 \sim BPF_6$ 为调谐在基波和各次谐波上的有源带通滤波器,加法器用于信号的合成.

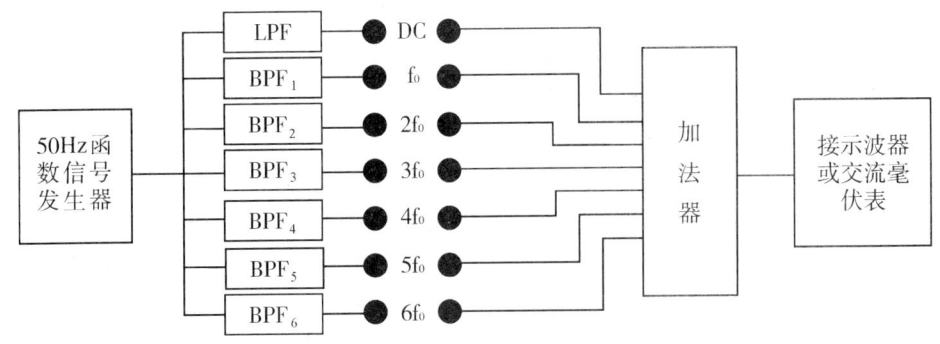

图 4-7 信号分解与合成实验装置结构框图

(1)分别将 50 Hz 单相正弦半波、全波、方波、矩形波或三角波的输出信号接至 50 Hz 电信号分解与合成模块的输入端.

(2)将各带通滤波器的输出分别接至示波器,观测各次谐波的频率和幅值,并列表记录之.

(3)将 50 Hz 单相正弦半波、全波、矩形波、三角波的基波和小于五次的谐波分量分别接至加法器相应的输入端,观测加法器的输出波形,并记录之.

(4)在步骤(3)的基础上,再将五次谐波分量加到加法器的输入端,观测相加后的波形,记录之.

实验报告要求如下:

①根据实验测量所得的数据,在同一坐标纸上绘制方波及其分解后所得的基波和各次谐波的波形,画出其频谱图.

②将所得的基波和三次谐波及其合成波形一同绘制在同一坐标纸上.

③将所得的基波、三次谐波、五次谐波及三者合成的波形一同绘制在同一坐标纸上,和上面的合成波形进行比较.

④分析理论合成的波形与实验观测到的合成波形之间误差产生的原因.

2. 用谐波电源模块进行非正弦周期电信号的合成

根据方波和三角波的傅里叶展开式可知,要合成方波和三角波,只要使各正弦波的幅度和频率的比值满足傅里叶展开式,然后通过加法器把各正弦波相加即可. 其中,负的谐波项只需把相应的正弦波打到反相即可.

(1) 方波的合成

① 选择实验仪谐波电源部分,基波的频率固定为 50Hz,二次、三次、四次、五次谐波电源的频率分别固定为:100Hz、150Hz、200Hz、250Hz,幅度可调. 2~5 次谐波电源可取反相输出.

② 调节谐波幅度,把谐波选择开关分别拨到 f_1,f_2…档,调节相应的谐波输出电压调节电位器 f_1,f_2…,使 50Hz、150Hz、250Hz 的正弦信号的输出幅度比满足 $1:\frac{1}{3}:\frac{1}{5}$,100Hz、200Hz 的输出调节为零,2~5 次谐波电源输出与基波同相位(即相位切换开关打在下面).

③ 依次将各次谐波的输出接到加法器的输入端进行叠加,观察合成的波形,画出此合成的波形.

(2) 三角波的合成

① 按上述实验步骤(1)中①②调节基波、三次谐波、五次谐波电源的输出,使其幅度之比满足 $1:\frac{1}{3^2}:\frac{1}{5^2}$. 并且取三次谐波反相输出. (注意:相位切换开关打在上面为反相,打在下面为同相.)

② 依次将各次谐波接到加法器的三个输入端进行叠加,观察合成的波形,并画出此合成的波形.

(3) 根据不同波形的傅里叶级数表达方式,调节各谐波电源和倒相开关获取所需信号波形. (选做,实验步骤自拟)

实验报告要求

将实验观察到的波形画到方格纸上,分析合成的波形与实际的波形相比会有哪些失真,试述减小失真的途径.

思考题

1. 什么样的周期性函数没有直流分量和余弦项?
2. 谐波电源模块只能进行哪些周期信号的合成,为什么?
2. 各次谐波输出幅度的改变,对合成信号有何影响?
3. 各次谐波相位的改变,对合成信号有何影响?

实验三十九 RLC电路的暂态过程研究

RLC 电路的暂态过程就是当电源接通或断开的瞬间,电路中的电流或电压非稳定的变化过程,即形成电路充电或放电的瞬间变化过程.这瞬态变化快慢是由电路内各元件量值和特性决定的,描述瞬态变化快慢的特性参数就是放电电路的时间常量或半衰期.暂态过程研究牵涉到物理学的许多领域,在电子技术中得到广泛的应用.

实验目的

(1)研究 RLC 电路的暂态特性,加深对 R、L、C 各元件在电路中的作用的理解;
(2)学会用示波器测量电路半衰期的方法;
(3)了解方波电源加于 RLC 串联电路中时产生的阻尼衰减振荡的特性及测量方法.

实验仪器

RLC 电路实验仪,双踪示波器,信号发生器.

实验原理

1. RC 串联电路

电路如图 4-8 所示,当电键合向"1"时,电源 E 通过 R 对电容 C 充电,在电容充电后,把电键合向"2",电容 R 将通过 R 放电,根据基尔霍夫定律,有

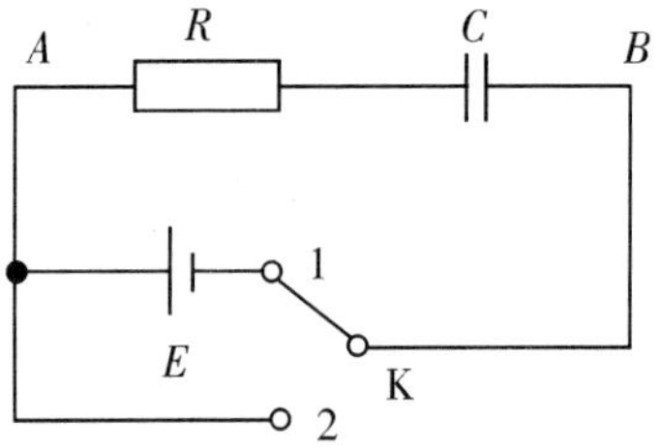

充电时　　　$U_C + iR = E$

放电时　　　$U_C + iR = 0$

因 $i = C\dfrac{dU_C}{dt}$,代入上述方程,得

$$\left. \begin{array}{l} 充电时 \dfrac{dU_C}{dt} + \dfrac{1}{\tau}U_C = \dfrac{E}{\tau} \\ 放电时 \dfrac{dU_C}{dt} + \dfrac{1}{\tau}U_C = 0 \end{array} \right\} \quad (1)$$

图 4-8

式中,设初始条件:充电时 $t=0$, $U_C=0$;放电时 $t=0$, $U_C=E$. 由此得方程(1)的解为

$$\left. \begin{array}{l} 充电过程 U_C = E(1 - e^{-\frac{t}{\tau}}) \\ 放电过程 U_C = E e^{-\frac{t}{\tau}} \end{array} \right\} \quad (2)$$

$$\left. \begin{array}{l} 充电时 U_R = E e^{-\frac{t}{\tau}} \\ 放电时 U_R = -E e^{-\frac{t}{\tau}} \end{array} \right\} \quad (3)$$

因此在 RC 串联电路的充电过程中,U_C, U_R 均按指数规律变化,充电时电容器上电压是按指数逐渐上升,而放电时则按指数逐渐减小. 图 4-9 分别是充放电过程的 $U_C - t$, $U_R - t$ 的曲线图形. 上述 $\tau = RC$ 称为 RC 电路的时间常数,单位为秒. 它反映了电压按指数函数变化的快慢,即电路中暂态过程的快慢,当充放电时间 $t = \tau$ 时,

充电时 $U_C = E(1 - e^{-1})$, $U_C = 0.632E$

放电时 $U_C = Ee^{-1}$, $U_C = 0.368E$

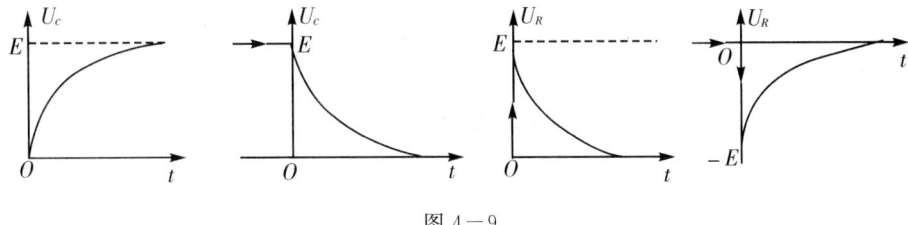

图 4-9

当放电时 U_C 从 E 减少到 $\dfrac{E}{2}$ 时，相应的时间称半衰期 $T_{\frac{1}{2}}$，$T_{\frac{1}{2}} = RC\ln 2 = 0.693RC$.

以上是直流电源作用下的一次暂态过程，而在本实验中用方波发生器代替了直流电源和电键。电路如图 4-10 所示，S 为示波器、F 为方波发生器。用示波器观察电容器 C 上的波形，在方波电压值为 U_0 的半个周期时间内，电源对电容器 C 充电，而在方波电压为零的半个周期内，电容器内电荷通过电阻 R 放电。充放电过程如图 4-11 所示，一般从示波器上测量 RC 放电的半衰期 $T_{\frac{1}{2}}$，然后代入公式(4)，可得到时间常数 τ。

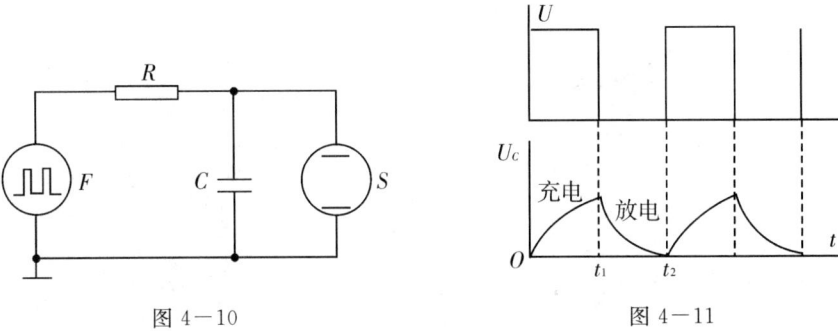

图 4-10　　　　　　　　　图 4-11

2. RLC 串联电路

(1) 放电过程

将 R、L 和 C 串联成如图 4-12 所示的线路图。当 K 与 "1" 接通时，电源 E 对电容器 C 充电，充到电容两端电压 U_C 等于 E 时，将 K 与 "0" 接通。

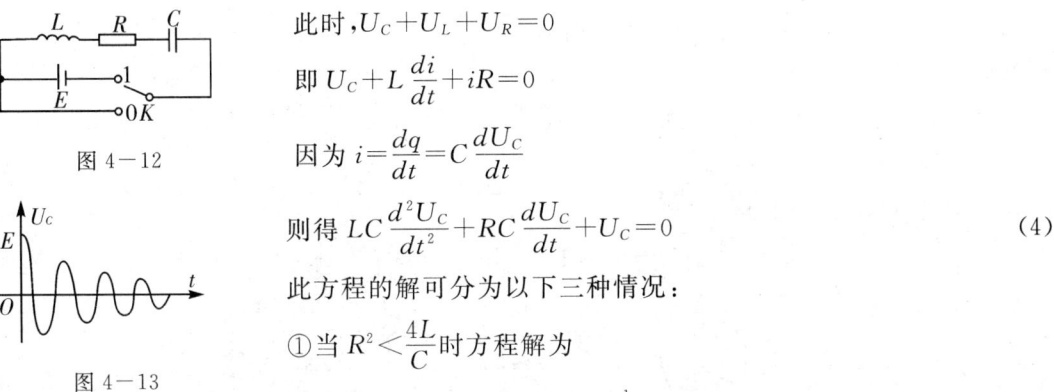

此时，$U_C + U_L + U_R = 0$

即 $U_C + L\dfrac{di}{dt} + iR = 0$

因为 $i = \dfrac{dq}{dt} = C\dfrac{dU_C}{dt}$

则得 $LC\dfrac{d^2U_C}{dt^2} + RC\dfrac{dU_C}{dt} + U_C = 0$ \hfill (4)

此方程的解可分为以下三种情况：

① 当 $R^2 < \dfrac{4L}{C}$ 时方程解为

$$U_C = Ae^{\frac{1}{\tau}}\sin(\omega t + \varphi) \tag{5}$$

其中时间常量 $\tau = \dfrac{2L}{R}$ \hfill (6)

式(5)表明，U_C 的振幅按指数衰减，它随时间的变化如图 4-13 所示，是欠阻尼振荡状

态。其振荡角频率 ω 为

$$\omega=\frac{1}{\sqrt{LC}}\sqrt{1-\frac{R^2C}{4L}} \tag{7}$$

当 $R^2<\dfrac{4L}{C}$ 时，这时一般 τ 值很大，振幅的衰减很慢，阻尼振动接近于 LC 电路的自由振荡，此时

$$\omega\approx\omega_0=\frac{1}{\sqrt{LC}} \tag{8}$$

② 当 $R^2=\dfrac{4L}{C}$ 时，方程解为

$$U_C=U(1+\frac{t}{\tau})e^{-\frac{t}{\tau}} \tag{9}$$

这是临界阻尼状态，是欠阻尼振荡刚刚不出现振荡的过渡状态，如图 4－14(a)所示.

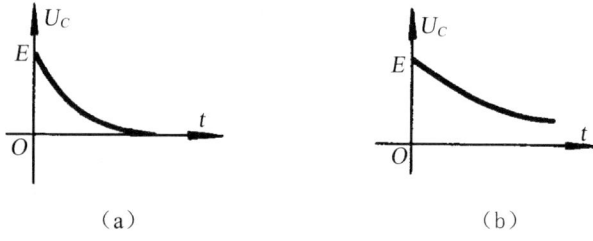

图 4－14

③ 当 $R^2>\dfrac{4L}{C}$ 时，方程解为

$$U_C=Ue^{-\frac{t}{\tau}}ch(\omega t+\varphi) \tag{10}$$

这是过阻尼状态，U_C 和时间 t 的关系如图 4－14(b)所示，也不再出现振荡.

(2) 充电过程

充电过程的电路方程为

$$LC\frac{d^2U_C}{dt^2}+RC\frac{dU_C}{dt}+U_C=U \tag{11}$$

初始条件为 $t=0$ 时，$U_C=0$，$\dfrac{dU_C}{dt}=0$，和放电过程相似也有三种状态，即当

$$\left.\begin{aligned}R^2<\frac{4L}{C}\text{时}, U_C&=U\left[1-e^{-\frac{t}{\tau}}\cos(\omega t+\varphi)\right]\\ R^2=\frac{4L}{C}\text{时}, U_C&=U\left[1-(1+\frac{t}{\tau})e^{-\frac{t}{\tau}}\right]\\ R^2>\frac{4L}{C}\text{时}, U_C&=U\left[1-e^{-\frac{t}{\tau}}ch(\omega t+\varphi)\right]\end{aligned}\right\} \tag{12}$$

图 4－15 是三种状态的 U_C-t 曲线.

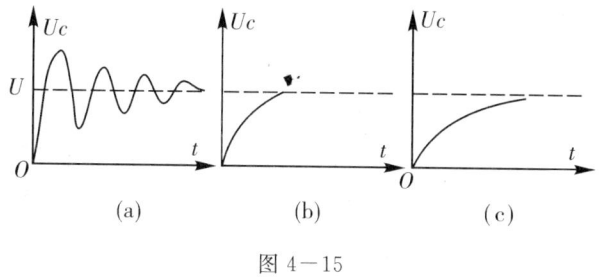

图 4—15

实验内容

1. RC 电路暂态过程的观测

(1) 把方波信号发生器、电阻箱、标准电容箱、示波器按图 4—10 接线,特别须注意示波器的地线与方波信号发生器的地线必须接在一起.

(2) 取电容 $C=0.1\mu F$,方波信号输出频率 $f=500Hz$,调节电阻 $R=0\Omega$,这时从示波器上观测到方波,其幅值等于方波电源的幅值 U_0. 接着,将 R 分别调节到 $1k\Omega,3k\Omega,7k\Omega$,这时从示波器上观察可以发现图形发生明显的变化,描绘三种典型的 U_C 波形,并分析波形的差异.

(3) 从上述观察中选取 $R=3k\Omega$ 的波形,测量 RC 串联电路的半衰期 $T_{\frac{1}{2}}$,求出时间常数再和理论值相比较。注意:在测量半衰期时,调节示波器扫描速度转换开关为 $0.2ms/div$,尽可能使一个完整的 U_C 波形充满整个荧光屏,以减小估读不确定度的影响.

(4) 观察并描绘不同 R 值的 U_R 波形,R,C 取值和(2)相同.

2. RLC 电路暂态过程的观测

(1) 按图 4—16(a) 接线,方波信号频率保持 $500Hz$,电容 C 取 $0.005\mu F$,电感 L 取 $10H$,观测三种阻尼状态波形. 注意:实验时电阻 R 由零开始逐渐增大,当数值增大到某一数值 (R_0) 时,波形测好不出现振荡,电路处于临界阻尼状态,记下临界电阻 R_0,继续增大电阻,便出现过阻尼状态.

(2) 选一欠阻尼振荡波形(R 取 0Ω),测其 n 个周期的时间 t,求出周期 T.

(3) 测量欠阻尼振荡的时间常量(R 取 30Ω).

放电过程电容器两端电压为

$$U_C = Ae^{-\frac{t}{\tau}}\sin(\omega t+\varphi)$$

由示波器可观测到衰减振荡的波形,如图 4—16(b)所示. 当 $\sin(\omega t+\varphi)=\pm 1$ 时,即 $\omega t+\varphi=\frac{1}{2}n\pi$($n$ 为奇数)时,有

$$U_C = Ae^{-\frac{t}{\tau}}$$

两侧取对数 $\ln U_C = \ln A + (-\frac{1}{\tau})t$

令 $y=\ln U_C$,可得直线方程

$$y=(\ln A)+(-\frac{1}{\tau})t$$

测出几组 (t,U_C) 值,用作图法或线性回归法求出 $t-y(=\ln U_C)$ 直线的截距 a、斜率 b,

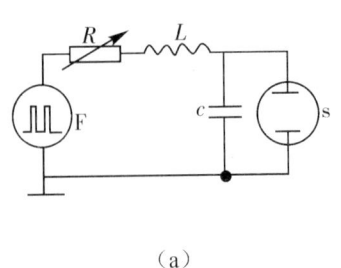
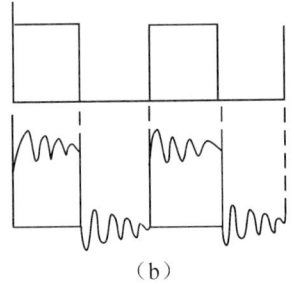

(a)   (b)

图 4—16

而 $b = \dfrac{-1}{\tau}$，所以

$$\tau = \dfrac{-1}{b}$$

注意：
①测量时要准确找到 t 轴位置；
②t 应满足 $\sin(\omega t + \varphi) = \pm 1$ 的值，即二相邻 $U_C = 0$ 的中点；
③在理论上上述各 t 对应的 U_C 值并不正好是极大或极小值，但是二者相差甚少，测量时很难分辨清楚，所以取极大值、极小值便可．

思考题

1. 在 RC 电路中，固定方波频率 f 而改变 R 的阻值，为什么会有各种不同的波形？若固定 R 而改变方波频率 f，会得到类似的波形吗？为什么？

2. 在 RLC 电路中，若方波发生器的频率很高或很低，能观察到阻尼振荡的波形吗？如何由阻尼振荡的波形来测量 RLC 电路的振荡周期 T？振荡周期 T 与角频率 ω 的关系会因方波频率的变化而发生变化吗？

实验四十　　RLC 串联电路谐振特性研究

对于任何一个同时含有电感和电容的电路，在一定频率下可以呈现电阻特性，即整个电路的总电压和总电流同相位，这种现象称为谐振．谐振在实际电路中会经常遇到．在电力工程中一般应避免发生谐振，以防止电气设备被击穿，在通讯工程中又常常利用谐振来获得一个较高电压．RLC 串联谐振电路是在无线电接收设备中用来选择接收信号和在电子技术中用来获取高频高压的一种常用电路．本实验通过测试 RLC 串联电路的谐振曲线，从实践中认识 RLC 串联电路的谐振特性．

实验目的

(1) 了解 RLC 串联电路的相频特性和幅频特性；
(2) 观察研究 RLC 电路的串联谐振现象．

实验仪器

RLC 电路实验仪,双踪示波器.

实验原理

对于一个如图 4-17 所示的 RLC 串联电路,当外加交流电压(又称激励电压)$\dot{U}$ 的角频率为 ω 时,各元件上的复阻抗分别为 $\dot{Z}_R=R, \dot{Z}_L=j\omega L, \dot{Z}_C=\dfrac{1}{j\omega C}$,则整个串联电路的总阻抗为:

$$\dot{Z}=\dot{Z}_R+\dot{Z}_L+\dot{Z}_C=R+j\left(\omega L-\dfrac{1}{\omega C}\right)=|Z|\angle\varphi \tag{1}$$

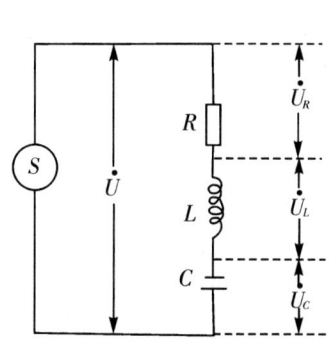

图 4-17 RLC 串联电路

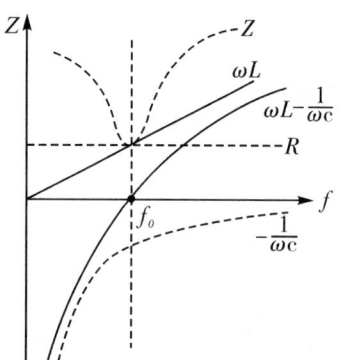

图 4-18 串联谐振回路中阻抗随频率变化的曲线

上式中,$|Z|$ 为电路阻抗,$|Z|=\sqrt{R^2+\left(\omega L-\dfrac{1}{\omega C}\right)^2}$.

φ 为总电压超前电流的相位差角,$\varphi=\operatorname{arctg}\dfrac{\omega L-\dfrac{1}{\omega C}}{R}$

于是串联电路中的复电流 $\dot{I}$ 为:$\dot{I}=\dfrac{\dot{U}}{\dot{Z}}=\dfrac{\dot{U}}{R+j\left(\omega L-\dfrac{1}{\omega C}\right)}=Ie^{j\varphi} \tag{2}$

上式中,I 为复电流的幅值,$I=\dfrac{U}{Z}=\dfrac{|U|}{\sqrt{R^2+\left(\omega L-\dfrac{1}{\omega C}\right)^2}} \tag{3}$

φ 为复电流的相角.当 $\dot{U}$ 的位相为 0 时,$\varphi=\operatorname{arctg}\dfrac{\omega L-\dfrac{1}{\omega C}}{R} \tag{4}$

由式(1)、(2)、(3)、(4)可见,Z,I 和 φ 均为 ω 的函数.它们随 ω 变化的情况如图 4-18、图 4-19、图 4-20 所示.

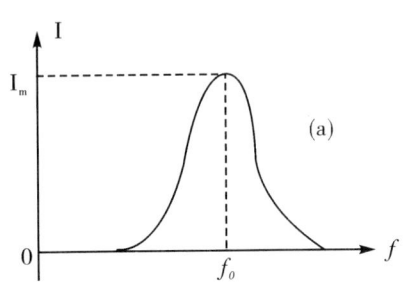
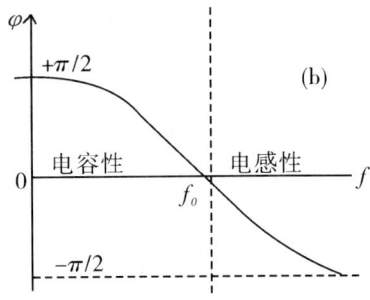

图 4-19　串联谐振回路中电流随频率变化的曲线　　图 4-20　串联谐振回路中 φ 随频率变化的曲线

当电流为极大时,表明回路处于谐振状态.由图 4-19 可知回路处于谐振状态时的频率为 f_0,称 f_0 为谐振频率.

由图 4-18 可见回路处于谐振状态时

$$Z(\omega_0)=R \tag{5}$$

$$\omega_0 L-\frac{1}{\omega_0 C}=0 \tag{6}$$

这说明当回路处于谐振状态时,总阻抗 $\dot{Z}$ 的电抗部分为零,总阻抗呈纯电阻并具有极小幅值 $Z(\omega_0)=R$,所以电流幅值 I 具有极大值 I_m 且相位角为零(即与电压同相位).

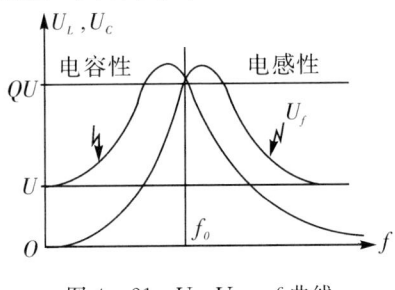

图 4-21　U_L、$U_C \sim f$ 曲线

由(6)式可得 RLC 串联电路的谐振频率

$$f_0=\frac{1}{2\pi\sqrt{LC}} \tag{7}$$

f_0 又称该电路的固有振荡频率.当外加激励电压的频率 $f=f_0$ 时,该电路即进入振荡状态,这就是使 RLC 串联电路进入谐振状态的充分必要条件.

应用交流"欧姆定律",RLC 串联电路各元件上的电压幅值为:

$$U_R=RI=\frac{R}{\left[R^2+(\omega L-\frac{1}{\omega C})^2\right]^{\frac{1}{2}}}\cdot U \tag{8}$$

$$U_L=\omega LI=\frac{\omega L}{\left[R^2+(\omega L-\frac{1}{\omega C})^2\right]^{\frac{1}{2}}}\cdot U \tag{9}$$

$$U_C=\frac{1}{\omega C}I=\frac{1}{\omega C\cdot\left[R^2+(\omega L-\frac{1}{\omega C})^2\right]^{\frac{1}{2}}}\cdot U \tag{10}$$

比较(3)式和(8)式可知,U_R 随 f 变化的曲线,其形状应与图 4-19 相似.U_L,U_C 随 f

变化的曲线如图 4-21 所示. 谐振时

$$U_R = U \tag{11}$$

$$U_L = \frac{\omega_0 L}{R} U = QU \tag{12}$$

$$U_C = \frac{1}{\omega_0 CR} U = QU \tag{13}$$

$$Q = \frac{U_L}{U} = \frac{U_C}{U} = \frac{\omega_0 L}{R} = \frac{1}{\omega_0 CR} = \frac{1}{R}\sqrt{\frac{L}{C}} \tag{14}$$

式中 Q 称为"品质因数",它只与电路本身元件 R,L,C 的参数有关.

以上结果表明:谐振时,电阻 R 上的电压与外加电压相等,L 上的电压与 C 上的电压相等(相位差为 $180°$),且为激励电压的 Q 倍. 对于一般实用的串联谐振电路,R 很小且常用 L 的电阻(即电感线圈导线内阻)代替,Q 值很高,从几十到上千,谐振时电感和电容上的电压很高. 如回旋加速器的加速极就是这样一个电路,Q 值很高,就是用其谐振电压对粒子进行加速.

此外,值得提出的是,无论 U_L 还是 U_C,它们的极大值(比谐振时的略高)都不出现在谐振点,而是分别出现在图 4-21 中谐振点两侧附近的 f_L 和 f_C 处. f_L 和 f_C 的值可分别由(9)和(10)式右边部分对 ω 的导函数为零求得,其结果为:

$$f_L = \frac{1}{2\pi}\sqrt{\frac{2}{2LC - R^2C^2}} \tag{15}$$

$$f_C = \frac{1}{2\pi}\sqrt{\frac{1}{LC} - \frac{R^2}{2L^2}} \tag{16}$$

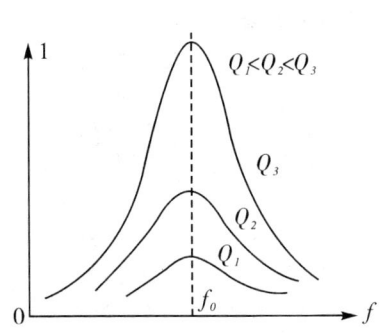

图 4-22

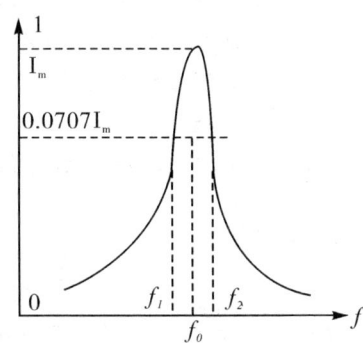

图 4-23

在 L,C 一定的情形下,当 R 越小,串联电路的 Q 值就越大,I,U_L 和 U_C 的谐振曲线越尖锐,如图 4-22 所示. 通常规定与 $0.707I$ 对应的两个频率 f_1 和 f_2 之差为"通频带宽度"(如图 4-23 所示). 根据这一定义,由(3)式可以求得:

$$f_1 = \frac{\sqrt{R^2 + 4L/C} - R}{4\pi L} \tag{17}$$

$$f_2 = \frac{\sqrt{R^2 + 4L/C} + R}{4\pi L} \tag{18}$$

$$\Delta f = f_2 - f_1 = \frac{R}{2\pi L} = \frac{f_0}{Q} \tag{19}$$

由此可见,Q 值越大,通频带 Δf 越小,谐振曲线越尖锐,电路的选择性越好.

改写式(19),得

$$Q = \frac{f_0}{f_2 - f_1} \tag{20}$$

上式为测量一个振荡回路品质因数 Q 的实验原理.

归纳起来,RLC 串联电路谐振特性如下:

1. 回路电流最大. 即 $I_0 = I_m$.
2. 电路阻抗最小,为纯电阻. 即

$$\begin{cases} Z_0 = R \\ \omega_0 L - \dfrac{1}{\omega_0 C} = 0 \end{cases}$$

3. 电路中电感上的电压 U_L 与电容上的电压 U_C 相等(相位相差180°),且是激励电压 U 的 Q 倍. 即 $U_L = U_C = QU$.

4. 电路对激励电压具有选择性.

$$谐振频率:f_0 = \frac{1}{2\pi\sqrt{LC}}$$

$$通频带:\Delta f = f_2 - f_1 = \frac{R}{2\pi L} = \frac{f_0}{Q}$$

实验内容

1. 连接 RLC 电路,其中 $R = 100\Omega, L = 100\text{mH}, C = 0.01\mu\text{F}$.
2. 观察 $Z、\varphi、i$ 与 f 的关系,分别画出它们与频率的关系图.
3. 实验测定其谐振频率是多少?简述所用方法的原理,画出实验电路图.
4. 设定电源电压 $U_{PP} = 2\text{V}$,测出 $U_L = \_\_\_\_$,$U_C = \_\_\_\_$.
5. 通过实验求出电路的实际 Q 值.

思考题

1. 测定 RLC 电路谐振频率的方法有哪些?
2. 电路 Q 值也可用 $Q = \dfrac{\omega_0 L}{R} = \dfrac{1}{R\omega_0 C}$ 求出,它与实际求出的 Q 是否相同?为什么?假设所用的电容为标准电容(无损耗),该电路中所用 L 的 R 为多少?

实验四十一　硅光电池特性研究

太阳能是一种重要的、有效的、可再生清洁能源,其储量巨大,取之不尽,用之不竭,没有污染,充满了诱人的前景.广义上讲,太阳能的利用包括间接利用和直接利用.间接利用是指光合作用、风能、潮汐和海洋温差发电等;而直接利用则主要分为两个方面,即光热作用和光电作用.到目前为止,太阳能光电工业基本是建立在硅材料的基础之上,世界上绝大部分的太阳能光电器件是用晶体硅制造的.

光电池是一种光电转换元件,它不需外加电源而能直接把光能转换为电能.光电池的种类很多,常见的有硒、锗、硅、砷化镓、氧化铜等.其中应用最广的是硅光电池.硅光电池是根据光生伏特效应而制成的光电转换元件,它的用途主要有两个方面:一是作为光辐射探测器件,在气象、农业、林业等部门探测太阳光的辐射,或在工程技术、科学研究等领域,用于各种光电自动控制和测量装置.二是作为太阳能电源装置,可为某些仪器仪表或设备提供轻便的电源.对人造地球卫星而言更是无可替代的电源.它有一系列的优点:性能稳定,光谱响应范围宽,转换效率高,线性相应好,使用寿命长,耐高温辐射,光谱灵敏度和人眼灵敏度相近等.通过实验对硅光电池的基本特性和简单应用作初步的了解和研究,有利于了解使用日益广泛的各种光电器件,具有十分重要的意义.

实验目的

(1) 掌握 PN 结形成原理及其工作机理;
(2) 了解 LED 发光二极管的驱动电流和输出光功率的关系;
(3) 掌握硅光电池的工作原理及其工作特性.

实验仪器

(1) HLD－GD－Ⅱ 型、IHKGD－Ⅰ 硅光电池特性实验仪;
(2) 数字信号发生器;
(3) cos5020B 双踪示波器.

实验原理

1. 引言

目前半导体光电探测器在数码摄像、光通信、太阳电池等领域得到广泛应用,硅光电池是半导体光电探测器的一个基本单元.通过实验深刻理解硅光电池的工作原理和具体使用特性,进一步领会半导体 PN 结原理、光电效应理论和光伏电池产生机理.

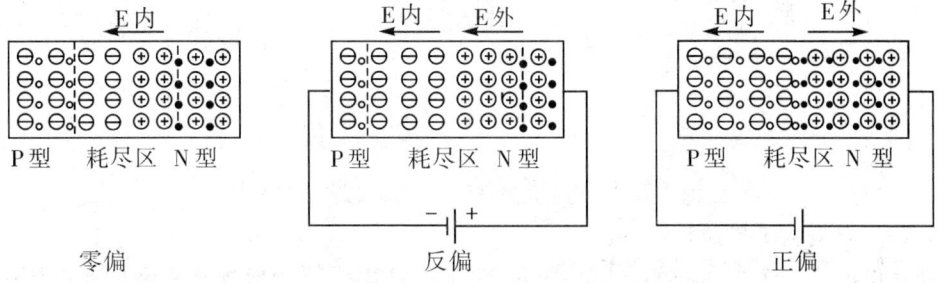

图 4－24 半导体 PN 结在零偏、反偏、正偏下的耗尽区

图 4－24 是半导体 PN 结在零偏、反偏、正偏下的耗尽区,当 P 型和 N 型半导体材料结合时,由于 P 型材料空穴多电子少,而 N 型材料电子多空穴少,结果 P 型材料中的空穴向 N

型材料这边扩散,N 型材料中的电子向 P 型材料这边扩散,扩散的结果使得结合区两侧的 P 型区出现负电荷,N 型区带正电荷,形成一个势垒,由此而产生的内电场将阻止扩散运动的继续进行,当两者达到平衡时,在 PN 结两侧形成一个耗尽区,耗尽区的特点是无自由载流子,呈现高阻抗. 当 PN 结反偏时,外加电场与内电场方向一致,耗尽区在外电场作用下变宽,使势垒加强;当 PN 结正偏时,外加电场与内电场方向相反,耗尽区在外电场作用下变窄,势垒削弱,使载流子扩散运动继续形成电流,此即为 PN 结的单向导电性,电流方向是从 P 指向 N.

2. LED 的工作原理

当某些半导体材料形成的 PN 结加正向电压时,空穴与电子在 PN 结复合时将产生特定波长的光,发光的波长与半导体材料的能级间隙 E_g 有关. 发光波长 λ_p 可由下式确定:

$$\lambda_p = hc/E_g \qquad (1)$$

式(1)中 h 为普朗克常数,c 为光速. 在实际的半导体材料中能级间隙 E_g 有一个宽度,因此发光二极管发出光的波长不是单一的,其发光波长半宽度一般在 25~40nm 左右,随半导体材料的不同而有差别. 发光二极管输出光功率 p 与驱动电流 I 的关系由下式决定:

$$p = \eta E_p I/e \qquad (2)$$

式(2)中,η 为发光效率,E_p 是光子能量,e 是电荷常数.

输出光功率与驱动电流呈线性关系,当电流较大时,由于 PN 结不能及时散热,输出光功率可能会趋向饱和. 本实验用一个驱动电流可调的红色超高亮度发光二极管作为实验用光源. 系统采用的发光二极管驱动和调制电路如图 4-25 所示. 信号调制采用光强度调制的方法,发送光强度调节器用来调节流过 LED 的静态驱动电流,从而改变发光二极管的发射光功率. 设定的静态驱动电流调节范围为 0~20mA,对应面板上的光发送强度驱动显示值为 0~2000 单位. 正弦调制信号经电容、电阻网络及运放跟随隔离后耦合到放大环节,与发光二极管静态驱动电流叠加后使发光二极管发送随正弦波调制信号变化的光信号,如图 4-26 所示,变化的光信号可用于测定光电池的频率响应特性.

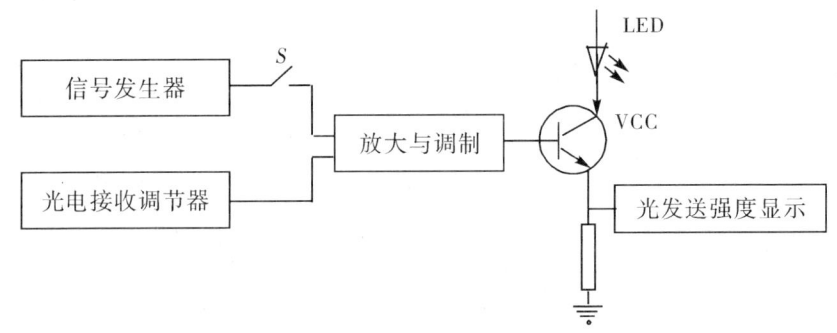

图 4-25　发送光的设定、驱动和调制电路框图

3. 硅光电池的工作原理

硅光电池是一个大面积的光电二极管,它被设计用于把入射到它表面的光能转化为电能,因此,可用作光电探测器和光电池,被广泛用于太空和野外便携式仪器等的能源.

光电池的基本结构如图 4-27,当半导体 PN 结处于零偏或反偏时,在它们的结合面耗尽区存在一内电场,当有光照时,入射光子将把处于介带中的束缚电子激发到导带,激发出的电子空穴对在内电场作用下分别漂移到 N 型区和 P 型区,当在 PN 结两端加负载时就有

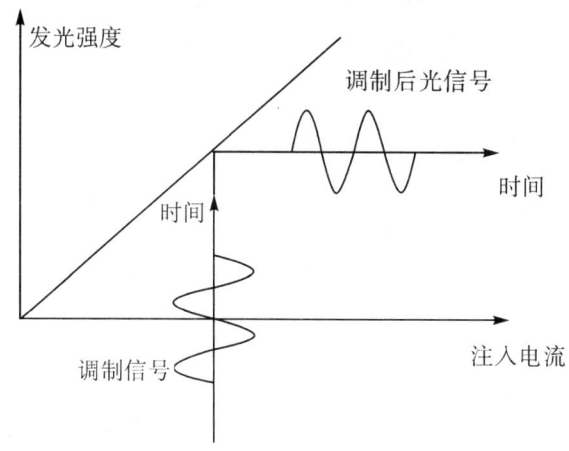

图 4-26　LED 发光二极管的正弦信号调制原理

一光生电流流过负载. 流过 PN 结两端的电流可由式 3 确定

$$I = I_S(e^{\frac{eV}{kT}} - 1) + I_p \tag{3}$$

式(3)中 I_s 为饱和电流，V 为 PN 结两端电压，T 为绝对温度，I_p 为产生的光电流. 从式中可以看到，当光电池处于零偏时，$V=0$，流过 PN 结的电流 $I=I_p$；当光电池处于反偏时(在本实验中取 $V=-5V$)，流过 PN 结的电流 $I=I_p-I_s$，因此，当光电池用作光电转换器时，光电池必须处于零偏或反偏状态.

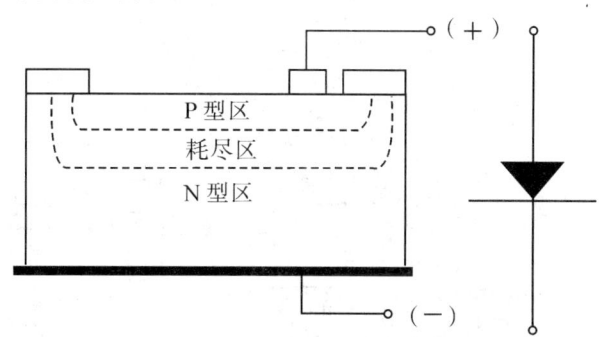

图 4-27　光电池结构示意图

光电池处于零偏或反偏状态时，产生的光电流 I_p 与输入光功率 P_i 有以下关系：

$$I_p = RP_i \tag{4}$$

式(4)中 R 为响应率，R 值随入射光波长的不同而变化，对不同材料制作的光电池 R 值分别在短波长和长波长处存在一截止波长，在长波长处要求入射光子的能量大于材料的能级间隙 E_g，以保证处于介带中的束缚电子得到足够的能量被激发到导带，对于硅光电池其长波截止波长为 $\lambda_c = 1.1\mu m$，在短波长处也由于材料有较大吸收系数使 R 值很小.

图 4-28 是光电信号接收端的工作原理框图，光电池把接收到的光信号转变为与之成正比的电流信号，再经电流电压转换器把光电流信号转换成与之成正比的电压信号. 比较光电池零偏和反偏时的信号，就可以测定光电池的饱和电流 I_s. 当发送的光信号被正弦信号调制时，则光电池输出电压信号中将包含正弦信号，据此可通过示波器测定光电池的频率响应特性.

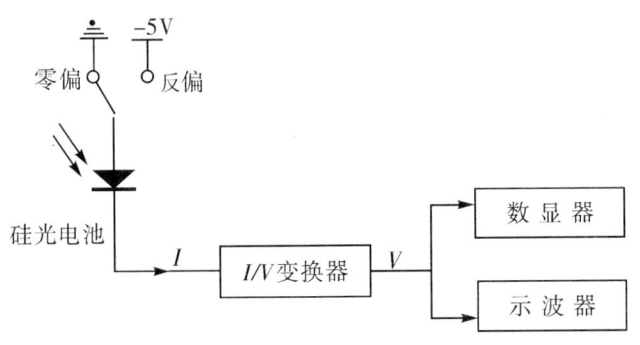

图 4－28 光电池光电信号接收框图

4. 光电池的负载特性

光电池作为电池使用如图 4－29 所示. 在内电场作用下, 入射光子由于内光电效应把处于介带中的束缚电子激发到导带, 而产生光伏电压, 在光电池两端加一个负载就会有电流流过, 当负载很小时, 电流较小而电压较大; 当负载很大时, 电流较大而电压较小. 实验时可改变负载电压 R_L 的值来测定光电池的伏安特性.

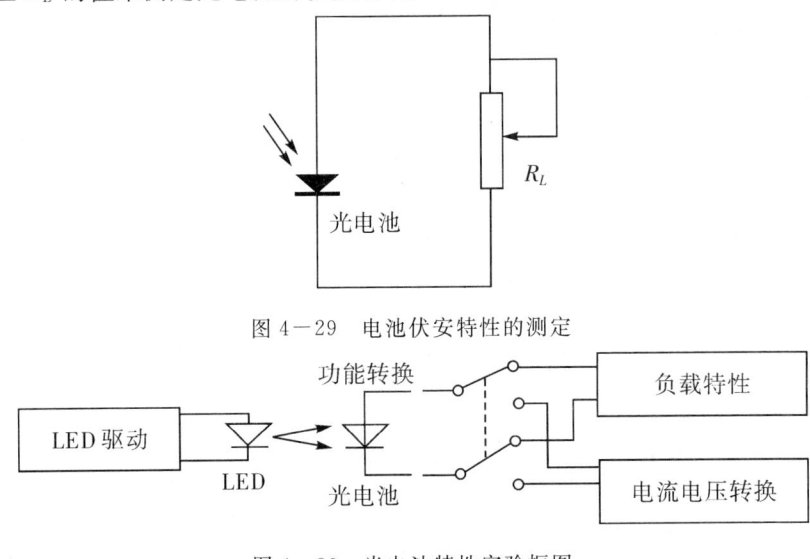

图 4－29 电池伏安特性的测定

图 4－30 光电池特性实验框图

实验内容与步骤

硅光电池特性实验仪框图如图 4－30 所示. 超高亮度 LED 在可调电流和调制信号驱动下发出的光照射到光电池表面, 功能转换开关可分别打到零偏、负偏或负载.

1. 硅光电池零偏和反偏时光电流与输入光信号关系特性测定

打开仪器电源, 调节发光二极管静态驱动电流, 其调节范围为 0～20A(相应于发光强度指示 0～2000), 将功能转换开关分别打到零偏或负偏, 将硅光电池输出端接到 I/V 转换模块的输入端, 将 I/V 转换模块的输出端连接到数字电压表头的输入端, 分别测定光电池在零偏和反偏时光电流与输入光信号关系. 记录数据并在同一张方格纸上作图, 比较光电池在零偏和反偏时两条曲线的关系, 求出光电池的饱和电流 Is.

2. 硅光电池输出连接恒定负载时产生的光伏电压与输入光信号关系测定

将功能转换开关打到"负载"处，将硅光电池输出端连接恒定负载电压(如取 10k)和数字电压表,从 0~20A(指示为 0~2000)调节发光二极管静态驱动电流,实验测定光电池输出电压随输入光强度的关系曲线.

3. 硅光电池伏安特性测定

在硅光电流输入光强度不变时(取发光二极管静态驱动电流为 15A),测量当负载在 0~100kΩ 的范围内变化时,光电池的输出电压随负载电阻变化关系曲线.

4. 硅光电池的频率响应

将功能转换开关分别打到"零偏"和"负偏"处,将硅光电池的输出连接到 I/V 转换模块的输入端.令 LED 偏置电流为 10A(显示为 1000),在信号输入端加正弦调制信号,使 LED 发送调制的光信号,保持输入正弦信号的幅度不变,调节信号发生器频率,用示波器观察并测定记录发送光信号的频率变化时,光电池输出信号幅度的变化,测定光电池在零偏和负偏条件下的幅频特性,并测定其截止频率.将测量结果记录在自制的数据表格中.比较光电池在零偏和负偏条件下的实验结果,分析原因.

思考题

1. 光电池在工作时为什么要处于零偏或反偏?
2. 光电池用于线性光电探测器时,对耗尽区的内部电场有何要求?
3. 光电池对入射光的波长有何要求?
4. 当单个光电池外加负载时,其两端产生的光伏电压为何不会超过 0.7 伏? 如何获得高电压、大电流输出的光电池?

实验四十二　非平衡电桥的原理与应用

电桥的的基本原理是通过桥式电路来测量电阻,从而得到引起电阻变化的其他物理量,如温度、压力、形变等,桥式电路在检测技术、传感器技术中的应用非常广泛.根据电桥工作时是否平衡来区分,可将电桥分为平衡电桥与非平衡电桥两种.平衡电桥一般用于测量具有相对稳定状态的物理量,非平衡电桥往往和一些传感器元件配合使用.某些传感器元件受外界环境(压力、温度、光强等)变化引起其内阻的变化,通过非平衡电桥可将阻值转化为电压输出,从而达到观察、测量和控制环境变化的目的.非平衡电桥在传感技术中已得到广泛应用,非平衡电桥电路是传感技术中的重要组成部分.

实验目的

(1)了解非平衡电桥的工作原理以及与平衡电桥的异同;
(2)掌握与学习利用非平衡电桥的输出电压来测量变化电阻的原理和方法;
(3)初步学习非平衡电桥的设计方法,根据不同被测对象选择不同桥路形式进行测量.

实验仪器

教学用非平衡电桥,温度传感实验装置,电阻箱等.

实验原理

1. 非平衡电桥的工作原理

非平衡电桥的原理图如图 4-30 所示,R_x 为一变化的电阻,R_{x_0} 为 R_x 的初始值,当 $R_x = R_{x_0}$ 时,调节 R_1, R_2, R_3 使得电压表输出电压为零,这时电桥达到平衡. 有 $\dfrac{R_1}{R_2} = \dfrac{R_{x_0}}{R_3}$.

当 R_{x_0} 发生微小变化时,电桥的输出电压不再为零,电桥由平衡状态变化到不平衡状态,我们称此时的电桥为非平衡电桥.

若 $R_x = R_{x_0} + \Delta R$,

伏特表的内阻 $R_L \to \infty$.

那么

$$U = U_1 - U_2 = \left(\dfrac{R_x}{R_1 + R_x} - \dfrac{R_3}{R_2 + R_3} \right) \cdot E$$

整理得:

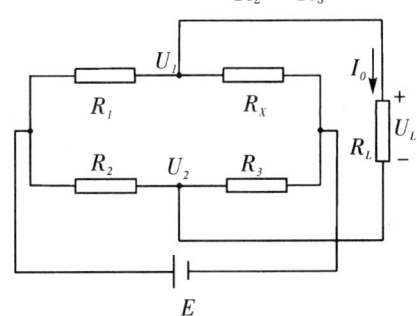

图 4-30 非平衡电桥示意图

$$U = \dfrac{R_1}{(R_1 + R_{x_0})^2} \cdot \dfrac{E}{1 + \dfrac{\Delta R}{R_1 + R_{x_0}}} \cdot \Delta R \tag{1}$$

这是作为一般形式非平衡电桥的输出电压与被测电阻的函数关系.

2. 非平衡电桥的桥路形式

(1)比例电桥

$R_1 = KR_2, R_{x_0} = KR_3$ 或者 $R_1 = KR_{x_0}, R_2 = KR_3, K$ 为比例系数.

(2)卧式电桥——输出对称电桥

$R_1 = R_{x_0}, R_2 = R_3$,但 $R_1 \neq R_2$

(3)立式电桥——电源对称电桥

$R_1 = R_2, R_{x_0} = R_3$,但 $R_2 \neq R_3$

(4)等臂电桥

$R_1 = R_2 = R_3 = R_{x_0}$

若选择等臂和卧式电桥进行数据处理,则(1)式可简化为

$$U = \dfrac{1}{4} \dfrac{E}{R_{x_0}} \cdot \dfrac{1}{1 + \dfrac{\Delta R}{2R_{x_0}}} \cdot \Delta R \tag{2}$$

3. 非平衡电桥测电阻的方法

将被测电阻(传感器)接入非平衡电桥,并进行初始平衡,这时电桥输出电压为 0——预调平衡.

改变被测的非电量,则被测电阻也变化.这时电桥也相应的电压 U 输出.测出这个电压后,可根据(1)式或(2)式计算得到 ΔR 的值.

4. 金属电阻温度系数

任何物体的电阻都与温度有关,多数金属的电阻随温度升高而增大,有如下关系式:

$$R_t = R_0(1 + \alpha t) \tag{3}$$

式中 R_t, R_0 分别是 t℃,0℃时金属的电阻值. α 是电阻温度系数,单位是(℃)$^{-1}$. 严格地说,α 一般与温度有关,但对本实验所用的纯铜材料来说,在 -50℃ 至 100℃ 的范围内 α 的变化很小,可当作常数,即 R_t 与 t 呈线性关系.于是

$$\alpha = \frac{R_t - R_0}{R_0 t} \tag{4}$$

利用金属电阻随温度变化的性质,可制成电阻温度计来测温.例如铂电阻温度计不仅准确度高、稳定性好,而且从 -263℃ 到 1100℃ 都能使用.铜电阻温度计在 -50℃ 到 100℃ 范围内因其线性好,应用也较广泛.

实验内容与步骤

1. 研究非平衡电桥的工作特性

(1)选择等臂电桥,确定各臂电阻值.设 $R_1 = R_2 = R_3 = R_x = 300\Omega$,其中 R_x 用电阻箱代替,并细调使电桥处于平衡状态.

(2)改变 R_x.每次增加 2Ω 并测量对应的不平衡电压,至少测量 6 组数据,填入自拟表格.

(3)作出电压 U 与 R_x 的曲线,求出其斜率.

2. 用非平衡电桥测金属电阻温度系数 α

(1)接线.将 DHW 型多功能恒温实验仪的"铜电阻"端接到非平衡电桥输入端,然后连接好整个电路.

(2)预调电桥平衡.起始温度可以选室温或测量范围内的其他温度.

选择一种桥路形式进行实验.调节各臂电阻的大小,使 $U=0$,记录各臂电阻的大小,测出 $R_{x_0} = \underline{\qquad} \Omega$,并记下初始温度 $t_0 = \underline{\qquad}$ ℃.

(3)打开加热开关,加热电流选择合适的值,对铜电阻进行加热,根据 DHW 的显示温度,读取相应的输出电压 U,记录温度 t(℃)和相应的输出电压 U(mV)的值如下表所示.

U(mV)							
t(℃)							
$\Delta R(\Omega)$							
$R_x(\Omega)$							

(4)根据选用的桥路形式,选择合适的公式计算出 ΔR 和 R_x 的数据.

(5)根据测量结果作 $R_x - t$ 曲线,利用直线拟合求出曲线的斜率 K,并求出 α 的大小.

思考题

1. 简述平衡电桥和非平衡电桥的异同.
2. 试分析非平衡电桥各种桥路形式的应用特点.

【附录】

铜电阻 Cu50 是一线性电阻,具有正的温度系数,其电阻－温度特性见下表.
铜热电阻 Cu50 的电阻－温度特性 $\alpha=0.004280$

端温度 (℃)	0	1	2	3	4	5	6	7	8	9
	电阻值(Ω)									
−30	43.55	43.34	43.12	42.91	42.69	43.48	42.27	42.05	41.83	41.61
−20	45.70	45.49	45.27	45.06	44.84	44.63	44.41	44.20	43.98	43.77
−10	47.85	47.64	47.42	47.21	46.99	46.78	46.56	46.35	46.13	45.92
−0	50.00	49.78	49.52	49.35	49.14	48.92	48.71	48.50	48.28	48.07
0	50.00	50.21	50.43	50.64	50.86	51.07	51.28	51.50	51.81	51.93
10	52.14	52.36	52.57	52.78	53.00	53.21	53.43	53.64	53.86	54.07
20	54.28	54.50	54.71	54.92	55.14	55.35	55.57	55.78	56.00	56.21
30	56.42	56.64	56.85	57.07	57.28	57.49	57.71	57.92	58.14	58.35

实验四十三 集成电路温度传感器的特性测量及应用

随着集成电路制造工业的发展,各种新型的集成电路温度传感器器件不断涌现,其品种繁多,应用广泛. 这类集成电路测温器件有以下几个优点:(1)温度变化引起输出量的变化呈现良好的线性关系;(2)不像热电偶那样需要参考点;(3)抗干扰能力强;(4)互换性好,使用简单方便. 因此,这类传感器已在科学研究、工业和家用电器等方面被广泛使用于温度的精确测量和控制. 本实验仅对电流型集成电路温度传感器的基本特性及应用作简要讨论.

实验目的

(1) 了解电流型集成电路温度传感器的基本特性;
(2) 学习测量并掌握电流型集成电路温度传感器的输出电流与温度的关系;
(3) 采用非平衡电桥法,组装一台 0～50℃ 数字式温度计.

实验仪器

1. AD590 电流型集成温度传感器

AD590 为两端式集成电路温度传感器,它的管脚引出端有两个,如图 4－31 所示:序号

1 接电源正端 U_+（红色引线），序号 2 接电源负端 U_-（黑色引线）．至于序号 3 连接外壳，它可以接地，有时也可以不用．AD590 工作电压 4～30V，通常工作电压 6～15V，但不能小于 4V，小于 4V 将出现非线性状况．

2. FD－WTC－D 型恒温控制温度传感器实验仪，数字式万用表，旋转式电阻箱，水银温度计等

实验原理

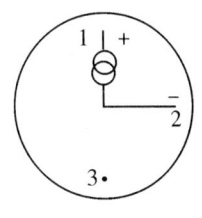

图 4－31

AD590 集成电路温度传感器是由多个参数相同的三极管和电阻组成．当该器件的两端加有某一定直流工作电压时（一般工作电压可在 4.5V－20V 范围内），它的输出电流与温度满足如下关系：

$$I=kt+I_0.$$

式中，I 为其输出电流，单位 μA，t 为摄氏温度，k 为斜率（一般 AD590 的 $k=1\mu A/℃$，即如果该温度传感器的温度升高或降低 1℃，那传感器的输出电流增加或减少 $1\mu A$），I_0 为摄氏零度时的电流值，其值恰好与冰点的热力学温度 273K 相对应．（对市售一般 AD590，其 I_0 值从 273～278μA 略有差异．）利用 AD590 集成电路温度传感器的上述特性，可以制成各种用途的温度计．采用非平衡电桥线路，可以制作一台数字式摄氏温度计，即 AD590 器件在 0℃ 时，数字电压显示值为"0"，而当 AD590 器件处于 t℃ 时，数字电压表显示为"t"值．

实验内容与步骤

1. AD590 传感器温度特性测量

按图 4－32 接线（AD590 的正负极不能接错）．测量 AD590 集成电路温度传感器的电流 I 与温度 t 的关系，取样电阻 R 的阻值为 1000Ω，从室温开始每隔 2℃ 测一个点至 50℃．

使用前将电位器调节旋钮逆时针方向旋到底，把接有 DS18B20 传感器接线端插头插在仪器后面的插座上，DS18B20 测温端放入注有少量硅油的玻璃管内（直径 16mm）；在 2000mL 大烧杯内注入 1600mL 的净水，放入搅拌器和加热器后盖上铝盖并固定．接通电源后待温度显示值出现"B==．="时可按"升温"键，设定所需的温度，再按"确定"键，加热指示灯发光，表示加热开始工作，同时显示"A==．="为当时水槽的初始温度，再按"确定"键显示"B==．="表示原设定值，重复确定键可轮换显示 A、B 值；A 为水温值，B 为设定值，另有"恢复"键可以重新开始．

实验时应注意 AD590 温度传感器为二端铜线引出，为防止极间短路，两铜线不可直接放在水中，应用一端封闭的薄玻璃管套保护，其中注入少量硅油，使之有良好热传递．

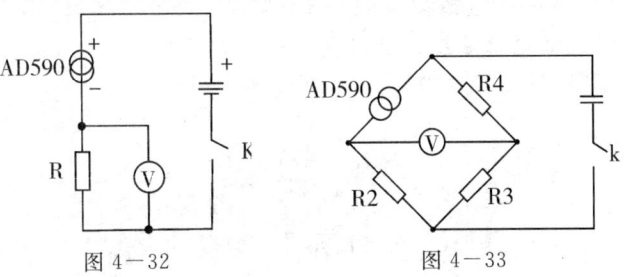

图 4－32　　　　　　图 4－33

2. 制作量程为 0~50℃ 范围的数字温度计

把 AD590、一只旋转式电阻箱、直流稳压电源及数字电压表、固定电阻按图 4-33 接好. 将 AD590 放入冰点槽中，R_2 和 R_3 均为 1000Ω 固定电阻，调节旋转式电阻箱 R_4 使数字电压表示值为零. 然后把 AD590 放入其他温度如室温的水中，用标准水银温度计进行读数对比（冰点槽中冰水混合物为湿冰霜状态才能真正达到 0℃ 温度）.

数据记录与处理

1. 测量 AD590 传感器输出电流 I 和温度 t 之间的关系

表 1 AD590 传感器温度特性测量

t /℃									
U_R/V									
$I_t/\mu A$									

将数据在毫米坐标纸上作图，计算斜率 k、截距 I_0，写出 $I \sim t$ 的关系式. 并用 CASIO-82 计算器进行最小二乘法拟合，求斜率 k、截距 I_0 和相关系数 γ. 写出 $I \sim t$ 关系的经验公式.

2. 制作量程为 0~50℃ 范围的数字摄氏温度计

记录数字电压表示值为零时，旋转式电阻箱 R 的阻值，并记录 AD590 与标准水银温度计同时放入室温水中的温度，计算百分误差.

注意事项

1. AD590 集成温度传感器的正负极性不能接错，红线表示接线电源正极.
2. AD590 集成温度传感器不能直接放入水中或冰水混合物中测量温度，若测量水温或冰水混合物温度，须插入到加有少量硅油的玻璃细管内，再插入待测物测温.
3. 搅拌器转速不宜太快，若转速太快或磁性转子不在中心，有可能使转子离开旋转磁场位置而停止工作，这时须将调节马达转速电位器逆时针调至最小，让磁性转子回到磁场中，再旋转.
4. 倒去烧杯中水时，注意应先取出磁性转子保管好，以避免遗失.

思考题

1. 电流型集成电路温度传感器有哪些特性？它比半导体热敏电阻、热电偶有哪些优点？
2. 如何用 AD590 集成电路温度传感器制作一个热力学温度计，请画出电路图，说明调节方法.

实验四十四 非线性电路混沌

非线性动力学是研究非线性现象普遍规律的学科，主要包括六个研究领域，即混沌、分形、模式形成、孤立子、元胞自动机和复杂系统.

混沌是非线性系统的最典型行为,起源于非线性系统对于初始条件的依赖性,指一个确定性系统的出现的类似随机的行为.近几十年来,混沌一直是学术界的研究热点,涉及的领域包括数学、物理学、生物学、化学、天文学、经济学及工程技术的众多学科,并对这些学科的发展产生了深远影响.许多人认为混沌是继相对论和量子力学后的又一次物理学革命.

非线性电路中的混沌现象是最早引起人们关注的混沌现象之一.电路系统与其对应的数学模型有很好的吻合性,这使得电路模型能很方便的模拟各种非电学混沌系统.而电路元件特征和参数改变非常容易,也使人们更方便地研究和观察混沌.本实验即是利用一种简单的非线性电路——蔡氏电路,通过改变电路中的参数来观察倍周期分岔、阵发混沌和奇异吸引子等现象.

实验目的

(1)观察、认识混沌现象,了解倍周期分岔、阵发混沌和奇异吸引子等现象;
(2)了解非线性电阻的特性.

实验仪器

FD-NCE-Ⅱ非线性电路混沌实验仪、通用示波器等.

实验原理

蔡氏电路是美籍菲律宾华裔蔡少棠(Leon. O. Chua1936~)教授设计的一个能产生复杂混沌现象的最简单的三阶非线性自治电路.它含有一个有源非线性负阻原件 R(图4—46所示的是该电阻的伏安特性曲线,可以看出加在此非线性元件上电压与通过它的电流极性是相反的.由于加在此元件上的电压增加时,通过它的电流却减小,因而将此元件称为非线性负阻元件.)、一个电阻 R_0、两个电容 C_1 和 C_2、一个电感 L,如图4—44所示,电感器 L 和电容器 C_2 组成一个损耗可以忽略的谐振回路;可变电阻 R_0 和电容器 C_1 串联将振荡器产生的正弦信号移相输出.其非线性动力学方程为:

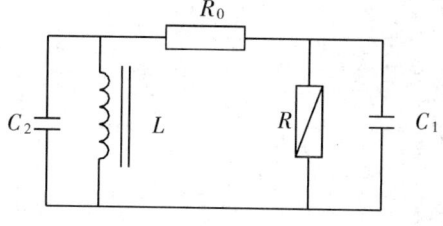

图4—44 非线性电路原理图

$$\begin{cases} C_1 \dfrac{dU_{C_1}}{dt} = G(U_{C_2} - U_{C_1}) - gU_{C_1} \\ C_2 \dfrac{dU_{C_2}}{dt} = G(U_{C_1} - U_{C_2}) + i_L \\ L \dfrac{di_L}{dt} = -U_{C_2} \end{cases} \tag{1}$$

式中，U_{C_1}、U_{C_2} 是 C_1、C_2 上的电压，i_L 是电感 L 上的电流，$G=1/R_0$ 是电导，电阻 R_0 的作用是调节 C_1 和 C_2 的相位差。电路中的 R 是一个分段线性的电阻，整体呈现出非线性，这就使 gU_{C_1} 成为一个分段线性函数，导致三元非线性方程组(1)没有解析解。

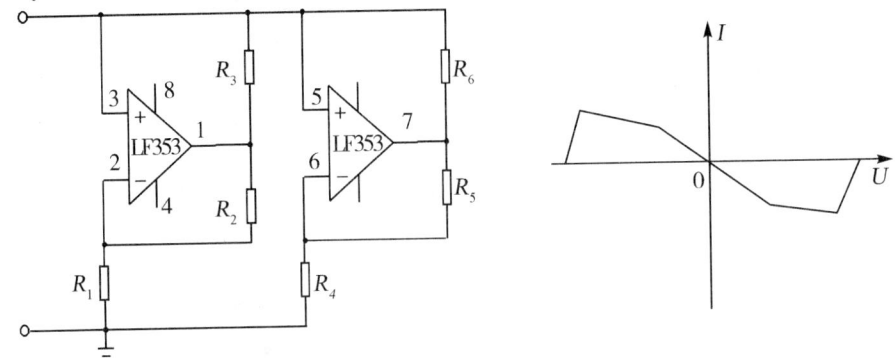

图 4－45　有源非线性器件　　　图 4－46　双运放非线性元件的伏安特性

有源非线性负阻元件实现的方法有多种，这里使用的是一种较简单的电路，采用两个运算放大器(一个双运放 LF353)和六个配制电阻来实现，其电路如图 4－45 所示，它的伏安特性曲线如图 4－46 所示，实验所要研究的是该非线性元件对整个电路的影响，而非线性负阻元件的作用是使振动周期产生分岔和混沌等一系列非线性现象。

实际非线性混沌实验电路如图 4－47 所示。非线性电阻是电路的关键；LC 并联构成振荡电路；R_0 的作用是分相，使 J_1 和 J_2 两处输入示波器的信号产生相位差，可得到 x,y 两个信号的合成图形，双运放 LF353 的前级和后级正、负反馈同时存在，正反馈的强弱与比值 R_3/R_0，R_6/R_0 有关，负反馈的强弱与比值 R_2/R_1，R_4/R_5 有关。当正反馈大于负反馈时，振荡电路才能维持振荡。若调节 R_0，正反馈就发生变化，LF353 处于振荡状态，表现出非线性。

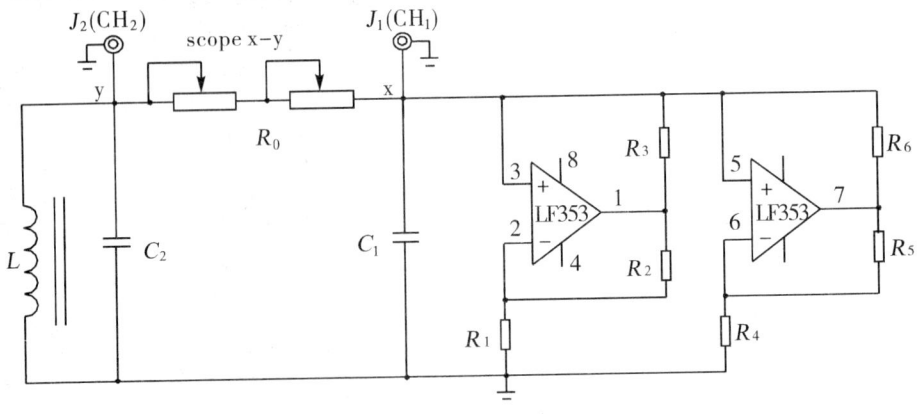

图 4－47　非线性电路混沌实验电路

将 R_0 从大到小调整,同时观察 U_{C_1}、U_{C_2} 的李萨如图.它反映了 U_{C_1} 和 U_{C_2} 的运动状态,在非线性理论中称其为相图.刚开始示波器上显示一亮点,随后变为一有形变的椭圆.(通过双踪观察,思考一下原因是什么?)当然,这里的光点和椭圆都是系统经过一个暂态过程后的终态.非线性动力学中,称它们为吸引子.缓慢的减小 R_0,椭圆会分裂成两个相交的椭圆.它说明,系统需要经过两倍于原来的周期才能恢复原貌.继续减小,出现 4 倍周期、8 倍周期……阵发混沌,3 倍周期等.随后系统进入混沌状态.

值得思考的是,进入混沌状态以后,尽管系统不再是周期性的,但是观察相图可以看出,其轨道本身是有界的,而且呈现出美丽的形状,包含许多空洞,这些又呈现出某种规律性.我们也称其为吸引子,由于其与前面的周期性吸引子不同,被称作奇异吸引子或混沌吸引子.

蔡氏电路的动态性能有丰富的内容,除了前面介绍的倍周期分岔、奇异吸引子(单吸引子和双吸引子)外,还有环面破裂引起的混沌等,分析方法也有很多种.

实验内容与步骤

(1)绕制电感器并测量其电感值;(选作)

(2)按图 4—47 所示的电路图,连接好各元件.调节 R_0 的阻值,在示波器上观测图 4—47 所示的"CH_1—地"和"CH_2—地"之间的时间信号波形,并计算其相位差.

(3)用双踪示波器,观测上述两个波形组成的相图(李萨如图)调整双踪示波器,观测 LC 振荡器产生的波形与经 RC 移相后的波形所构成的相图;

(4)观测相图周期的变化,观测倍周期分岔,阵发混沌,三倍周期,吸引子(混沌)和双吸引子(混沌)现象.由大至小调节电阻 R_0 值时,描绘相图周期的分岔及混沌现象.将一个环形相图的周期定为 P,那么要求观测并记录 $2P$,$4P$,阵发混沌,$3P$,单吸引子(混沌),双吸引子(混沌)共六个相图和相应的 CH_1—地和 CH_2—地两个输出波形.

(5)测量非线性负阻电路(元件)的伏安特性.(选作)

注意事项

(1)双运算放大器的正负极不能接反;

(2)关于非线性负阻电路(元件)的伏安特性测量,正向电压部分的曲线,由反向电压部分曲线关于原点 180 度对称得出,不需测量.

思考题

1.混沌现象的主要特征有哪些?
2.试阐述倍周期分岔、混沌、奇异吸引子等概念的物理含义.

实验四十五 普朗克常数的测定

普朗克常数 h 是一个重要的物理常数.可以说,凡是涉及到普朗克常数的物理现象都是量子现象.学习用光电效应法测定普朗克常数的基本方法,对于我们了解量子物理的发展史,了解人类对光的本质认识的发展史,都是十分有益的.

实验目的

(1)通过实验加深对光的量子性的了解;
(2)通过光电效应实验,验证爱因斯坦方程,并测定普朗克常量.

实验仪器

汞灯,干涉滤光片(404.7nm,435.8nm,546.1nm 和 577.0nm),光电管,微电流放大器,透镜.

实验原理

当一定频率的光照射到某些金属表面上时,可以使电子从金属表面逸出,这种现象称为光电效应,所产生的电子称为光电子.光电效应是光的经典电磁理论所不能解释的.1905年,爱因斯坦依照普朗克的量子假设,提出了光子的概念.他认为光是一种微粒——光子,频率为 ν 的光子具有能量 $E=h\nu$,h 为普朗克常量.根据这一理论,当金属中的电子吸收一个频率为 ν 的光子时,便获得这光子的全部能量 $h\nu$,如果这能量大于电子摆脱金属表面的约束所需要的脱出功 W,电子就会从金属中逸出.按照能量守恒原理有

$$h\nu = \frac{1}{2}mv_m^2 + W \tag{1}$$

上式称为爱因斯坦方程,其中和 m 和 v_m 是光电子的质量和最大速度,$\frac{1}{2}mv_m^2$ 是光电子逸出表面后所具有的最大动能,它说明光子能量 $h\nu$ 小于 W 时,电子不能逸出金属表面,因而没有光电效应产生.产生光电效应的入射光最低频率 $\nu_0 = \frac{W}{h}$,称为光电效应的极限频率(又称红限).不同的金属材料有不同的逸出功,因而 ν_0 也是不同的.

在实验中将采用"减速电势法"测量光电子的最大动能并求出普朗克常量.实验原理如图 4-48 所示.当单色光入射到光电管的阴极 K 上时,如有光电子逸出,则当阳极 A 加正电势,K 加负电势时,光电子就被加速;而当 K 加正电势,A 加负电势时,光电子就被减速;当 A,K 之间所加电压 U 足够大时,光电流 I_m 达到饱和值,当 $U \leqslant -U_0$,并满足方程

$$eU_0 = \frac{1}{2}mv_m^2 \tag{2}$$

时,光电流将为零,此时的 U_0 称为截止电压.光电流与所加电压的关系如图 4-49 所示.

将式(2)代入式(1),可得

$$eU_0 = h\nu - W$$

即 $$U_0 = \frac{h}{e}\nu - \frac{W}{e} \tag{3}$$

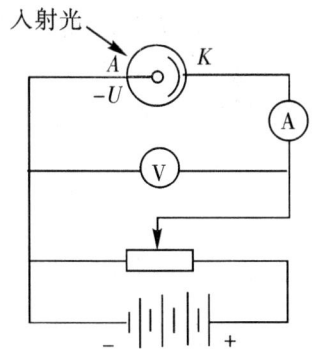
图 4-48 实验原理图

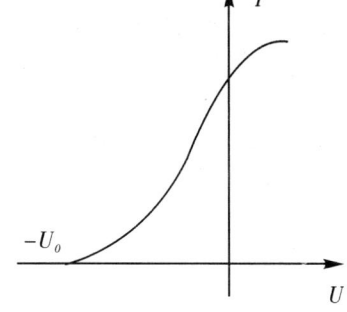
图 4-49 光电流与所加电压的关系图

它表示 U_0 与 ν 间存在线性关系,其斜率等于 $\dfrac{h}{e}$,因而可以从对 U_0 与 v 的数据分析中求出普朗克常量 h.

实际实验时测不出 U_0,测得的是
$$U'_0 = U_0 - U_c$$

式中 U_c 是导线和阴极间的正向接触电势差.将此式代入式(3),可得
$$U'_0 = \frac{h}{e}\nu - (U_c + \frac{W}{e}) \qquad (4)$$

由于 U_c 是不随 ν 而变的常量,所以 U'_0 与 ν 间也是线性关系(见图 4-50).测量不同频率光的 U'_0 值,可求得此线性关系的斜率 b.由于 $b = \dfrac{h}{e}$,所以
$$h = be \qquad (5)$$

即从测量数据求出斜率 b,乘以电子电荷($e = 1.602 \times 10^{-19}$ C)就可求出普朗克常量.

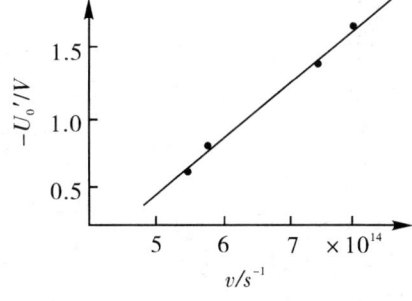
图 4-50

由光电效应测定普朗克常量 h,需要排除一些干扰才能获得一定精度的可以重复的结果.产生干扰影响的主要因素如下:

1. 暗电流和本底电流

光电管在没有受到光照时,也会产生电流,称为暗电流.它是由热电流、漏电流两部分组成.本底电流是周围杂散光射入光电管所致,它们都随外加电压的变化而变化,故排除暗电流和本底电流的影响是十分必要的.

2. 反向电流

由于制做光电管时阳极 A 上往往溅有阴极材料,所以当光射到 A 上或由于杂散光漫射

到 A 上时,阳极 A 也往往有光电子发射;此外,阴极 K 发射的光电子也可能被 A 的表面所反射.当 A 加负电势, K 加正电势时,对阴极 K 上发射的电子而言起了减速作用,而对阳极 A 发射或反射的光电子却起了加速作用,使阳极 A 发出的光电子也到达阴极 K,形成反向电流.

这样,实测的光电流应为阴极电流、暗电流和本底电流之和.光电管的 $I \sim U$ 关系曲线将如图 4-51 中实线所示,由于反向电流和暗电流的存在,使得截止电压的测定变得困难.

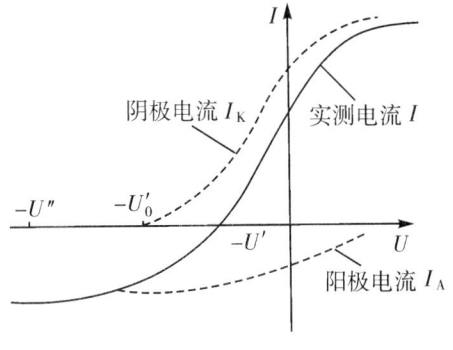

图 4-51

对于不同的光电管,应根据 $I \sim U$ 曲线的特点,选用不同的方法确定截止电压.确定截止电压的方法一般有"交点法"和"拐点法"两种.

(1) 由图中曲线可见,由于反向电流的存在,当实测电流为零时,阴极光电流并不为零,特性曲线与 U 轴的交点电势 $-U'$ 也不是截止电压 $-U'_0$;但对于反向电流小,在截止电压附近阴极光电流上升得快的光电管来说, $-U'$ 就接近 $-U'_0$.这种用交点电势 $-U'$ 代替截止电压 $-U'_0$ 的方法,称为"交点法".

(2) 找出阳极电流刚刚饱和时的拐点电位 $-U''$,显然,它也不是截止电压 $-U'_0$;对于阳极电流虽然较大,但饱和得快的光电管来说, $-U''$ 就接近 $-U'_0$,这种用阳极电流刚饱和时的拐点电势 $-U''$ 代替截止电压 $-U'_0$ 的方法,就称为"拐点法".

本实验用的光电管因阴极电流上升很快,阳极电流很小,故用交点法测定截止电压.

实验内容与步骤

一、计算机模拟操作过程

1. 点燃汞灯预热仪器接通电源,使放大器充分预热(一般为 20min 左右).
2. 熟悉界面,认知知识背景、基本理论.
3. 调零.

调零前,将微电流放大器的输入端与光电管输出端断开,其他正常连接.首先用测定仪上的按键调节电压为零;然后调节测定仪上的调零电位器,使电流显示为零.

4. 联机

按测定仪上的按键将测定仪的"模式"调到联机测试状态,并将光标移到显示"V"的位置,并按中间的确定键将光标锁定(此时无论按任何按键光标将固定不动).测试仪已进入联机等待测试状态(在联机状态做实验时,电流一般选择在 10^{-11} 档做实验).

5. 运行普朗克实验软件,选择菜单项【文件】/【新建】/【普朗克实验】打开实验软件界面,或用快捷方式打开实验软件界面.

6. 选择菜单项【串口选择】弹出选择串口的面板,选择相应的串口后击"确定"键后串口选择完毕.

7. 根据导轨所选的波长在面板上对应地选这个波长,这时这个波长前面的灯变亮,说明这个波长已经选中.

8. 设置起始电压、终止电压以及电压步距值. 现给出五种滤光片的起始电压、终止电压所设范围,仅供参考. 因为电压量程为 $0\sim-3V$,所以老师和同学也可以根据实际情况在此范围内设置起始电压和终止电压的值.(365 滤光片:$-1000\sim-2000$,405 滤光片:$-1000\sim-1900$;436 滤光片:$-800\sim-1600$;546 滤光片:$-300\sim-1000$;577 滤光片:$-300\sim-900$. 此时电压以 mV 为单位)电压步距选为 20mV,若取不到截止电压可适当地减小电压步距.

9. 初始设置完成后,盖上遮光盖,调节菜单项的调零旋钮使电压显示为零,稳定一会后电流显示的值即为本底电流值,点击调零旋钮直至本底电流值在指定的控件上显示为止.

10. 拿下遮光盖,等到电流稳定后点击【实验】/【开始实验】下拉菜单即开始实验,等到数据采集完成以后,点击"取截止电压按钮",这时截止电压即在对应的位置显示出来.

11. 按照上述方法,依次做完余下的波长的实验,并取相应的截止电压值.

12. 五种波长的实验都完成,截止电压也分别取出后,点击【实验】/【计算】,即可算出斜率,普朗克常数实验值及实验误差.

13. 点击 $\nu-U_0$ 曲线按钮,即可出现拟合好的曲线.

二、软件使用注意事项

1. 在菜单【文件】/【保存】中可以以"word"文档的形式保存实验结果,也可以在"word"中打印图形.

2. 在菜单项【文件】/【打印】中可以打印整个实验仪软件界面图. 也可以用快捷方式打印图形.

3. 选择菜单项【文件】/【退出】可直接退出界面.

4. 菜单【电压调零】可以直接把电压调为零.

5. 选择【复位】可以使在微机状态的光标由锁定状态还原为可以移动的状态.

6.【帮助】菜单给出了有关售后服务的有关信息.

7. Y 方向放大、缩小,X 方向放大、缩小,上、下移,左、右移以及还原按键是对 $V-I$ 曲线的操作,这样有助于更好地观察曲线图.

注意事项

(1)应注意不要使光直接照在光电管阳极上.

(2)测试时,如遇环境湿度大,应将光电管和微电流放大器进行干燥处理,以减少漏电流的影响.

(3)首先在做联机实验之前,一定要保证微机处于联机状态,并且光标锁定于"mV"位置固定不动.

(4)测定截止电压时,电压的调节应平稳、缓慢,并以光电流为零时反向电压的最小值为该波长的截止电压.如果所用光电管暗电流的测定值均很小,即暗电流可视为零,只要在电流档测试时,慢慢调节加速电压,使光电流显示为零,再将功能键拨至"2V",所显示的电压值即为该单色光照射时的截止电压$-U_0'$.

(5)平时应将光电管保存在干燥暗箱内,实验时也应尽量减少光照,实验后用遮光盖将进光孔盖住.

(6)对精密仪器应注意防震、防尘、防潮.

思考题

1. 做本实验时,如改变光电管上的照度,对曲线有何影响?
2. 光电管的阴极上均涂有逸出功小的光敏材料,而阳极则选用逸出功大的金属制造,为什么?
3. 什么是金属的逸出功?若用 $W=2.0eV$ 的物质制成光电管的阴极,所能探测的波长红限是多少?
4. 如何从光电管的伏安特性曲线上准确地找出截止电压?
5. 何谓暗电流?它由什么原因引起的?
6. 反向电流产生的原因是什么?在实验中如何消除反向电流的影响?
7. 在测量 $I-V$ 特性时,应该注意些什么?

实验四十六 单色仪的定标

实验目的

(1)了解棱镜单色仪的构造原理和使用方法;
(2)以汞灯的主要谱线为基准,对单色仪在可见光区进行定标.

实验仪器

反射式棱镜单色仪,显微镜,汞灯.

实验原理

单色仪是一种分光仪器,它通过色散元件的分光作用,能输出一系列独立的、光谱区间足够狭窄的单色光,且所输出的单色光的波长可根据需要调节.单色仪有多种,从不同的角度对它有不同的分类.按物镜的形式可分为透射式单色仪和反射式单色仪;按色散元件的不同,可分为棱镜单色仪和光栅单色仪等.单色仪运用的光谱很广,从紫外、可见、近红外一直到远红外.对于不同的光谱区域,一般需换用不同的棱镜或光栅.例如,应用石英棱镜作为色散元件,则主要应用于紫外光谱区,并需用光电倍增管作为探测器;若棱镜材料用NaCl(氯化钠),LiF(氟化锂)或KBr(溴化钾)等,则可应用于广阔的红外光谱区,用真空温差电偶等作为光探测器.本实验所用玻璃棱镜单色仪仅适用于可见光区,用人眼或光电池作为光探测器.

如图4-52所示为反射式棱镜单色仪的结构示意图,其外壳是圆形的,下方有驱动棱镜台转动的丝杆和读数鼓轮,外侧装有缝宽可调的入射狭缝S_1和出射狭缝S_2.其光学系统由三部分组成:

(1) 入射准直系统.由入射缝S_1和凹面镜M_1组成.因S_1固定在M_1的焦面上,它使S_1发出的入射光束成为平行光束.

(2) 瓦兹渥斯(Wadsworth)色散系统.由玻璃棱镜P和平面镜M联合组装成一整体,安装在同一转台上,可以绕通过O点垂直于图面的轴线(棱镜顶角的等分面和底面的交线)转动.该系统的特点是平行光束通过后,以最小偏向角出射的单色光仍平行于原入射光,即该系统为恒偏向色散装置.

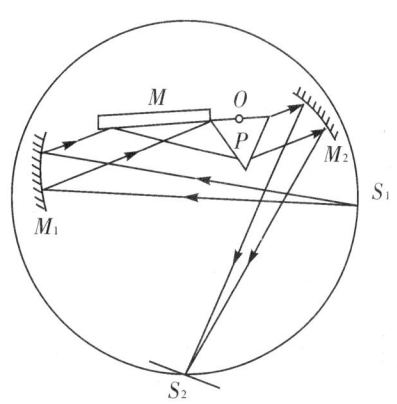

4-52 反射式棱镜单色仪的结构示意图

(3) 出射聚光系统.由凹面镜M_2和出射缝S_2组成,它将色散后沿不同方向传播的单色平行光经M_2反射后,会聚在M_2的焦面上,即出射缝S_2的平面上,因S_2缝宽较小,从S_2输出的是波段很窄的光,通常称为单色光.

随着棱镜台绕O轴转动,以最小偏向角通过棱镜的光束的波长也跟着改变,当最小偏向角由小变大时,从S_2输出的单色光的波长将依次由长变短.

单色仪能输出不同波长的单色光,是依赖于棱镜台的转动才得以实现的.棱镜台的位置是由鼓轮刻度标志的,而鼓轮刻度的每一数值都是和一定波长的单色光输出相对应.因此,必须制作单色仪的鼓轮读数和对应光波波长的关系曲线——定标曲线(又称色散曲线),一旦鼓轮读数确定,便可从定标曲线上查知输出单色光的中心波长.

单色仪出厂时,一般都附有定标曲线的数据或图表供查阅,但是经过长期使用或重新装调之后,其数据会发生改变,这就需要重新定标,以对原数据进行修正.单色仪定标曲线的定标是借助于已知波长的线光谱光源来进行的.本实验用汞灯来做为已知线光谱的光源,在可见光区域(400~760nm)进行定标.在可见光波段,汞灯主要谱线的相对强度和波长如图4-53和表1所示.

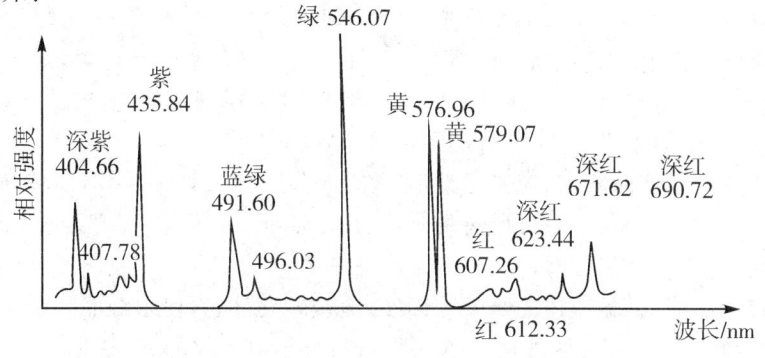

图4-53 汞灯主要谱线的相对强度

表 1　汞灯主要谱线的相对强度

颜色	波长/nm	强度
紫色	404.66△	强
	407.78△	中
	410.81	弱
	433.92	弱
	434.75	中
	435.84△	强
蓝绿色	491.60△	强
	496.03△	中
绿色	535.41	弱
	536.51	弱
	546.07△	强
	567.59	弱
黄色	576.96△	强
	579.07△	强
	585.92	弱
	589.02	弱
橙色	607.26△	弱
	612.33△	弱
红色	623.44△	中
深红色	671.62△	中
	690.72△	中
	708.19	弱

实验内容与步骤

1. 汞灯光源与入射狭缝 S_1 之间放一会聚透镜 L_1. 调节光源与透镜的位置、高低和左右，使光源成像在 S_1 上. 注意：S_1 的宽度已调好，实验时不准再动.

2. 出射狭缝 S_2 处直接用眼观察出射光，并转动鼓轮，可看到红、黄、蓝、紫色光依次通过. 调节光源的高低、左右，使出射光位于 S_2 的中央.

3. 置显微镜于出射狭缝 S_2 处，调节显微镜的高低、左右和前后位置，对出射狭缝 S_2 聚焦，先清楚地看到出射狭缝 S_2，然后转动鼓轮再细调到出现细锐的光谱线，调显微镜中十字叉丝的竖丝位于 S_2 缝中心. 注意调好的显微镜位置不要再动.

4. 在正式测定校准曲线前，应先定性地观察全过程，以便认准谱线，即转动鼓轮，从红光到紫光再从紫光到红光，观察汞灯所有的谱线，认准谱线（对照表一，从颜色、强度、谱线间距等方面去辨认），然后再定量测量.

5. 测定校准曲线，以显微镜的竖丝为标准，缓慢转动鼓轮，使汞灯的各条谱线依次通过，记下鼓轮的读数 R 与其对应的波长 λ. 在坐标纸上作出单色仪的 $R\sim\lambda$ 曲线.

汞灯的谱线较丰富,不必全测,可将表一中标有 △ 的那些谱线测出,注意不要认错谱线.

注意事项

1. 单色仪上的入射狭缝 S_1 比较精密,已调好,不要乱动.
2. 不能用手摸狭缝 S_1、S_2 及错钕玻璃片.

思考题

1. 对单色仪进行定标的目的是什么?试总结出制作单色仪校准曲线的关键.
2. 从单色仪出射狭缝 S_2 射出的光是真正的"单色光"吗?当 S_2 的宽度不变时,从 S_2 射出的红色光与紫色光所包含的波长范围 $\Delta\lambda$ 是否相同?

实验四十七　超声光栅测液体中的声速

1922 年布里渊(L·Brillouin)曾预言,当高频声波在液体中传播时,如果有可见光通过该液体,可见光将产生衍射效应.这一预言在 10 年后被验证,这一现象被称作声光效应.1935 年,拉曼(Raan)和奈斯(Nath)对这一效应进行研究发现,在一定条件下,声光效应的衍射光强分布类似于普通的光栅,所以也称为液体中的超声光栅.

实验目的

(1) 了解声光效应的原理;
(2) 掌握利用声光效应测定液体中声速的方法.

实验原理

压电陶瓷片(PZT)在高频信号源(频率约 10Hz)所产生的的交变电场的作用下,发生周期性的压缩和伸长振动,其在液体中的传播就形成超声波.当一束平面超声波在液体中传播时,其声压使液体分子作周期性变化,液体的局部就会产生周期性的膨胀与压缩,这使得液体的密度在波传播方向上形成周期性分布,促使液体的折射率也做同样分布,形成了所谓疏密波,这种疏密波所形成的密度分布层次结构,就是超声场的图像,此时若有平行光沿垂直于超声波传播方向通过液体时,平行光会被衍射.以上超声场在液体中形成的密度分布层次结构是以行波状态运动的,为使实验条件容易实现,使衍射现象易于稳定观察,实验是在有限尺寸液槽内形成稳定驻波条件下进行观察的,由于驻波振幅可以达到行波振幅的两倍,这样就加剧了液体疏密变化的程度.驻波形成以后,某一时刻 t,驻波某一节点两边的质点涌向该节点,使该节点附近成为质点密集区,在半个周期以后,$t+T/2$,这个节点两边的质点又向左右扩散,使该波节附近成为质点稀疏区,而相邻的两波节附近成为质点密集区.

图 4-54 为在 t 和 $t+T/2$（T 为超声振动周期）两时刻振幅 y、液体疏密分布和折射率 n 的变化分析.由图 4-55 可见,超声光栅的性质是,在某一时刻 t,相邻两个密集区域的距离 λ 为液体中传播的行波的波长,而在半个周期以后,$t+T/2$,所有这样区域的位置整个漂移了一个距离 $\lambda/2$,而在其他时刻,波的现象则完全消失,液体的密度处于均匀状态.超声场形成的层次结构消失,在视觉上是观察不到的,当光线通过超声场时,观察驻波场的结果是,波节为暗条纹(不透光),波腹为亮条纹(透光).明暗条纹的间距为声波波长的一半,即为 $\lambda/2$.由此我们对由超声场的层次结构所形成的超声光栅性质有了了解.当平行光通过超声光栅时,光线衍射的主极大位置由光栅方程决定.

$$d\sin\varphi_k = k\lambda \quad (k=0,1,2,\cdots) \tag{1}$$

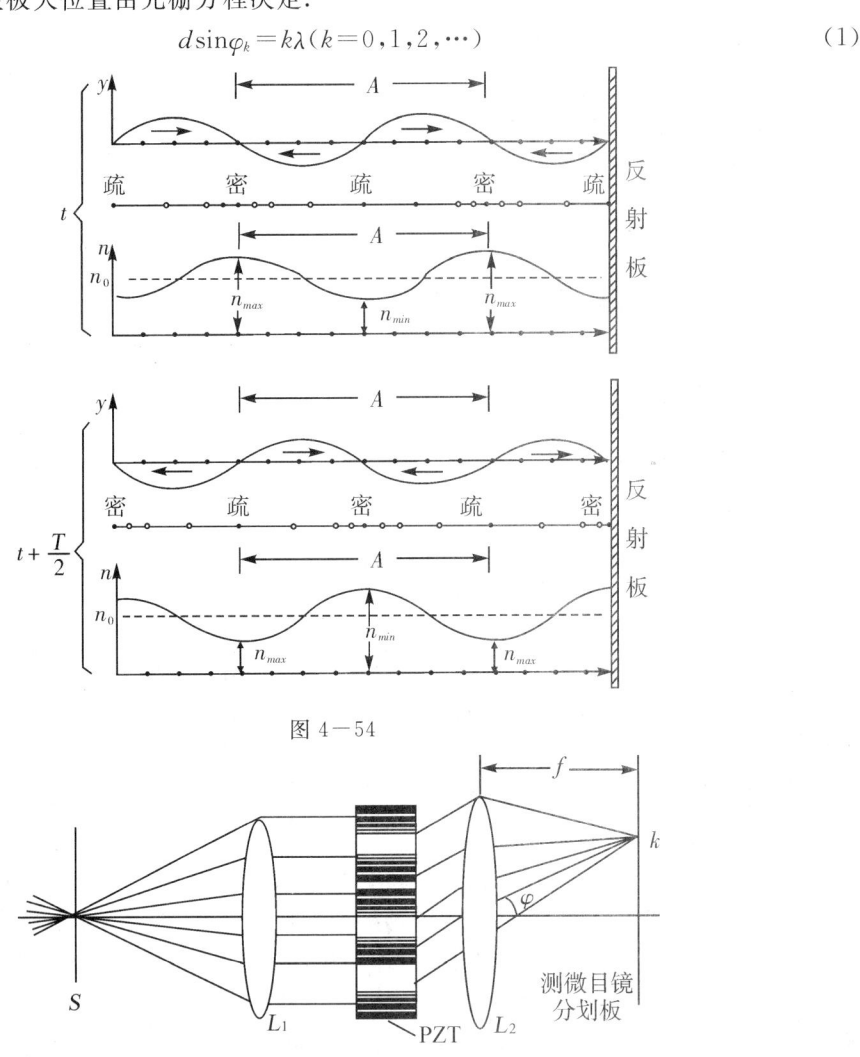

图 4-54

图 4-55

光路图如图 4-55,实际上由于 φ 角很小,可以认为:

$$\sin\varphi_k = l_k/f \tag{2}$$

其中 l_k 为衍射零级光谱线至第 k 级光谱线的距离,f 为 L_2 透镜的焦距,所以超声波的波长

$$d = k\lambda/\sin\varphi_k = k\lambda f/l_k \tag{3}$$

超声波在液体中的传播速度：

$$v = \lambda \nu \tag{4}$$

式中 ν 为信号源的振动频率.

实验仪器

超声光栅实验仪(数字显示高频功率信号源,内装压电陶瓷片PZT的液槽)、分光计、汞灯、测微目镜、液体(无水乙醇、蒸馏水).

实验内容及步骤

1. 用自准法调分光计的望远镜对平行光(即无限远)聚焦,成像在分划板上.

(1) 先目测,调节载物台,望远镜筒,平行光管都初步达到共轴、水平状态,为进一步细调打下基础.

(2) 将平面镜放在载物台上,并与望远镜光轴目测垂直,点亮分光计的小灯,转动目镜,先看清晰分划板上的叉丝,再伸缩目镜筒,使十字窗的像十分清晰,并且用视差法检查(上下左右移动眼睛,像与十字叉丝无相对位移),使十字窗及其反射像与分划板叉丝无视差.由自准直原理可知,望远镜已调焦至无限远.

2. 调整分光计平行光管出射平行光,且与望远镜共轴.

取下平面镜,关闭望远镜照明灯,用已调好的望远镜来调节平行光管,步骤如下:从侧面和俯视两个方向把平行光管和望远镜调到大致共轴,点亮汞灯,照亮分光计狭缝,从望远镜筒中观察,同时伸缩狭缝筒,直到看到清晰的狭缝像,且与叉丝线无视差,这样平行光管出射为平行光.然后调节狭缝宽为1mm以内,转动狭缝为水平状态,调节平行光管的仰俯,使狭缝的像与分划板上的中心叉丝线的水平线重合,这样平行光管的光轴就与望远镜筒的中心轴水平方向重合,然后将狭缝转90°为竖直状态,转动望远镜筒,使竖狭缝像与竖叉丝线重合,并锁定该位置,此时调平行光管与望远镜筒共轴完成.

3. 液槽内充好液体后,连接好液槽上的压电陶瓷片与高频功率信号源上的连线,将液槽放置到分光计的载物台上,且使光路与液槽内超声波传播方向垂直.

4. 调节高频功率信号源的频率(数字显示)和液槽的方位,直到视场中出现稳定而且清晰的左右至少各二级以上对称的衍射光谱,再细调频率,使衍射的谱线出现间距最大,且最清晰的状态,记录此时的信号源频率.

5. 分光计目镜更换测微目镜,对蒸馏水和无水乙醇两种液体的超声光栅现象进行测量,分别测量紫、绿、黄1、黄2四条谱线各级的相对位置,并记录液体的温度.

6. 计算紫、绿、黄1、黄2每一条谱线衍射级间的平均间距 $2l_k$,计算出不同级数、不同波长所对应的光栅常数 d_i,求出 d,然后求出声速 v,并与标准声速 v_S 相比,求出 $\dfrac{v-v_S}{v_S} \times 100\%$.

思考题

1. 如何保证本实验平行光束垂直于声波的方向?

2. 驻波波节之间距离为半个波长 $\frac{\lambda}{2}$,为什么超声光栅的光栅常数等于超声波的波长 λ?

附录

一些参数:

20℃时,无水乙醇(C_2H_5OH)中标准声速 $v_S=1168.0$m/s

水(H_2O)中标准声速 $v_S=1451.0$m/s

紫光波长　　　$\lambda=425.83$nm　　　黄1光波长　　　$\lambda=576.96$nm

绿光波长　　　$\lambda=546.07$nm　　　黄2光波长　　　$\lambda=579.07$nm

1. 测微目镜简介

测微目镜是带测微装置的目镜,可作为测微显微镜和测微望远镜等仪器的部件,在光学实验中有时也作为一个测长仪器独立使用(例如测量非定域干涉条纹的间距).图 4-56(a)是一种常见的丝杠式测微目镜的结构剖面图.鼓轮转动时通过传动螺旋推动叉丝玻片移动;鼓轮反转时,叉丝玻片因受弹簧恢复力作用而反向移动.有 100 个分格的鼓轮每转一周,叉丝移动 1mm,所以鼓轮上的最小刻度为 0.01mm.图 4-56(b)表示通过目镜看到的固定分划板上的毫米尺、可移动分划板上的叉丝与竖丝以及被观测的几条干涉条纹.

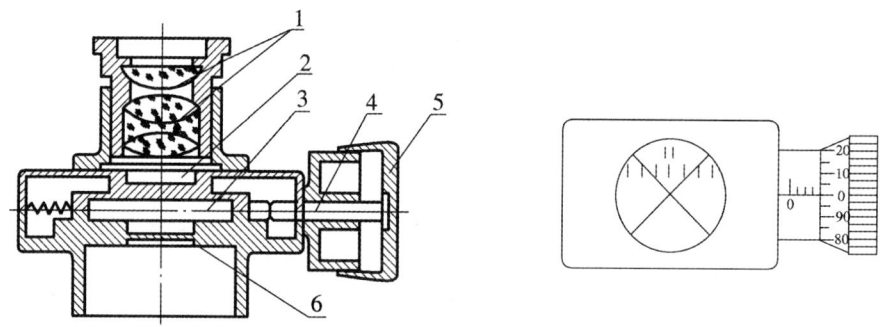

1.复合目镜;2.固定的毫米刻度玻片;3.可动的叉丝玻片;4.传动螺旋;5.鼓轮;6.防尘玻璃

图 4-56(a)　　　　　　　　　　　图 4-56(b)

例:为了测量干涉条纹中的 10 个明(或暗)条纹距离,可以使叉丝和竖丝对准第 n 个明(或暗)条纹,先读毫米标尺上的整数,再加上鼓轮上的小数,即为该条纹的位置 A.再慢慢移动叉丝和竖丝,对准第 $n+10$ 个明(或暗)条纹,得到位置 B.若 $A=2.735$mm,$B=4.972$mm,则 11 个条纹间的 10 个距离就是:

$$10\Delta x = B - A = 4.972 - 2.375 = 2.237 \text{mm}$$

测微目镜的结构很精密,使用时应注意:虽然分划板刻尺是 0~8mm,但一般测量应尽量在 1~7mm 范围内进行,竖丝或叉丝交点不许越出毫米尺刻线之外,这是为保护测微装置的准确度所必须遵守的规则.

实验四十八　椭圆偏振仪测量薄膜厚度和折射率

在近代科学技术的许多部门中对各种薄膜的研究和应用日益广泛.因此,更加精确和迅速地测定一给定薄膜的光学参数已变得更加迫切和重要.在实际工作中虽然可以利用各种传统的方法测定薄膜的光学参数(如布儒斯特角法测介质膜的折射率、干涉法测膜厚等),但椭圆偏振法(简称椭偏法)具有独特的优点,是一种较灵敏(可探测生长中的薄膜小于0.1nm 的厚度变化)、精度较高(比一般的干涉法高一至二个数量级)、非破坏性的测量,是一种先进的测量薄膜纳米级厚度的方法.它能同时测定膜的厚度和折射率(以及吸收系数).因而,目前椭圆偏振法测量已在光学、半导体、生物、医学等方面得到较为广泛的应用.这个方法的原理几十年前就已被提出,但由于计算过程太复杂,一般很难直接从测量值求得方程的解析解.直到广泛应用计算机以后,才使该方法具有了新的活力.目前,该方法的应用仍处在不断的发展中.

实验目的

(1)了解椭圆偏振法测量薄膜参数的基本原理;
(2)初步掌握椭圆偏振仪的使用方法,并对薄膜厚度和折射率进行测量.

实验原理

椭偏法测量的基本思路是,起偏器产生的线偏振光经取向一定的 1/4 波片后成为特殊的椭圆偏振光,把它投射到待测样品表面时,只要起偏器取适当的透光方向,被待测样品表面反射出来的将是线偏振光.根据偏振光在反射前后的偏振状态变化,包括振幅和相位的变化,便可以确定样品表面的许多光学特性.

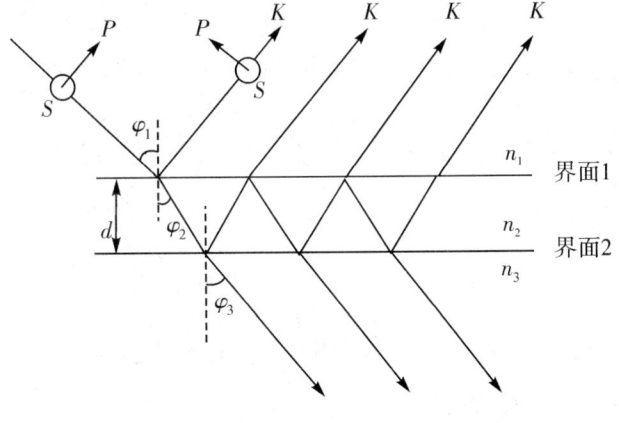

图 4-57

1. 椭偏方程与薄膜折射率和厚度的测量

图 4-57 所示为一光学均匀和各向同性的单层介质膜.它有两个平行的界面,通常,上部是折射率为 n_1 的空气(或真空),中间是一层厚度为 d 折射率为 n_2 的介质薄膜,下层是折射率为 n_3 的衬底,介质薄膜均匀地附在衬底上,当一束光射到膜面上时,在界面 1 和界面 2 上形成多次反射和折射,并且各反射光和折射光分别产生多光束干涉.其干涉结果反映了膜的光学特性.

设 φ_1 表示光的入射角,φ_2 和 φ_3 分别为在界面 1 和 2 上的折射角.根据折射定律有

$$n_1 \sin\varphi_1 = n_2 \sin\varphi_2 = n_3 \sin\varphi_3 \tag{1}$$

光波的电矢量可以分解成在入射面内振动的 P 分量和垂直于入射面振动的 S 分量. 若用 E_{ip} 和 E_{is} 分别代表入射光的 P 和 S 分量,用 E_{rp} 及 E_{rs} 分别代表各束反射光 K_0,K_1,K_2 ……中电矢量的 P 分量之和及 S 分量之和,则膜对两个分量的总反射系数 R_p 和 R_s 定义为

$$R_P = E_{rp}/E_{ip}, R_s = E_{rs}/E_{is} \tag{2}$$

经计算可得

$$E_{rs} = \frac{r_{1s}+r_{2s}e^{-i2\delta}}{1+r_{1s}r_{2s}e^{-i2\delta}}E_{is} \qquad E_{rp} = \frac{r_{1p}+r_{2p}e^{-i2\delta}}{1+r_{1p}r_{2p}e^{-i2\delta}}E_{ip} \tag{3}$$

式中,r_{1p} 或 r_{1s} 和 r_{2p} 或 r_{2s} 分别为 P 或 S 分量在界面 1 和界面 2 上一次反射的反射系数. 2δ 为任意相邻两束反射光之间的相位差. 根据电磁场的麦克斯韦方程和边界条件,可以证明

$$\begin{cases} r_{1p} = \tan(\varphi_1-\varphi_2)/\tan(\varphi_1+\varphi_2), r_{1s} = -\sin(\varphi_1-\varphi_2)/\sin(\varphi_1+\varphi_2); \\ r_{2p} = \tan(\varphi_2-\varphi_3)/\tan(\varphi_2+\varphi_3), r_{2s} = -\sin(\varphi_2-\varphi_3)/\sin(\varphi_2+\varphi_3). \end{cases} \tag{4}$$

式(4)即著名的菲涅尔(Fresnel)反射系数公式. 由相邻两反射光束间的光程差,不难算出

$$2\delta = \frac{4\pi d}{\lambda}n_2\cos\varphi_2 = \frac{4\pi d}{\lambda}\sqrt{n_2^2-n_1^2\sin^2\varphi_1}. \tag{5}$$

式中,λ 为真空中的波长,d 和 n_2 为介质膜的厚度和折射率.

$$\tan\psi \cdot e^{i\Delta} = R_p/R_s = \frac{(r_{1p}+r_{2p}e^{-i2\delta})(1+r_{1s}r_{2s}e^{-i2\delta})}{(1+r_{1p}r_{2p}e^{-i2\delta})(r_{1s}+r_{2s}e^{-i2\delta})}$$

在椭圆偏振法测量中,为了简便,通常引入另外两个物理量 ψ 和 Δ 来描述反射光偏振态的变化.

上式简称为椭偏方程,其中的 ψ 和 Δ 称为椭偏参数(由于具有角度量纲也称椭偏角).

由式(1),式(4),式(5)和上式可以看出,参数 ψ 和 Δ 是 n_1,n_2,n_3,λ 和 d 的函数. 其中 n_1,n_3,λ 和 φ_1 可以是已知量,如果能从实验中测出 ψ 和 Δ 的值,原则上就可以算出薄膜的折射率 n_2 和厚度 d. 这就是椭圆偏振法测量的基本原理.

实际上,究竟 ψ 和 Δ 的具体物理意义是什么,如何测出它们,以及测出后又如何得到 n_2 和 d,均须作进一步的讨论.

2. ψ 和 Δ 的物理意义

用复数形式表示入射光和反射光的 P 和 S 分量:

$$\begin{cases} E_{ip} = |E_{ip}|exp(i\theta_{ip}), E_{is} = |E_{is}|exp(i\theta_{is}) \\ E_{rp} = |E_{rp}|exp(i\theta_{rp}), E_{rs} = |E_{rs}|exp(i\theta_{rs}) \end{cases} \tag{6}$$

式中各绝对值为相应电矢量的振幅,各 θ 值为相应界面处的相位.

由式(6),式(2)和式(7)式可以得到

$$\tan\psi \cdot e^{i\Delta} = \frac{|E_{rp}||E_{is}|}{|E_{rs}||E_{ip}|}\exp\{i[(\theta_{rp}-\theta_{rs})-(\theta_{ip}-\theta_{is})]\} \tag{7}$$

比较等式两端即可得

$$\tan\psi = |E_{rp}||E_{is}|/|E_{rs}||E_{ip}| \tag{8}$$

$$\Delta = (\theta_{rp}-\theta_{rs})-(\theta_{ip}-\theta_{is}) \tag{9}$$

式(8)表明,参量 ψ 与反射前后 P 和 S 分量的振幅比有关. 而(9)式表明,参量 Δ 与反射前后 P 和 S 分量的相位差有关. 可见,ψ 和 Δ 直接反映了光在反射前后偏振态的变化. 一般规定,ψ 和 Δ 的变化范围分别为 $0\leq\psi<\pi/2$ 和 $0\leq\Delta<2\pi$.

当入射光为椭圆偏振光时,反射后一般为偏振态(指椭圆的形状和方位)发生了变化的椭圆偏振光(除开 $\psi < \pi/4$ 且 $\Delta = 0$ 的情况).为了能直接测得 ψ 和 Δ,须将实验条件作某些限制以使问题简化,也就是要求入射光和反射光满足以下两个条件:

(1)要求入射在膜面上的光为等幅椭圆偏振光(即 P 和 S 二分量的振幅相等).这时,$|E_{ip}|/|E_{is}| = 1$,式(9)则简化为

$$\tan\psi = |E_{rp}|/|E_{rs}| \tag{10}$$

(2)要求反射光为一线偏振光.也就是要求 $\theta_{rp} - \theta_{rs} = 0$(或 π),式(9)则简化为

$$\Delta = -(\theta_{ip} - \theta_{is}) \tag{11}$$

满足后一条件并不困难.因为对某一特定的膜来说,总反射系数比 R_p/R_s 是一定值.式(6)决定了 Δ 也是某一定值.根据(9)式可知,只要改变入射光二分量的相位差($\theta_{ip} - \theta_{is}$),直到其大小为一适当值(具体方法见后面的叙述),就可以使($\theta_{ip} - \theta_{is}$) = 0(或 π),从而使反射光变成一线偏振光.利用一检偏器可以检验此条件是否已满足.

以上两个条件都得到满足时,式(10)表明,$\tan\psi$ 恰好是反射光的 P 和 S 分量的幅值比,ψ 是反射光线偏振方向与 s 方向间的夹角,如图 4-58 所示.式(11)则表明,Δ 恰好是在膜面上的入射光中 s 和 S 分量间的相位差.

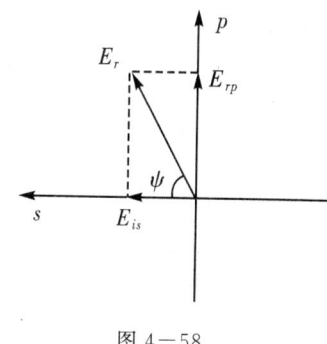

图 4-58

3. ψ 和 Δ 的测量

实现椭圆偏振法测量的仪器称为椭圆偏振仪(简称椭偏仪).它的光路原理如图 4-59 所示.氦氖激光管发出的波长为 632.8nm 的自然光,先后通过起偏器 Q,1/4 波片 C 入射在待测薄膜 F 上,反射光通过检偏器 R 射入光电接收器 T.

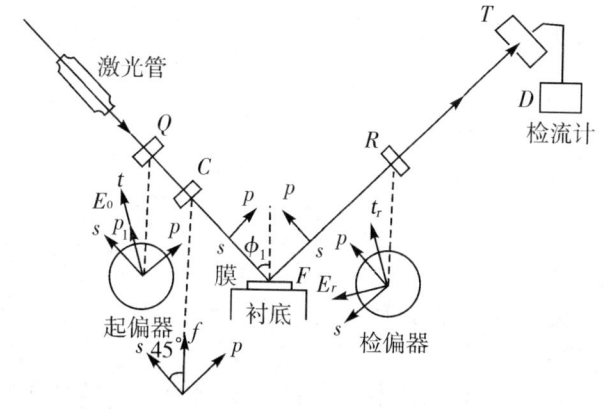

图 4-59

如前所述,P 和 S 分别代表平行和垂直于入射面的二个方向.快轴方向 f,对于负晶体是指平行于光轴的方向,对于正晶体是指垂直于光轴的方向.t 代表 Q 的偏振方向,f 代表 C 的快轴方向,t_r 代表 R 的偏振方向.慢轴方向 l,对于负晶体是指垂直于光轴方向,对于正晶体是指平行于光轴方向.无论起偏器的方位如何,经过它获得的线偏振光再经过1/4 波片后一般成为椭圆偏振光.为了在膜面上获得 P 和 S 二分量等幅的椭圆偏振光,只须转动 1/4 波片,使其快轴方向 f 与 s 方向的夹角 $\alpha = \pm \pi/4$ 即可(参看后面).为了进一步使反射光变

成为一线偏振光 E_i,可转动起偏器,使它的偏振方向 t 与 s 方向间的夹角 P_1 为某些特定值.这时,如果转动检偏器 R 使它的偏振方向 t_r 与 E_r 垂直,则仪器处于消光状态,光电接收器 T 接收到的光强最小,检流计的示值也最小.本实验中所使用的椭偏仪,可以直接测出消光状态下的起偏角 P_1 和检偏方位角 ψ.从式(11)可见,要求出 Δ,还必须求出 P_1 与 $(\theta_{ip} - \theta_{is})$ 的关系.

下面就上述的等幅椭圆偏振光的获得及 P_1 与 Δ 的关系作进一步的说明.如图 4-60 所示,设已将 1/4 波片置于其快轴方向 f 与 s 方向间夹角为 $\pi/4$ 的方位.E_0 为通过起偏器后的电矢量,P_1 为 E_0 与 s 方向间的夹角(以下简称起偏角).令 γ 表示椭圆的开口角(即两对角线间的夹角).由晶体光学可知,通过 1/4 波片后,E_0 沿快轴的分量 E_f 与沿慢轴的分量 E_l 比较,相位上超前 $\pi/2$.用数学式可以表达成

$$E_f = E_0 \cos\left(\frac{\pi}{4} - p_1\right) e^{i\frac{\pi}{2}} = iE_0 \cos\left(\frac{\pi}{4} - P_1\right) \tag{12}$$

$$E_l = E_0 \sin\left(\frac{\pi}{4} - P_1\right) \tag{13}$$

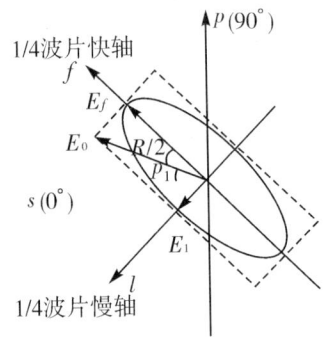

图 4-60

从它们在 p 和 s 两个方向的投影可得到 p 和 s 的电矢量分别为:

$$E_{ip} = E_f \cos\frac{\pi}{4} - E_l \cos\frac{\pi}{4} = \frac{\sqrt{2}}{2} E_0 e^{i(\frac{3\pi}{4} - p_1)} \tag{14}$$

$$E_{is} = E_f \sin\frac{\pi}{4} - E_l \sin\frac{\pi}{4} = \frac{\sqrt{2}}{2} E_0 e^{i(\frac{\pi}{4} + p_1)} \tag{15}$$

由式(14)和式(15)看出,当 1/4 波片放置在 $+\pi/4$ 角位置时,的确在 p 和 s 二方向上得到了幅值均为 $\sqrt{2}E_0/2$ 的椭圆偏振入射光.p 和 s 的位相差为

$$\theta_{ip} - \theta_{is} = \pi/2 - 2P_1 \tag{16}$$

另一方面,从图 4-60 上的几何关系可以得出,开口角 γ 与起偏角 P_1 的关系为

$$\gamma/2 = \pi/4 - P_1$$
$$\gamma = \pi/2 - 2P_1 \tag{17}$$

则(16)式变为

$$\theta_{ip} - \theta_{is} = \gamma \tag{18}$$

由式(11)可得

$$\Delta = -(\theta_{ip} - \theta_{is}) = -\gamma \tag{19}$$

至于检偏方位角 ψ,可以在消光状态下直接读出.

在测量中,为了提高测量的准确性,常常不是只测一次消光状态所对应的 P_1 和 ψ_1 值,而是将四种(或二种)消光位置所对应的四组 (P_1,ψ_1),(P_2,ψ_2),(P_3,ψ_3) 和 (P_4,ψ_4) 值测出,经处理后再算出 Δ 和 ψ 值.其中,(P_1,ψ_1) 和 (P_2,ψ_2) 所对应的是 1/4 波片快轴相对于 s 方向置 $+\pi/4$ 时的两个消光位置(反射后 P 和 S 光的位相差为 0 或为 π 时均能合成线偏振光).而 (P_3,ψ_3) 和 (P_4,ψ_4) 对应的是 1/4 波片快轴相对于 s 方向置 $-\pi/4$ 的两个消光位置.另外,还可以证明下列关系成立:$|p_1-p_2|=90°$,$\psi_2=-\psi_1$,$|p_3-p_4|=90°$,$\psi_4=-\psi_3$.求 Δ 和 ψ 的方法如下所述.

(1)计算 Δ 值.将 P_1,P_2,P_3 和 P_4 中大于 $\pi/2$ 的减去 $\pi/2$,不大于 $\pi/2$ 的保持原值,并分别记为 $<P_1>$,$<P_2>$,$<P_3>$ 和 $<P_4>$,然后分别求平均值.计算中,令

$$P'_1=\frac{<P_1>+<P_2>}{2} \text{ 和 } P'_3=\frac{<P_3>+<P_4>}{2} \tag{20}$$

而椭圆开口角 γ 与 P'_1 和 P'_3 的关系为

$$\gamma=|P'_1-P'_3| \tag{21}$$

由式(22)算得 ψ 后,再按表 1 求得 Δ 值.利用类似于图 4-60 的作图方法,分别画出起偏角 P_1 在表 1 所指范围内的椭圆偏振光图,由图上的几何关系求出与公式(18)类似的 γ 与 P_1 的关系式,再利用式(20)就可以得出表 1 中全部 Δ 与 γ 的对应关系.

表 1 P_1 与 Δ 的对应关系

P_1	$\Delta=-(\theta_{ip}-\theta_{is})$
$0\sim\pi/4$	$-\gamma$
$\pi/4\sim\pi/2$	γ
$\pi/2\sim3\pi/4$	$\pi-\gamma$
$3\pi/4\sim\pi$	$-(\pi-\gamma)$

(2)计算 ψ 值:应按公式(22)进行计算

$$\psi=\frac{(|\psi_1|+|\psi_2||\psi_3|+|\psi_4|)}{4} \tag{22}$$

4. 折射率 n_2 和膜厚 d 的计算

尽管在原则上由 ψ 和 Δ 能算出 n_2 和 d,但实际上要直接解出 (n_2,d) 和 (Δ,ψ) 的函数关系式是很困难的.一般在 n_1 和 n_2 均为实数(即为透明介质的),并且已知衬底折射率 n_3(可以为复数)的情况下,将 (n_2,d) 和 (Δ,ψ) 的关系制成数值表或列线图而求得 n_2 和 d 值.编制数值表的工作通常由计算机来完成.制作的方法是,先测量(或已知)衬底的折射率 n_2,取定一个入射角 φ_1,设一个 n_2 的初始值,令 δ 从 0 变到 $180°$(变化步长可取 $\pi/180$,$\pi/90$,… 等),利用式(4),式(5)和式(6),便可分别算出 d,Δ 和 ψ 值.然后将 n_2 增加一个小量进行类似计算.如此继续下去便可得到 $(n_2,d)\sim(\Delta,\psi)$ 的数值表.为了使用方便,常将数值表绘制成列线图.用这种查表(或查图)求 n_2 和 d 的方法,虽然比较简单方便,但误差较大,故目前日益广泛地采用计算机直接处理数据.

另外,求厚度 d 时还需要说明一点:当 n_1 和 n_2 为实数时,式(4)中的 φ_2 为实数,两相邻反射光线间的相位差亦为实数,其周期为 2π,2δ 可能随着 d 的变化而处于不同的周期中.若令 $2\delta=2\pi$ 时对应的膜层厚度为第一个周期厚度 d_0,由(4)式可以得到:

$$d_0 = \frac{\lambda}{2\sqrt{n_2^2 - n_1^2 \sin^2 \varphi_1}} \tag{23}$$

由数值表、列线图或计算机算出的 d 值均是第一周期内的数值. 若膜厚大于 d_0, 可用其他方法（如干涉法）确定所在的周期数 j, 则总膜厚是

$$D = (j-1)d_0 + d \tag{24}$$

5. 金属复折射率的测量

以上讨论的主要是透明介质膜光学参数的测量，膜对光的吸收可以忽略不计，因而折射率为实数. 金属是导电媒质，电磁波在导电媒质中传播要衰减. 故各种导电媒质中都存在不同程度的吸收. 理论表明，金属的介电常数是复数，其折射率也是复数. 现表示为

$$\tilde{n}_2 = n_2 - i\kappa \tag{25}$$

式中的实部 n_2 并不相当于透明介质的折射率. 换句话说, n_2 的物理意义不对应于光在真空中速度与介质中速度的比值，所以也不能从它导出折射定律. 式中 κ 称为吸收系数.

这里有必要说明的是，当 $\tilde{n}_2$ 为复数时，一般 φ_1 和 φ_2 也为复数. 折射定律在形式上仍然成立，前述的菲涅尔反射系数公式和椭偏方程也成立. 这时仍然可以通过椭偏法求得参量 d、n_2 和 κ, 但计算过程却要繁复得多.

本实验仅测厚金属铝的复折射率. 为使计算简化，将式(25)改写成以下形式

$$\tilde{n}_2 = n_2 - in\kappa \tag{26}$$

由于待测厚金属铝的厚度 d 与光的穿透深度相比大得多，在膜层第二个界面上的反射光可以忽略不计，因而可以直接引用单界面反射的菲涅尔反射系数公式(4)，经推算后得

$$\left\{\begin{array}{l} n \approx \dfrac{n_1 \sin\varphi_1 \tan\varphi_1 \cos 2\psi}{1 + \sin 2\psi \cos \Delta} \\ \kappa \approx \tan 2\psi \sin \Delta \end{array}\right\} \tag{27}$$

公式中的 n_1, φ_1 和 κ 的意义均与透明介质情况下相同.

实验内容及步骤

关于椭偏仪的具体结构和使用方法，请参看仪器说明书.

实验时为了减小测量误差，不但应将样品台调水平，还应尽量保证入射角 φ_1 放置的准确性，保证消光状态的灵敏判别. 另外，以下的测量均是在波长为 632.8nm 时的参数. 而且，所有测量均是光从空气介质入射到膜面.

1. 测厚铝膜的复折射率

取入射角 $\varphi_1 = \pi/3$. 按已述方法测得 Δ 和 ψ. 由式(26)和式(27)式算出 n 和 κ 值，并写出折射率的实部和虚部.

2. 测硅衬底上二氧化硅膜的折射率和厚度

已知衬底硅的复折射率为 $n_3 = 3.85 - i0.02$, 取入射角 $\varphi_1 = 7\pi/18$, 二氧化硅膜只有实部. 膜厚在第一周期内.

测出 Δ 和 ψ 后，利用列线图（或数值表）和计算机求出 n_2 和 d, 将两种方法的结果进行对比. 并计算膜的一个周期厚度值 d_0.

3. 测 κ_0 玻璃衬底上氟化镁(MgF_2)膜层的折射率和厚度

(1) 测 κ_0 玻璃的折射率

首先测出无膜时 κ_0 玻璃的 Δ 和 ψ 值，然后代入 $n_3 = n_3(\Delta, \psi, \varphi_1)$ 的关系式中算出 n_3 值，测量时入射角 φ_1 取 $7\pi/18$.

关于 n_3 与三个参量的关系式，根据式(1)，式(4)，式(5)和式(6)，并令膜厚 $d=0$，便可以算出 n_3 的实部 n_0 的平方值和 n_3 的虚部 κ 值为

$$n_0^2 = \kappa^2 + \sin^2\varphi_1 \left[1 + \tan^2\varphi_1 \frac{\cos^2 2\psi - \sin^2\Delta\sin^2 2\psi}{(1+\sin 2\psi\cos\Delta)^2}\right] \tag{28}$$

$$\kappa = \frac{\sin^2\varphi_1 \tan^2\varphi_1 \sin\Delta\sin 4\psi}{2n_0(1+\sin 2\psi\cos\Delta)^2} \tag{29}$$

(2) 测透明介质膜氟化镁的折射率和厚度

仍取入射角 $\varphi_1 = 7\pi/18$，膜厚在第一周期内. 测出 Δ 和 ψ 后也用列线图和计算机求出结果.

思考题

1. 用椭偏仪测薄膜的厚度和折射率时，对薄膜有何要求？
2. 在测量时，如何保证 φ_1 较准确？
3. 试证明：$|P_1 - P_2| = \pi/2$，$|P_3 - P_4| = \pi/2$.
4. 若须同时测定单层膜的三个参数（折射率 n_2，厚度 d 和吸收系数 κ），应如何利用椭偏方程？

实验四十九　阿贝成像原理和空间滤波

阿贝所提出的显微镜成像的原理以及随后的阿-波特实验在傅里叶光学早期发展历史上具有重要的地位. 这些实验简单而且漂亮，对相干光成像的机理，对频谱的分析和综合的原理做出了深刻的解释. 同时，这种用简单模板做滤波的方法，直到今天，在图像处理中仍然有广泛的应用价值.

实验目的

(1) 通过实验，加强对傅里叶光学中有关空间频率、空间频谱和空间滤波等概念的理解；
(2) 熟悉空间滤波的光路及进行高通、低通和方向滤波的方法.

实验原理

阿贝认为在相干平行光照射下，显微镜的成像可分为两个步骤：第一个步骤是通过物的衍射在物镜后焦面上形成一个初级干涉图；第二个步骤则为物镜后焦面上的初级干涉图复合为像. 这就是通常所说的阿贝成像原理.

成像的这两个步骤本质上就是两次傅里叶变换. 如果物的复振幅分布是 $g(x_0, y_0)$，可以证明在物镜的后焦面 (x_f, y_f) 上的复振幅分布是 $g(x_0, y_0)$ 的傅里叶变换 $G(x_f, y_f)$（只要

令 $f_x=x_f/lf$, $f_y=y_f/lf$; l 为光的波长, f 为物镜焦距). 所以第一个步骤起的作用就是把光场分布变为空间频率分布; 而第二个步骤则是又一次傅里叶变换将 $G(x_f,y_f)$ 又还原到空间频率分布.

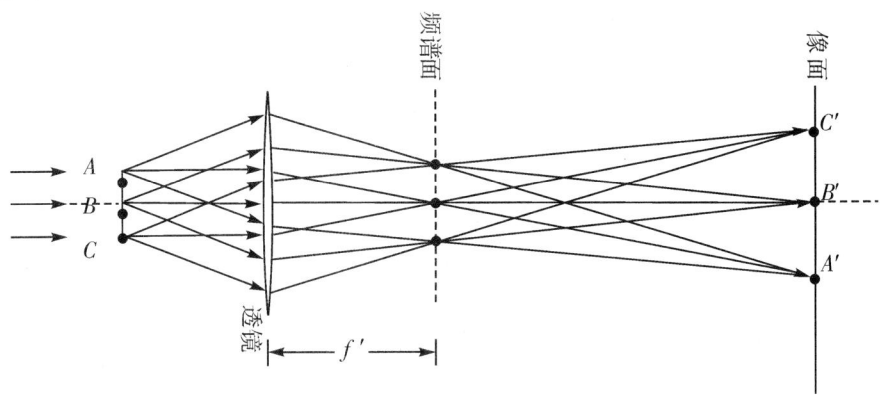

图 4-61 阿贝成像原理

图 4-61 显示了成像的这两个步骤. 如果以一个光栅作为物. 平行光照在光栅上, 经衍射分解成为不同方向传播的多束平行光(每一束平行光相应于一定的空间频率). 经过物镜分别聚焦在后焦面上形成点阵. 然后, 代表不同空间频率的光束又重新在像平面上复合而成像. 如果这两次傅氏变换完全是理想的, 信息在变换过程中没有损失, 则像和物完全相似.

但由于透镜的孔径是有限的, 总有一部分衍射角度较大的高次成分(高频信息)不能进入物镜而被丢弃了. 所以物所包含的超过一定空间频率的成分就不能包含在像上. 高频信息主要反映物的细节. 如果高频信息没有到达像平面, 则无论显微镜有多大的放大倍数, 也不能在像平面上分辨这些细节. 这是显微镜分辨率受到限制的根本原因. 特别是当物的结构非常精细(例如很密的光栅), 或物镜的孔径非常小时, 有可能只有 0 级衍射(直流成分)能通过, 则在像平面上只有光斑而完全不能形成图像.

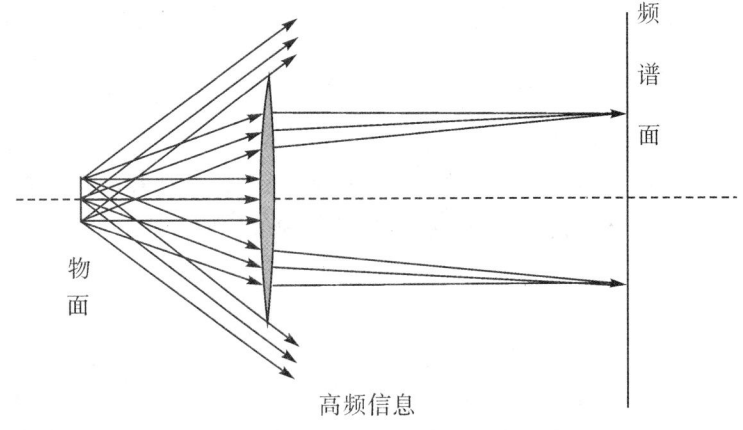

图 4-62 高频信息丢失

根据以上讨论, 我们可以看到显微镜中的物镜的孔径实际上起了高频滤波(即低通滤波)的作用. 这就启示我们, 如果在焦平面上人为地插上一些滤波器(吸收板或移像板)以改变焦平面上的光振幅和相位．就可以根据需要改变像平面上的频谱,这就是空间滤波．最简单的滤波器就是一些特殊形状的光阑．将这种光阑放在频谱面上,使一部分频率分量能通过,而挡住其他的频率分量,从而使像平面上的图像中的一部分频率分量得到相对加强．下面介绍几种常用的滤波方法：

1. 低通滤波

滤去高频成分,保留低频成分．由于低频成分集中在频谱面的光轴附近,高频成分则落在远离光轴的地方．故低通滤波器就是一个圆形光孔,图像的精细结构及突变部分主要由高频成分起作用,故经低通滤波后图像的精细结构消失,黑白突变处变模糊．

2. 高通滤波

滤去低频成分,保留高频成分．高频信息反映了图像的突变部分．如果所处理的图像由透明和不透明部分组成,则经过高通滤波的处理,图像的轮廓(及相应于物的透光和不透光的交界处)应显得特别明显．

3. 方向滤波

滤波器可以是一个狭缝,如果将狭缝放在沿水平方向,则只有水平方向衍射的物面信息能通过,在像平面上就突出了垂直方向的线条．方向滤波器有时也可制成扇形．

实验内容及步骤

(1) 实验光路如图 4-63 所示．L_1 和 L_2 组成倒装望远镜系统,将激光扩展成有较大截面积的平行光．仔细调节该系统,使之能产生平行光．

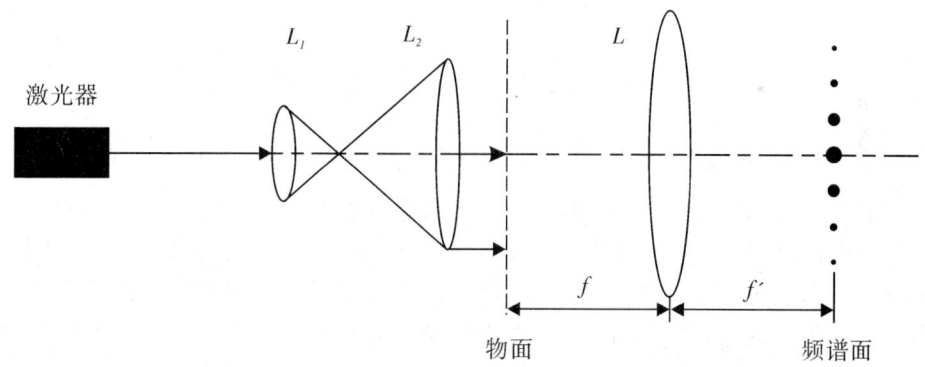

图 4-63 实验原理图

(2) 在物面上放置一个一维光栅,使光栅条纹沿垂直方向行进．在频谱面上将会看到水平方向排列的等间距衍射光点．中间最亮的为 0 级衍射,两侧依次为 $\pm 1, \pm 2, \cdots$ 级衍射点．

(3) 放置一变换透镜 L,前后移动它,使 2m 外的墙壁上接收到光栅像．

(4) 在频谱面上放置一可调狭缝,利用遮光小板,使只有 0 级和 ± 1 级衍射通过,观察并记录像面图像变化．

(5) 利用遮光小板,使只有 0 级衍射光通过,观察并记录像面图像变化．

(6) 利用遮光小板,挡去 0 级衍射光而使其他衍射光通过,观察并记录像面图像变化．

(7) 将白屏放置在傅氏面上,就可以看到水平排列的一些清晰光点,此光强分布即为物的空间频谱．测量 0 级至 +1, +2 或 -1, -2 级衍射极大之间的距离 d_1, d_2．计算 1 级和

2 级光点的空间频率 ν_1,ν_2.

$$\nu_1=\frac{d_1}{\lambda f_L};\nu_2=\frac{d_2}{\lambda f_L}$$

数据记录与处理

频谱信息	物像信息	比较
通过 0 级		
通过 1 级		
通过 0 级和 1 级		
全部通过		

(1)记录光路图；
(2)测量 0 级，—1,2 级频谱距离.

思考题

1. 如何从阿贝成像原理来理解显微镜或望远镜的分辨率受限制的原因？能不能用增大放大率的办法来提高其分辨率？
2. 如果有一张细节比较模糊的照片，能否通过空间滤波的方法加以改善？

实验五十　偏振光的观测与研究

光的干涉和衍射实验证明了光的波动性质，而偏振现象表明光是横波．光的偏振性使人们对光的传播（反射、折射、吸收和散射）规律有了新的认识．偏振光在国防、科研和生产中有着广泛应用：海防前线用于观望的偏光望远镜，立体电影中的偏光眼镜，分析化学和工业中用的偏振计和量糖计都与偏振光有关．激光光源是最强的偏振光源，高能物理中同步加速器是最好的 X 射线偏振源，液晶光开关是根据其偏振特性来完成光交换的技术，偏振镜是数码影像的基础．随着新概念的飞跃发展，偏振光成为研究光学晶体、表面物理的重要手段．

实验目的

(1)观察光的偏振现象，熟悉偏振的基本规律；
(2)学习偏振片与波片的工作原理，研究偏振光的起偏和检偏；
(3)验证马吕斯定律．

实验仪器

起偏器、检偏器、1/4 波片、1/2 波片、光点转换装置、白屏、He－Ne 激光器等.

实验原理

光波是一种电磁波,它的电矢量 E 和磁矢量 H 相互垂直,并垂直于光的传播方向 C. 通常人们用电矢量 E 代表光的振动方向,电矢量又称为光矢量,并将电矢量 E 和光的传播方向 C 所构成的平面称为光的振动面. 在与传播方向垂直的平面内,光矢量可能有各种各样的振动状态,称为光的偏振态. 若光矢量的方向是任意的,且各方向上光矢量大小的时间平均值是相等的,这种光称为自然光. 若光矢量方向是任意的,且各方向振幅不同,某一方向振动的振幅最大,而与该方向垂直的方向振动最弱,则称为部分偏振光. 若光矢量的方向始终不变,只是它的振幅随相位改变,光矢量的末端轨迹是一条直线,则称其为线偏振光或平面偏振光. 若光矢量的方向和大小随时间作有规律的变化,其末端在垂直于传播方向的平面内的轨迹呈椭圆或圆,这样的光称为椭圆偏振光或圆偏振光.

1. 偏振片

虽然普通光源发出自然光,但在自然界中存在着各种偏振光,目前广泛使用的偏振器件是人造偏振片,它利用二向色性获得偏振光(有些各向同性介质,在某种作用下会呈现各向异性,能强烈吸收入射光矢量在某方向上的分量,而通过其垂直分量,从而使入射的自然光变为偏振光,介质的这种性质称为二向色性). 偏振器件既可以用来使自然光变为平面偏振光——起偏,也可以用来鉴别线偏振光、自然光和部分偏振光——检偏. 用作起偏的偏振片叫做起偏器,用作检偏的偏振器件叫做检偏器. 实际上,起偏器和检偏器是通用的.

2. 马吕斯定律

设两偏振片的透振方向之间的夹角为 α,透过起偏器的线偏振光振幅为 A_0,则透过检偏器的线偏振光的振幅为 A,则:

$$A = \cos\alpha$$

强度为 $I = A^2$

$$I = A_0^2 \cos^2\alpha = I_0 \cos^2\alpha \tag{1}$$

式中 I_0 为进入检偏器前(偏振片无吸收时)线偏振光的强度.

(1)式是 1809 年马吕斯在实验中发现,所以称马吕斯定律. 显然,以光线传播方向为轴,转动检偏器时,透射光强度 I 将发生周期变化. 若入射光是部分偏振光或椭圆偏振光,则极小值不为 0. 若光强完全不变化,则入射光是自然光或圆偏振光. 这样,根据透射光强度变化的情况,可将线偏振光、自然光和部分偏振光区别开来.

3. 椭圆偏振光、圆偏振光的产生;1/2 波片和 1/4 波片的作用

当线偏振光垂直射入一块表面平行于光轴的晶片时,若其振动面与晶片的光轴成 α 角,该线偏振光将分为 e 光、o 光两部分,它们的传播方向一致,但振动方向平行于光轴的 e 光与振动方向垂直于光轴的 o 光在晶体中传播速度不同,因而产生的光程差为:

$$\Delta = d(n_e - n_o)$$

相位差为:
$$\delta = \frac{2\pi}{\lambda} d(n_e - n_o) \tag{2}$$

式中 n_e 为 e 光的主折射率, n_o 为 o 光的主折射率(正晶体中, $\delta > 0$, 在负晶体中 $\delta < 0$). d 为晶体的厚度. 当光刚刚穿过晶体时, 则两光的振动可分别表示如下:

$$E_x = A_0 \cos\omega t$$
$$E_y = A_e \cos(\omega t + \delta) \tag{3}$$

式中 $A_e = A_0 \cos\alpha$, $A_0 = A_0 \sin\alpha$, 由(3)中的两式消去 t, 得轨迹方程

$$\frac{E_x^2}{A_0^2} + \frac{E_y^2}{A_e^2} - 2\frac{E_x E_y}{A_0 A_e}\cos\delta = \sin^2\delta \tag{4}$$

这是个一般的椭圆方程.

当改变厚度 d 时, 光程差 Δ 亦改变.

(1)当 $\Delta = k\lambda (k=0, \pm 1, \pm 2, \cdots)$, 即 $\delta = 0$ 时, 由(4)式可得

$$E_y = \frac{A_e}{A_0} E_x \tag{5}$$

这是直线方程, 故出射光为平面偏振光, 与原入射光振动方向相同, 满足此条件之晶片叫全波片. 光通过全波片不发生振动状态的变化.

(2)当 $\Delta = \frac{(2k+1)\lambda}{2} (k=0, \pm 1, \pm 2, \cdots)$, 即 $\delta = \pi$ 时, 由(4)式可得

$$E_y = -\frac{A_e}{A_0} E_x \tag{6}$$

出射光也是平面偏振光, 但与原入射光夹角为 2α (以入射平面为基准), 满足此条件的晶片叫 1/2 波片, 或半波片; 平面偏振光通过半波片后, 振动面转过 2α 角, 若 $\alpha = 45°$, 则出射光的振动面与入射光的振动面垂直.

(3)当 $\Delta = \frac{(2k+1)\lambda}{4} (k=0, \pm 1, \pm 2, \cdots)$, 即 $\delta = \pm\pi/2$ 时, 由(4)式可得

$$\frac{E_x^2}{A_0^2} \pm \frac{E_y^2}{A_e^2} = 1 \tag{7}$$

出射光为椭圆偏振光, 椭圆的两轴分别与晶体的主截面平行及垂直, 满足此条件的晶片叫 1/4 波片. 1/4 波片是偏振光实验中重要的常用元件.

若 $A_e = A_0$,

于是 $x_2 + y_2 = A_2$, 出射光为圆偏振光. 由于 o 光和 e 光的振幅是 α 的函数, 所以通过 1/4 波片后的合成偏振状态也将随角度 α 变化而不同.

当 $\alpha = 0°$ 时, 出射光为振动方向平行光轴的平面偏振光.

当 $\alpha = \pi/2$ 时, 出射光为振动方向垂直于 1/4 波片光轴的平面偏振光.

当 $\alpha = \pi/4$ 时, 出射光为圆偏振光.

当 α 为其他值时, 出射光为椭圆偏振光.

实验内容及步骤

1. 验证马吕斯定律

(1) 实验装置见图 4－64；

(2) 转动检偏器(360°)，用白屏观察出射光光强的变化；

(3) 将检偏器设定至 90°，仔细调节起偏器至光电流计接收到的电流值最小，此时两偏振片呈正交状态，记录此时的光电流值；

(4) 测量两偏振片夹角不同时的光电流值．测量范围：0～180°；测量间隔：6°．

(5) 作 $I\sim\cos^2\alpha$ 的关系曲线，验证马吕斯定律．

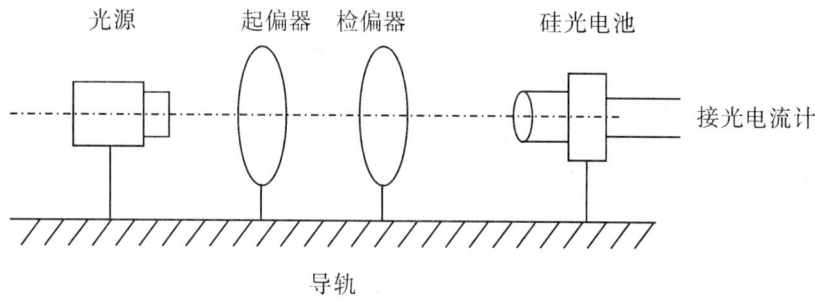

图 4－64

2. 线偏振光通过 1/2 波片时的现象和 1/2 波片的作用

(1) 测量光路见图 4－64．调节检偏器使两偏振片呈正交状态，在两偏振片间放入 1/2 波片．

(2) 转动 1/2 波片，观察出射光的光强变化．仔细调节波片至再次消光(即出射光最小)，设定该位置为波片的初始角．

(3) 将 1/2 波片从初始位置转过 10°，此时消光状态被破坏．然后调节检偏器至再次消光，记录检偏器所转过的角度．依次类推，测量每将 1/2 波片转动 10°，达到消光时检偏器转过的角度．

数据记录表格如下：

1/2 波片转过角度	10°	20°	30°	40°	50°	60°	70°	80°	90°
检偏器转过角度									

观察：若检偏片固定，将 1/2 波片转过 360°，能观察到几次消光？若 1/2 波片固定，将检偏片转过 360°，能观察几次消光？由此分析线偏振光通过 1/2 波片后，光的偏振状态是怎样的？

3. 用 1/4 波片产生圆偏振光和椭圆偏振光

(1) 测量光路见图 4－64．使两偏振片呈消光状态，在两偏振片间放入 1/4 波片．

(2) 仔细调节波片至再次消光(即出射光最小)，设定该位置为波片的初始角．转动 1/4 波片，观察出射光的光强变化．

(3) 波片在初始角状态时，测量检偏器不同角度时的出射光强．

测量范围：0～360°；测量间隔：10°．

(4)将波片转过 20°、45°,重复(3).

(5)将波片转过 70°,调节检偏器至出射光光电流极大值,记录检偏器角度.

(6)用 ORIGIN 软件的极坐标系作检偏器角度 $\alpha \sim I$ 的关系图及标出 70°时光电流极大值的位置,并与 20°比较.

(7)将 45°时的实验结果与圆偏振光比较.

4. 观察椭圆偏振光和圆偏振光

(1)先使 P_1 和 P_2 的偏振轴垂直(即消光状态),在 P_1 和 P_2 之间插入 1/4 波片,转动波片,使光屏上仍处于消光状态,用硅光电池取代光屏.

(2)将 P_1 转过 20°,调节硅光电池使透过 P_2 的光全部进入硅光电池的接收孔内. 转动 P_2 找到最大电流和最小电流,记下其数值. 重复测量三次,算出平均值,求出椭圆偏振光长短轴之比.

次数	I_{max}(mA)	I_{min}(mA)
1		
2		
3		
平均		

$A_1/A_2 = \sqrt{I_{max}/I_{min}}$

椭圆长轴的方位即为 I_{max} 的方位.

(3)再依次将 P_1 转过 30°、45°、60°、75°、90°,将 P_2 转动 360°,从 P_2 透出光的强度变化情况在 P_1 转过 45°时,光强无变化(为圆偏振光),在 P_1 转过 90°时,出现消光两次(为线偏振光),P_1 转过其他角度时,光强强弱交替变化两次.

5. 观察线偏振光通过 1/2 波片时的现象

(1)调节起偏器 P_1 和检偏器 P_2,使它们的振动面正交. 转动 P_2 一周,能观察到消光现象.

(2)在 P_1 和 P_2 之间插入 1/2 波片,将其转动 360°,能观察到 4 次消光.

(3)将 1/2 波片转任意角度,这时消光现象被破坏,将 P_2 转动 360°,观察到两次消光. 由此说明通过 1/2 波片后,光变为线偏振光.

(4)仍使 P_1 和 P_2 正交,插入 1/2 波片,使其消光,再将波片转 15°,破坏其消光,转动 P_2 至消光位置,并记录 P_2 所转动的角度.

1/2 波片转动角度	检偏器 P_2 转动角度
15°	
30°	
45°	
60°	
75°	
90°	

思考题

1. 使两块偏振片处于消光位置,再在它们之间插入第三块偏振片,且第三块偏振片的透光方向与第一块透光方向成 45°、30°,哪一次光强大一些?原因是什么?

2. 产生线偏振光的方法有哪些?将线偏振光变成圆偏振光或椭圆偏振光要用何种器件?在什么状态下产生?实验中如何判断线偏振光、圆偏振光和椭圆偏振光?

第五章　设计性实验

设计性实验简介

所谓设计性实验,是一种较高层次的实验训练,它要求学生自己查找和阅读各种参考材料,在此基础上,根据一定的实验要求,自行选择实验仪器、设计实验步骤、观察和记录实验现象和数据、研究实验过程中发现的种种问题,并着重对实验结果进行分析和研究,最后完成实验,写出比较完整的实验报告.虽然这种实验一般要花费较多的时间,而且往往要经历某些失败、甚至多次的失败,但却是为培养独立从事科学研究工作能力特别是创新能力所必须的.

研究性设计性实验的核心是设计,选择实验方案,并在实验中检验方案的正确性与合理性.在进行设计实验时,应考虑各种误差出现的可能性,分析其产生的原因,以及从众多的测量数据来检验系统误差的存在,估计其大小并消除或减小系统误差的影响.

由于物理实验的内容十分广泛,实验的方法和手段非常丰富,同时还由于误差的影响是错综复杂的,是各种因素相互影响的综合结果,因此总结出一套实验方案的选择和系统误差分析的普遍适用的方法是不现实的.希望同学们通过选定的设计性实验的实践积累和总结,培养进行科学实验的能力和提高进行科学实验的素质.

1. 设计性实验的教学目的

在学生具有一定实验能力的基础上,把所学到的物理知识、电子技术及微机应用知识和技能,运用到解决物理问题或实际测量问题中.通过独立分析问题、解决问题,使学生把知识转化为能力,为作毕业设计,写科研成果报告和学术论文,做初步训练.这对激发学生的创造性和深入研究的探索精神,培养科学实验能力,提高综合素质有重要作用.通过生动活泼的学习和思考,对开发学生聪明才智以及培养独立工作能力都是大有好处的.

2. 设计性实验的特点

教师提出实验课题和研究项目,实验室提供条件,同学自行推证有关理论,自行确定实验方法,自行选择和组合配套仪器设备,自行拟订实验程序和注意事项等.做出具有一定精度的定量的测试结果.写出完整的实验报告.

3. 设计性实验的教学方式

设计性物理实验采用启发式和开放型的教学方式.要求学生从查阅文献、资料、拟定实验方案直到完成实验报告,尽量独立完成.如需要,教师只作启发式引导,绝不包办代替.本课程提供较为充足的设计性实验题目,学生可以任意选择.学生还可以根据自己的兴趣,提出一些题目,在条件允许的情况下,自行完成.教师可根据学生的题目、完成情况进行评定记分.这样就可以激发学生对学习的兴趣,从而促进学生的深入研究和探索精神.

在实验时间方面,除固定课时外,每天下午、晚上和节假日,学生可与教师提前约定,到实验室进行实验.每个题目按给定学时数记分,而具体操作时间不限,为学生提供充足的时间进行研究和探讨.

4. 设计性实验的教学要求

在完成设计性实验的整个过程中,要充分反映自己的实际水平与能力,力求有创新.

5. 科学实验设计的原则

科学实验设计一般应遵循如下原则:实验方案的选择——最优化原则;测量方法的选择——误差最小原则;测量仪器的选择——误差均分原则;测量条件的选择——最有利原则.

6. 设计性实验的全过程

设计性实验的全过程,一般可用如下流程图简明清晰的表示出来:

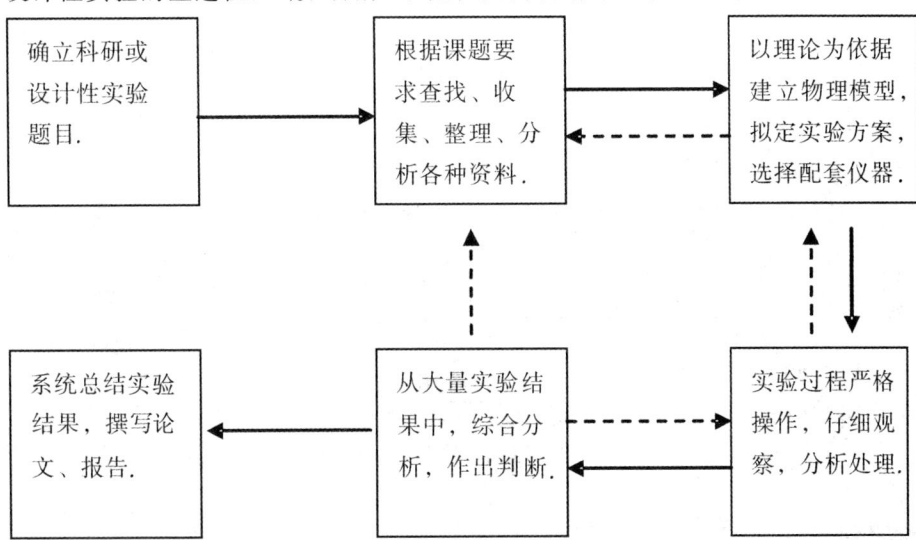

图中实线箭头表示依次进行的各个环节,虚线箭头表示反馈和修正.任何科学实验过程都需要经过反复多次的实践、反馈、修正,才能不断地得到完善.

实验五十一 微安表内阻的测定

实验目的

设计多种方法测量微安表内阻.

实验器材

甲号电池 1 节,电阻箱 2 个,多量程电压表、电流表各 1 只,滑线电阻 1 个,待测表头 1 只,开关和导线若干.

实验要求

(1)用给定器材测定微安表的内阻;

(2)画出电路图,标明各器材参数;
(3)要求用3种以上方法进行测量;
(4)报告测量结果.

实验五十二　电表的改装与校准

实验任务

(1)使用给定器材,测量表头量程、测量表头电阻阻值;
(2)将表头改装为较大量程的电流表;
(3)改装为不同量程的电压表;
(4)改装欧姆表,并用给定的电阻箱绘制欧姆表表头.

实验要求

(1)画出电路图;
(2)拟定实验方案,简述实验方法和实验步骤;
(3)分析误差产生的原因,自拟表格记录校准数据,做出校准曲线,报告实验结果.

实验器材

电表改装与校准实验仪(可调电源1台,磁电式表头、标准电压表1台,标准电流表1台,电阻箱1台,滑线电阻1只,固定阻值电阻1个,导线若干).

实验五十三　滑线电阻的限流特性和分压特性的研究

电路可以千变万化,但一个电路一般可以分为电源、控制和测量三个部分.滑线电阻是电路中一种很好的控制元件,将滑线电阻连成限流电路和分压电路时,负载上的电流和电压能随变阻器滑动触头位置的改变而均匀地变化.本实验通过对滑线电阻的限流特性和分压特性的研究,了解滑线电阻与负载应怎样匹配调节的线性度较好.

实验目的

(1)掌握滑线电阻限流与分压两种电路的联接方法、性能和特点;
(2)测绘滑线电阻的限流特性曲线和分压特性曲线.

实验原理

1. 限流电路

电路如图 5－1 所示,电流的最大值和最小值分别为

$$I_{\max}=\frac{E}{R_Z},\quad I_{\min}=\frac{E}{R_Z+R_0}$$

这就是电流的调节范围。R_0 愈大,$I_{\min}$ 愈小,调节范围愈大。我们还要考虑调节时对电流控制的线性程度。

一般情况下负载 R_Z 中的电流为:

$$I=\frac{E}{R_Z+R_{AC}}=\frac{\dfrac{E}{R_0}}{\dfrac{R_Z}{R_0}+\dfrac{R_{AC}}{R_0}}=\frac{I_{\max}K}{K+X} \tag{1}$$

式中 $K=\dfrac{R_Z}{R_0}$,$X=\dfrac{R_{AC}}{R_0}$

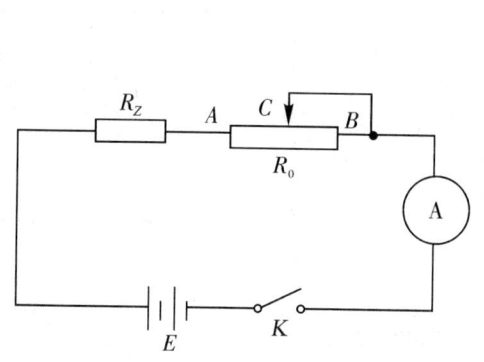

图 5－1 限流电路

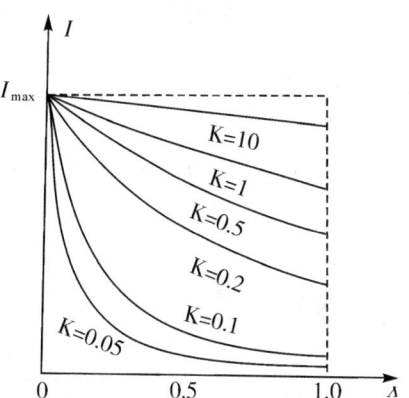

图 5－2 限流特性曲线

图 5－2 表示不同 K 值的限流特性曲线,从曲线上可以清楚的看到限流电路的特点。
注意:电源电压及 R_Z 取值,R_{AC} 开始取最大值,$I_{\max}$ 值应小于 R_Z 最大允许电流。

2. 分压电路

分压电路如图 5－3 所示,当滑动触头 C 由 A 端滑至 B 端,负载上电压由 0 变至 E,调节的范围与变阻器的阻值无关,当滑动触头 C 在任一位置时,负载 R_Z 上的电压为

$$U=\frac{E}{\dfrac{R_ZR_{AC}}{R_Z+R_{AC}}+R_{BC}}\cdot\dfrac{R_ZR_{AC}}{R_Z+R_{AC}}==\frac{KR_{AC}E}{R_Z+R_{BC}X} \tag{2}$$

式中 $K=\dfrac{R_Z}{R_0}$,$X=\dfrac{R_{AC}}{R_0}$,$R_0=R_{AC}+R_{BC}$

对于不同的 K 值的分压特性曲线如图 5－4 所示。在分压电路中,确定 E 值时,特别要注意 BC 段(图 5－3)的电流是否大于额定电流。

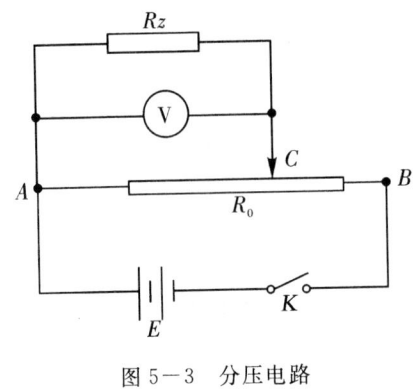

图 5-3 分压电路

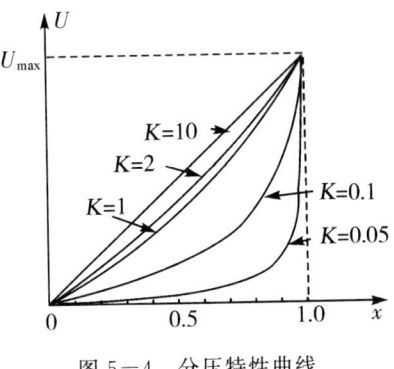

图 5-4 分压特性曲线

实验内容和要求

(1)用电阻箱为负载 R_z 取不同的 K 值,分别测绘滑线电阻的限流特性曲线和分压特性曲线;

(2)分析滑线电阻在限流电路和分压电路中的特点.

实验仪器

直流稳压电源、滑线变阻器、电阻箱、电压表、毫安表等.

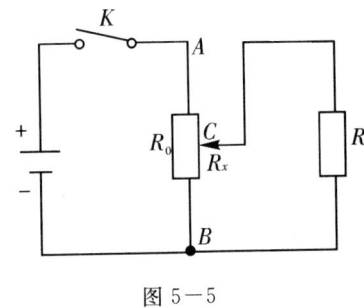

图 5-5

思考题

1.限流电路和分压电路有哪些差别?在实验中如何选择电路?

2.如图 5-5 所示的分压电路中,已知滑线变阻器两个固定接线端 AB 间的总电阻为 R_0,接线端 BC 间电阻为 R_x,现将外部负载电阻 R 并联到 BC 上,试计算:$R \gg R_0$ 和 $R = R_0$ 时,BC 间的电压分别为多少?根据这个计算结果,请你归纳一下,应当怎样正确地使用分压器呢?

实验五十四　黑盒子问题的研究

黑盒子问题是判断盒内有什么元件及其这些元件如何连接或放置的问题,是考查学生逆向思维能力、观察能力、收集信息能力、分析推理能力、逻辑判断和设计等多种能力的理想载体,和其他电学实验同等重要.

实验目的

(1)学习依据不同类型电学元件的特性对元件进行判别;

(2)进一步熟悉示波器、信号发生器、数字万用电表等仪表的使用;
(3)培养设计检测步骤和综合分析推理的能力.

实验器材

黑盒子,双踪示波器,直流稳定电源,信号发生器,4位半数字万用表,电阻箱等.

实验原理

黑盒子的元件可能有电池、电阻、电感、电容或半导体二极管等.盒外可见的两接线端之间也可能为断路或短路(即由导线连接)的情况.各元件连接在接线端上,两个接线端之间最多接一个元件,元件之间不连成并联回路,因此元件的分布应是唯一的.实验过程不得自行打开盒子,要求自行设计实验方案和检测步骤,判定盒内元件.

一般可以按如下方法解题:

1.用万用表直流电压档判断有无电池.若某两端钮间有电压(数字万用表表笔交换时有相等的负电压)则表明有电池在内.如当电压表接通时指针稍有摆动而又回到零位,则是电池与电容串联.

2.对二极管可以利用其正反电阻相差大的特点用万用表电阻档来判断.如没有提供万用表,可采用图5-6电路,测量 ab 之间电压.若 $U_{ab} \approx 0$,则二极管接法如图5-6.

若 $U_{ab} \approx U_0$,则二极管接法和图5-6中的方向相反.如外加电源为低频信号发生器(交流电源),如图5-7所示,则不论电阻 R 值多大,都有 $U_{ab} \approx U_{R_0}$.注意,如果两只二极管为同向串联,与一只二极管特性相同,但如两只二极管反串,则相当于断路,此时无论是直流电源还是交流电源,均有 $U_{ab} \approx U_0$.

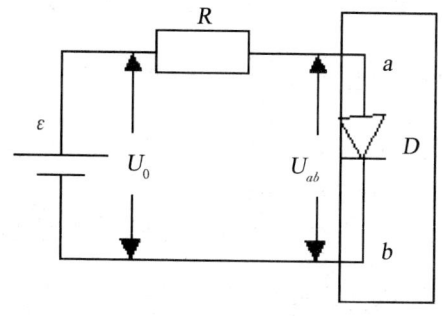

图5-6

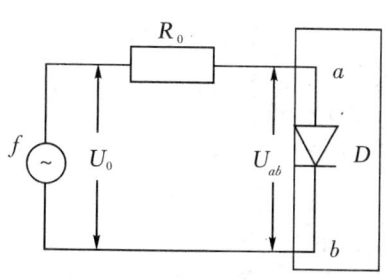

图5-7

3.当黑盒子两端钮间有电容 C 存在时,用万用表的电阻档(也可用直流电源串联直流电压表或直流电流表)接到两端钮.如电表指针摆动一下后又回到原位.以此可判断端钮间有电容存在。但电容 C 值较小或电表灵敏度不够高时可能会看不到摆动现象.

4.对一般电阻 R,可以用万用表电阻档直接判断.

5.可以用图5-8电路来判别端钮 ab 间是电阻 R、电容 C 或电感 L.逐步增大信号源的频率 f,并始终保持信号源输出电压 U_0 不变,测量 U_{ab}.当 f 增大时,若 U_{ab} 不变,则端钮 ab 间为 R;若 U_{ab} 也增大,则为 L;若 U_{ab} 减小,则为 C.这是因为电阻 R 值与频率 f 无关,电感 L

的感抗随 f 上升而增大,而电容 R 的容抗随 f 上升而减小.

6. 如已知电阻 R_0 与频率 f 值,则可通过测量电压 U_{ab} 与 U_{R_0},利用串联电路电压比等于阻抗比关系求出元件数值.

若元件为电阻 R,有 $\dfrac{U_{ab}}{U_{R_0}}=\dfrac{R}{R_0}$ (1)

若元件为电容 C,有 $\dfrac{U_{ab}}{U_{R_0}}=\dfrac{1}{2\pi fcR_0}$ (2)

若元件为电感 L,有 $\dfrac{U_{ab}}{U_{R_0}}=\dfrac{2\pi fL}{R_0}$ (3)

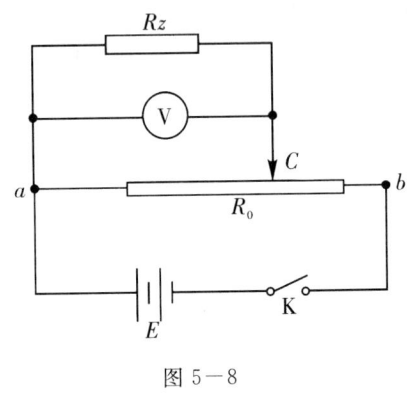

图 5-8

7. 如果 f 增大时(保持 U_0 不变),U_{ab} 逐渐减小到一个最小值后又逐渐增大,则端钮 ab 间为 L 和 C 串联,U_{ab} 最小时的频率为谐振频率 f_0.

谐振时,$f_0=\dfrac{1}{2\pi\sqrt{LC}}$ (4)

由以上过程可以得知,在遇到黑盒子类型题目时,一般先判别元件类型,再确定元件数值. 解题时要注意各种元件的不同特性,如频率特性、极性、线性或非线性等. 当然"黑盒子"题目类型很多,提供的仪器设备各不相同,解题时可能还要联立方程,但只要我们沉着冷静,认真分析,充分利用已学过的知识,解答这类题目还是可以做到的.

实验内容

判断实验室所提供的几个黑盒子内各是什么元件,并测出各元件的参数,确定元件是如何分布的?

实验五十五 应用 EWB 进行设计性系列实验

电子工作平台(EWB)是加拿大 Interactive Image Technologies 公司于 20 世纪八十年代末、九十年代初推出的电路分析和设计软件,它具有这样一些特点:

(1)采用图形方式创建电路:绘制电路图需要的元器件,电路仿真需要的测试仪器均可直接从屏幕上选取;

(2)提供了较为详细的电路分析功能.

因此非常适合电学类课程的教学和实验. 下边是几个应用 EWB 进行研究性设计性实验的题目.

实验仪器

微机(内装 EWB 软件).

实验课题

RLC 电路中 f_0 和 Q 值的确定.

通过实验测量确定 RLC 串联电路的谐振频率 f_0 和元件参数 R,L,C 之间的关系.

(或者通过实验测量确定 RLC 串联电路的 Q 值和元件参数 R,L,C 之间的关系. Q 值的定义是谐振时,电感或电容的电压与信号源电压的比值.)

探究提示

(1) f_0 可能与 R,L,C 三个变量都有关系,因而,要用"控制变量法"分别测绘 f_0-R, f_0-L, f_0-C 曲线.

(2)回归曲线(又称趋势线)与回归方程的获得,可使用 Excel 软件.最后还要说明如何确定常数 $(1/2\pi)$.

1. 周期信号的傅里叶分析

因为 EWB 展示的是一种理想状态,它输出的波形永远都是标准的.因此,请用 EWB 输出方波、三角波、锯齿波等,并与周期电信号傅里叶分析仪输出的相应波形进行比较,分析其波形存在失真的原因,探究解决的办法.

2. 替代法测电阻误差分析

替代法测量表头内阻是一种常用的简便测量方法.但是电路接法不同,测量准确程度相差很大,例如测量一个内阻大约 $R_X \approx 20\Omega$ 的毫安表表头,误差按图 5-9 电路,测量误差为 $\pm 10\Omega$,而按图 5-10 电路,测量误差在 $\pm 0.04\Omega$.

请用 EWB 软件进行仿真实验,体会两种电路测量准确度的差异.然后计算两种电路测量的绝对误差,与实验结果进行比对,加深理解.

提示:由于 R_X 与 R 相近,可以认为,图 5-9 中经 R' 分压后的电压近似不变(理想电压源);图 5-10 中经 R' 限流后的电流近似不变(理想电流源).

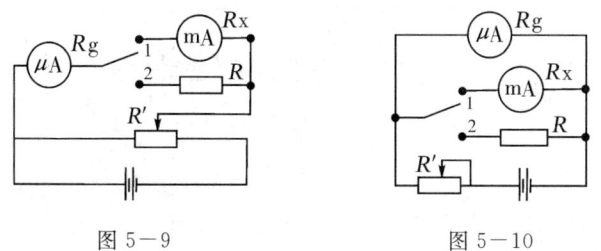

图 5-9　　　　图 5-10

3. 李萨如图的仿真研究

试用 EWB 展示常见的李萨如图形,并分析李萨如图形转动的原因.

4. 混沌实验研究

长期以来,人们在认识和描述运动时,大多只局限于线性动力学描述方法,即确定的运动有一个完美确定的解析解.然而非线性却构成了变化莫测的世界.混沌现象似乎与完美的解析解没有关系,但混沌现象却可由一个具体的电路产生!请用 EWB 设计几个混沌电路来展示混沌现象.

5. 霍尔效应实验设计

用 EWB 设计霍尔效应实验.

6. 试着用 EWB 仿真你感兴趣的电学实验

实验五十六　显微镜和望远镜的组装

实验目的

(1) 了解显微镜和望远镜的结构和特点;
(2) 设计并组装显微镜和望远镜系统,测定其放大率.

实验要求

1. 学习或总结显微镜和望远镜的结构与特点.
2. 设计实验方案(包括实验理论、实验方法、测量公式、光路图、实验条件、主要操作步骤等).
3. 选择两个透镜,测定透镜的焦距;组装显微镜和望远镜,并测定其放大率.

实验仪器

光具座、白炽光源、透镜两个、透明标尺、读数显微镜、标尺等.

思考题

试比较望远镜、显微镜在物镜和目镜的作用、成像、结构、用途方面有何异同?

实验五十七　杨氏双缝干涉实验

实验目的

(1) 观察杨氏双缝干涉现象,认识光的干涉;
(2) 了解光的干涉产生的条件,相干光源的概念;
(3) 设计实验方案测量光波波长.

实验要求

1. 设计实验方案(包括实验理论、实验方法、测量公式、光路图、实验条件、主要操作步骤等).

2. 观察双缝干涉现象并测量光波波长.

实验仪器

钠光灯(加圆孔光栏)、凸透镜 L：$f=50$mm、二维调整架、单面可调狭缝、双缝、干板架、测微目镜 Le(去掉其物镜头的读数显微镜)、读数显微镜架.

附　　录

附录 A　中华人民共和国法定计量单位

我国的法定计量单位（简称法定单位）包括：①国际单位制的基本单位（见 A－1）；②国际单位制的辅助单位（见 A－2）；③国际单位制中具有专门名称的导出单位（见 A－3）；④国家选定的非国际单位制单位（见 A－4）；⑤由以上单位构成的组合形式单位；⑥由词头和以上单位所构成的十进倍数和分数单位（见 A－5）．

A－1　国际单位制的基本单位

量的名称	单位名称	单位符号	量的名称	单位名称	单位符号
长度	米	m	热力学温度	开〔尔文〕	K
质量	千克（公斤）	kg	物质的量	摩〔尔〕	mol
时间	秒	s	发光强度	坎〔德拉〕	cd
电流	安〔培〕	A			

A－2　国际单位制的辅助单位

量的名称	单位名称	单位符号
平面角	弧度	rad
立体角	球面度	sr

A－3　国际单位制中具有专门名称的导出单位

量的名称	单位名称	单位符号	用 SI 基本单位表示	用 SI 导出单位表示
频率	赫〔兹〕	Hz	s^{-1}	
力；重力	牛〔顿〕	N	$m \cdot kg \cdot s^{-2}$	
压力，压强；应力	帕〔斯卡〕	Pa	$m^{-1} \cdot kg \cdot s^{-2}$	N/m^2
能量；功；热	焦〔耳〕	J	$m^2 \cdot kg \cdot s^{-2}$	$N \cdot m$
功率；辐射通量	瓦〔特〕	W	$m^2 \cdot kg \cdot s^{-3}$	J/s
电荷量	库〔仑〕	C	$s \cdot A$	$A \cdot s$
电位；电压；电动势	伏〔特〕	V	$m^2 \cdot kg \cdot s^{-3} \cdot A^{-1}$	W/A
电容	法〔拉〕	F	$m^{-2} \cdot kg^{-1} \cdot s^4 \cdot A^2$	C/V
电阻	欧〔姆〕	Ω	$m^2 \cdot kg \cdot s^{-3} \cdot A^{-2}$	V/A
电导	西〔门子〕	S	$m^{-2} \cdot kg^{-1} \cdot s^3 \cdot A^2$	A/V
磁通量	韦〔伯〕	Wb	$m^2 \cdot kg \cdot s^{-2} \cdot A^{-1}$	$V \cdot s$
磁通量密度，磁感应强度	特〔斯拉〕	T	$kg \cdot s^{-2} \cdot A^{-1}$	Wb/m^2
电感	亨〔利〕	H	$m^2 \cdot kg \cdot s^{-2} \cdot A^{-2}$	Wb/A
摄氏温度	摄氏度	℃	K	
光通量	流〔明〕	lm	$cd \cdot sr$	
光照度	勒〔克斯〕	lx	$m^{-2} \cdot cd \cdot sr$	lm/m^2
放射性活度	贝克〔勒尔〕	Bq	s^{-1}	
吸收剂量	戈〔瑞〕	Gy	$m^2 \cdot s^{-2}$	J/kg
剂量当量	希〔沃特〕	Sv	$m^2 \cdot s^{-2}$	J/kg

A-4 可与国际单位制单位并用的我国法定计量

量的名称	单位名称	单位符号	换算关系和说明
时间	分 〔小〕时 日,(天)	min h d	1min=60s 1h=60min=3600s 1d=24h=86400s
〔平面〕角	〔角〕秒 〔角〕分 度	(″) (′) (°)	$1″=(\pi/648000)$rad(π 为圆周率) $1′=60″=(\pi/10800)$rad $1°=60′=(\pi/180)$rad
体积,容积	升	L,(l)	$1L=1dm^3=10^{-3}m^3$
质量	吨 原子质量单位	t u	$1t=10^3$kg $1u≈1.6605655×10^{-27}$kg
旋转速度	转每分	r/min	$1r/min=(1/60)s^{-1}$
长度	海里	n mile	1n mile=1852m(只用于航程)
速度	节	kn	1kn=1n mile/h=(1852/3600)m/s(只用于航行)
能	电子伏	eV	$1eV≈1.60217733×10^{-19}$J
级差	分贝	dB	
线密度	特〔克斯〕	tex	1tex=1g/km
面积	公顷	hm²	$hm^2=10^4m^2$

A-5 SI 词头

因数	词头名称 英文	词头名称 中文	符号	因数	词头名称 英文	词头名称 中文	符号
10^{24}	yotta	尧〔它〕	Y	10^{-1}	deci	分	d
10^{21}	zetta	泽〔它〕	Z	10^{-2}	centi	厘	c
10^{18}	exa	艾〔可萨〕	E	10^{-3}	milli	毫	m
10^{15}	peta	拍〔它〕	P	10^{-6}	micro	微	μ
10^{12}	cera	太〔拉〕	T	10^{-9}	nano	纳〔诺〕	n
10^{9}	giga	吉〔咖〕	G	10^{-12}	pico	皮〔可〕	p
10^{6}	mega	兆	M	10^{-15}	femio	飞〔母托〕	f
10^{3}	kilo	千	k	10^{-18}	atto	阿〔托〕	a
10^{2}	hecto	百	h	10^{-21}	zepto	仄〔普托〕	z
10^{1}	deca	十	da	10^{-24}	yocto	幺〔科托〕	y

注:1.周、月、年(年的符号为 a),为一般常用时间单位.
2.〔〕内的字,是在不致混淆的情况下,可以省略的字.
3.( )内的字为前者的同义语.
4.平面角单位度、分、秒的符号,在组合单位中应采用(°)、(′)、(″)的形式. 例如,不用°/s 而用(°)/s.
5.升的两个符号属同等地位,可任意选用.
6.r 为"转"的符号.
7.人民生活和贸易中,质量习惯称为重量.
8.公里为千米的俗称,符号为 km.
9.10^4 称为万,10^8 称为亿,10^{12} 称为万亿,这类数词的使用不受词头名称的影响,但不应与词头混淆.

附录B 常用物理数据

B-1 基本物理常量

名　　称	符号、数值和单位
真空中的光速	$c = 2.99792458 \times 10^8$ m/s
电子的电荷	$e = 1.6027733 \times 10^{-19}$ C
普朗克常量	$h = 6.626176 \times 10^{-34}$ J·s
阿伏伽德罗常量	$N_0 = 6.022045 \times 10^{23}$ mol^{-1}
原子质量单位	$u = 1.6605655 \times 10^{-27}$ kg
电子的静止质量	$m_e = 9.109534 \times 10^{-31}$ kg
电子的荷质比	$e/m_e = 1.7588047 \times 10^{11}$ C/kg
法拉第常量	$F = 9.648456 \times 10^4$ C/mol
氢原子的里德伯常量	$R_H = 1.096776 \times 10^7$ m^{-1}
摩尔气体常量	$R = 8.31441$ J/(mol·k)
玻尔兹曼常量	$k = 1.380622 \times 10^{-23}$ J/K
洛施密特常量	$n = 2.68719 \times 10^{25}$ m^{-3}
万有引力常量	$G = 6.6720 \times 10^{-11}$ N·m^2/kg^2
标准大气压	$P_0 = 101325$ Pa
冰点的绝对温度	$T_0 = 273.15$ K
声音在空气中的速度(标准状态下)	$v = 331.46$ m/s
干燥空气的密度(标准状态下)	$\rho_{空气} = 1.293$ kg/m^3
水银的密度(标准状态下)	$\rho_{水银} = 13595.04$ kg/m^3
理想气体的摩尔体积(标准状态下)	$V_m = 22.41383 \times 10^{-3}$ m^3/mol
真空中介电常量(电容率)	$\varepsilon_0 = 8.854188 \times 10^{-12}$ F/m
真空中磁导率	$\mu_0 = 12.566371 \times 10^{-7}$ H/m
钠光谱中黄线的波长	$D = 589.3 \times 10^{-9}$ m
镉光谱中红线的波长(15℃,101325Pa)	$\lambda_{cd} = 643.84696 \times 10^{-9}$ m

B-2 在20℃时固体和液体的密度

物质	密度 ρ (kg/m^3)	物质	密度 ρ (kg/m^3)
铝	2698.9	石英	2500~2800
铜	8960	水晶玻璃	2900~3000
铁	7874	冰(0℃)	880~920
银	10500	乙醇	789.4
金	19320	乙醚	714
钨	19300	汽车用汽油	710~720
铂	21450	氟利昂—12	1329
铅	11350	(氟氯烷—12)	
锡	7298	变压器油	840~890
水银	13546.2	甘油	1260
钢	7600~7900		

B—3　在标准大气压下不同温度时水的密度

温度 t(℃)	密度 ρ(kg/m³)	温度 t(℃)	密度 ρ(kg/m³)	温度 t(℃)	密度 ρ(kg/m³)
0	999.841	16	998.943	32	995.025
1	999.900	17	998.774	33	994.702
2	999.941	18	998.595	34	994.371
3	999.965	19	998.405	35	994.031
4	999.973	20	998.203	36	993.68
5	999.965	21	997.992	37	993.33
6	999.941	22	997.770	38	992.96
7	999.902	23	997.538	39	992.59
8	999.849	24	997.296	40	992.21
9	999.781	25	997.044	50	988.04
10	999.700	26	996.783	60	983.21
11	999.605	27	996.512	70	977.78
12	999.498	28	996.232	80	971.80
13	999.377	29	995.944	90	965.31
14	999.244	30	995.646	100	958.35
15	999.099	31	995.340		

B—4　在海平面上不同纬度处的重力加速度[①]

纬度 φ(度)	g(m/s²)	纬度 φ(度)	g(m/s²)
0	9.78049	50	9.81079
5	9.78088	55	9.81515
10	9.78204	60	9.81924
15	9.78394	65	9.82294
20	9.78652	70	9.82614
25	9.78969	75	9.82873
30	9.78338	80	9.83065
35	9.79746	85	9.83182
40	9.80180	90	9.83221
45	9.80629		

① 表中所列数值是根据公式 $g/9.78049(1+0.005288\sin^2\varphi-0.000006\sin^2\varphi)$ 算出的，其中 φ 为纬度.

B—5　固体的线膨胀系数

物质	温度或温度范围(℃)	α(×10⁻⁶℃⁻¹)
铝	0~100	23.8
铜	0~100	17.1
铁	0~100	12.2
金	0~100	14.3
银	0~100	19.6
钢(0.05%碳)	0~100	12.0
康铜	0~100	15.2
铅	0~100	29.2
锌	0~100	32
铂	0~100	9.1
钨	0~100	4.5
石英玻璃	20~200	0.56
窗玻璃	20~200	9.5
花岗石	20	6~9
瓷器	20~700	3.4~4.1

B－6 在 20℃时某些金属的弹性模量(杨氏模量)[①]

金属	杨氏模量 Y	
	(GPa)	(kgf/mm²)
铝	69~70	7000~7100
钨	407	41500
铁	186~206	19000~21000
铜	103~127	10500~13000
金	77	7900
银	69~80	7000~8200
锌	78	8000
镍	203	20500
铬	235~245	24000~25000
合金钢	206~216	21000~22000
碳钢	196~206	20000~21000
康铜	160	16300

[①] 杨氏弹性模量的值与材料的结构、化学成分及其加工制造方法有关。因此,在某些情况下,Y 的值可能与表中所列的平均值不同。

B－7－1 在 20℃时与空气接触的液体的表面张力系数

液体	$\sigma(\times 10^{-3} N/m)$	液体	$\sigma(\times 10^{-3} N/m)$
石油	30	甘油	63
煤油	24	水银	513
松节油	28.8	蓖麻油	36.4
水	72.75	乙醇	22.0
肥皂溶液	40	乙醇(在 60℃时)	18.4
氟利昂—12	9.0	乙醇(在 0℃时)	24.1

B－7－2 在不同温度下与空气接触的水的表面张力系数

温度(℃)	$\sigma(\times 10^{-3} N/m)$	温度(℃)	$\sigma(\times 10^{-3} N/m)$	温度(℃)	$\sigma(\times 10^{-3} N/m)$
0	75.62	16	73.34	30	71.15
5	74.90	17	73.20	40	69.55
6	74.76	18	73.05	50	67.90
8	74.48	19	72.89	60	66.17
10	74.20	20	72.75	70	64.41
11	74.07	21	72.60	80	62.60
12	73.92	22	72.44	90	60.74
13	73.78	23	72.28	100	58.84
14	73.64	24	72.12		
15	73.48	25	71.96		

B-8-1 不同温度时水的粘滞系数

温度(℃)	粘滞系数 η		温度(℃)	粘滞系数 η	
	($\mu Pa \cdot s$)	($\times 10^{-6}$ kgf·s/mm²)		($\mu Pa \cdot s$)	($\times 10^{-6}$ kgf·s/mm²)
0	1787.8	82.3	60	469.7	47.9
10	1305.3	133.1	70	406.0	41.4
20	1004.2	102.4	80	355.0	36.2
30	801.2	81.7	90	314.8	32.1
40	653.1	66.6	100	282.5	28.8
50	549.21	56.0			

B-8-2 某些液体的粘滞系数

液体	温度(℃)	$\eta(\mu Pa \cdot s)$	液体	温度(℃)	$\eta(\mu Pa \cdot s)$
汽油	0	1788	甘油	−20	134×10^6
	18	530		0	121×10^5
甲醇	0	817		20	1499×10^3
	20	584		100	12945
乙醇	−20	2780	蜂蜜	20	650×10^4
	0	1780		80	100×10^3
	20	1190	鱼肝油	20	45600
乙醚	0	296		80	4600
	20	243	水银	−20	1855
变压器	20	19800		0	1685
蓖麻油	10	242×10^4		20	1554
葵花子油	20	50000		100	1224

B-9 不同温度时干燥空气中的声速(单位:m/s)

温度(℃)	0	1	2	3	4	5	6	7	8	9
60	366.05	366.60	367.14	367.69	368.24	368.78	369.33	369.87	370.42	370.96
50	360.51	361.07	361.62	362.18	362.74	363.29	363.84	364.39	364.95	365.50
40	354.89	355.46	356.02	356.58	357.15	357.71	358.27	358.83	359.39	359.95
30	349.18	349.75	350.33	350.90	351.47	352.04	352.62	353.19	353.75	354.32
20	343.37	343.95	344.54	345.12	345.70	346.29	346.87	347.44	348.02	348.60
10	337.46	338.06	338.65	339.25	339.84	340.43	341.02	341.61	342.20	342.58
0	331.45	332.06	332.66	333.27	333.87	334.47	335.07	335.67	336.27	336.87
−10	325.33	324.71	324.09	323.47	322.84	322.22	321.60	320.97	320.34	319.52
−20	319.09	318.45	317.82	317.19	316.55	315.92	315.28	314.64	314.00	313.36
−30	312.72	312.08	311.43	310.78	310.14	309.49	308.84	308.19	307.53	306.88
−40	306.22	305.56	304.91	304.25	303.58	302.92	302.26	301.59	300.92	300.25
−50	299.58	298.91	298.24	397.56	296.89	296.21	295.53	294.85	294.16	293.48
−60	292.79	292.11	291.42	290.73	290.03	289.34	288.64	287.95	287.25	286.55
−70	285.84	285.14	284.43	283.73	283.02	282.30	281.59	280.88	280.16	279.44
−80	278.72	278.00	277.27	276.55	275.82	275.09	274.36	273.62	272.89	272.15
−90	271.41	270.67	269.92	269.18	268.43	267.68	266.93	266.17	265.42	264.66

B－10　固体导热系数 λ

物质	温度(K)	λ($\times 10^2$ W/m·K)	物质	温度(K)	λ($\times 10^2$ W/m·K)
银	273	4.18	康铜	273	0.22
铝	273	2.38	不锈钢	273	0.14
金	273	3.11	镍铬合金	273	0.11
铜	273	4.0	软木	273	0.3×10^{-3}
铁	273	0.82	橡胶	298	1.6×10^{-3}
黄铜	27	1.2	玻璃纤维	323	0.4×10^{-3}

B－11－1　某些固体的比热容

固体	比热容(J·kg^{-1}·K^{-1})	固体	比热容(J·kg^{-1}·K^{-1})
铝	908	铁	460
黄铜	389	钢	450
铜	385	玻璃	670
康铜	420	冰	2090

B－11－2　某些液体的比热容

液体	比热容(J·kg^{-1}·K^{-1})	温度(℃)	液体	比热容(J·kg^{-1}·K^{-1})	温度(℃)
乙醇	2300	0	水银	146.5	0
	2470	20		139.3	20

B－11－3　不同温度时水的比热容

温度(℃)	0	5	10	15	20	25	30	40	50	60	70	80	90	99
比热容(J·kg^{-1}·K^{-1})	4217	4202	4192	4186	4182	4179	4178	4178	4180	4184	4189	4196	4205	4215

B－12　某些金属和合金的电阻率及其温度系数[①]

金属或合金	电阻率($\times 10^{-6}$ Ω·m)	温度系数(℃$^{-1}$)	金属或合金	电阻率($\times 10^{-6}$ Ω·m)	温度系数(℃$^{-1}$)
铝	0.028	42×10^{-4}	锌	0.059	42×10^{-4}
铜	0.0172	43×10^{-4}	锡	0.12	44×10^{-4}
银	0.016	40×10^{-4}	水银	0.958	10×10^{-4}
金	0.024	40×10^{-4}	武德合金	0.52	37×10^{-4}
铁	0.098	60×10^{-4}	钢(0.10~0.15%碳)	0.10~0.14	6×10^{-3}
铅	0.205	37×10^{-4}	康铜	0.47~0.51	$(-0.04\sim +0.01)\times 10^{-3}$
铂	0.105	39×10^{-4}	铜锰镍合金	0.34~1.00	$(-0.03\sim +0.02)\times 10^{-3}$
钨	0.055	48×10^{-4}	镍铬合金	0.98~1.10	$(0.03\sim 0.4)\times 10^{-3}$

①电阻率与金属中的杂质有关,因此表中列出的只是20℃时电阻率的平均值.

B-13-1　不同金属或合金与铂(化学纯)构成热电偶的热电动势
(热端在100℃,冷端在0℃时)①

金属或合金	热电动势(mV)	连续使用温度(℃)	短时使用最高温度(℃)
95%Ni+5%(Al,Si,Mn)	−1.38	1000	1250
钨	+0.79	2000	2500
手工制造的铁	+1.87	600	800
康铜(60%Cu+40%Ni)	−3.5	600	800
56%Cu+44%Ni	−4.0	600	800
制导线用铜	+0.75	350	500
镍	−1.5	1000	1100
80%Ni+20%Cr	+2.5	1000	1100
90%Ni+10%Cr	+2.71	1000	1250
90%Pt+10%Ir	+1.3	1000	1200
90%Pt+10%Rh	+0.64	1300	1600
银	+0.72②	600	700

①表中的"+"或"−"表示该电极与铂组成热电偶时,其热电动势是正或负.当热电动势为正时,在处于0℃的热电偶一端电流由金属(或合金)流向铂.
②为了确定用表中所列任何两种材料构成的热电偶的热电动势,应当取这两种材料的热电动势的差值.例如:铜—康铜热电偶的热电动势等于+0.75−(−3.5)⟧4.25(mV).

B-13-2　几种标准温差电偶

名称	分度号	100℃时的电动势(mV)	使用温度范围(℃)
铜—康铜(Cu55 Ni45)	CK	4.26	−200～300
镍铬(Cr9～10 Si0.4 Ni90)—康铜(Cu56～57 Ni43～44)	EA−2	6.95	−200～800
镍铬(Cr9～10 Si0.4 Ni90)—镍硅(Si2.5～3 Co<0.6 Ni97)	EV−2	4.10	1200
铂铑(Pt90 Rh10)—铂	LB−3	0.643	1600
铂铑(Pt70 Rh30)—铂铑(Pt94 Rh6)	LL−2	0.034	1800

B-13-3　铜—康铜热电偶的温差电动势(自由端温度0℃)(单位:mV)

康铜的温度	铜的温度(℃)										
	0	10	20	30	40	50	60	70	80	90	100
0	0.000	0.389	0.787	1.194	1.610	2.035	2.468	2.909	3.357	3.813	4.277
100	4.227	4.749	5.227	5.712	6.204	6.702	7.207	7.719	8.236	8.759	9.288
200	9.288	9.823	10.363	10.909	11.459	12.014	12.575	13.140	13.710	14.285	14.864
300	14.864	15.448	16.035	16.627	17.222	17.821	18.424	19.031	19.642	20.256	20.873

B-14　在常温下某些物质相对于空气的光的折射率

物质	Hα线(656.3nm)	D线(589.3nm)	Hβ线(486.1nm)
水(18℃)	1.3314	1.3332	1.3373
乙醇(18℃)	1.3609	1.3625	1.3665
二硫化碳(18℃)	1.6199	1.6291	1.6541
冕玻璃(轻)	1.5127	1.5153	1.5214
冕玻璃(重)	1.6126	1.6152	1.6213
燧石玻璃(轻)	1.6038	1.6085	1.6200
燧石玻璃(重)	1.7434	1.7515	1.7723
方解石(寻常光)	1.6545	1.6585	1.6679
方解石(非常光)	1.4846	1.4864	1.4908
水晶(寻常光)	1.5418	1.5442	1.5496
水晶(非常光)	1.5509	1.5533	1.5589

B-15　常用光源的谱线波长表

(单位:nm)

一、H(氢)	447.15 蓝	589.592(D_1)黄
656.28 红	402.62 蓝紫	588.995(D_2)黄
486.13 绿蓝	388.87 蓝紫	五、Hg(汞)
434.05 蓝	三、Ne(氖)	623.44 橙
410.17 蓝紫	650.65 红	579.07 黄
397.01 蓝紫	640.23 橙	576.96 黄
二、He(氦)	638.30 橙	546.07 绿
706.52 红	626.25 橙	491.60 绿蓝
667.82 红	621.73 橙	435.83 蓝
587.56(D_3)黄	614.31 橙	407.78 蓝紫
501.57 绿	588.19 黄	404.66 蓝紫
492.19 绿蓝	585.25 黄	六、He—Ne 激光
471.31 蓝	四、Na(钠)	632.8 橙

附录C 常用电气测量指示仪表和附件的符号

C—1 测量单位及功率因数的符号

名称	符号	名称	符号
千安	kA	兆欧	MΩ
安培	A	千欧	kΩ
毫安	mA	欧姆	Ω
微安	μA	毫欧	mΩ
千伏	kV	微欧	μΩ
伏特	V	相位角	φ
毫伏	mV	功率因数	$\cos\varphi$
微伏	μV	无功功率因数	$\sin\varphi$
兆瓦	MW	库仑	C
千瓦	kW	毫韦伯	mWb
瓦特	W	毫特斯拉	mT
兆乏	Mvar	微法	μF
千乏	kvar	皮法	pF
乏	var	亨利	H
兆赫	MHz	毫亨	mH
千赫	kHz	微亨	μH
赫兹	Hz	摄氏度	℃
太欧	TΩ		

C—2 仪表工作原理的图形符号

名称	符号	名称	符号
磁电系仪表		电动系比率表	
磁电系比率表		铁磁电动系仪表	
电磁系仪表		铁磁电动系比率表	
电磁系比率表	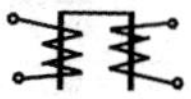	感应系仪表	
电动系仪表	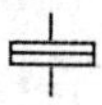	静电系仪表	

整流系仪表（带半导体整流器和磁电系测量机构）	⏺	热电系仪表（带接触式热变换器和磁电系测量机构）	⏺
C－3　电流种类的符号			
直流	―	交流（单相）	∼
直流和交流	≂	具有单元件的三相平衡负载交流	≋
C－4　准确度等级的符号			
以标度尺量限百分数表示的准确度等级，例如1.5级	1.5	以标度尺长度百分数表示的准确度等级，例如1.5级	∨1.5
以指示值的百分数表示的准确度等级，例如1.5级	ⓘ1.5		
C－5　工作位置的符号名			
标度尺位置为垂直的	⊥	标度尺位置为水平的	⊓
标度尺位置与水平面倾斜成一定角度例如60°	∠60°		
C－6　绝缘强度的符号			
不进行绝缘强度试验	☆	绝缘强度试验电压为2kV	☆2
C－7　端钮、调零器的符号			
负端钮	―	正端钮	+
公共端钮（多量限仪表和复用电表）	✳	接地用的端钮（螺钉或螺杆）	⏚
与外壳相连接的端钮	⊥	与屏蔽相连接的端钮	○
调零器	↷		
C－8　按外界条件分组的符号			
Ⅰ级防外磁场（例如磁电系）	⏺	Ⅰ级防外磁场（例如静电系）	⊤
Ⅱ级防外磁场及电场	Ⅱ ⸢Ⅱ⸥	Ⅲ级防外磁场及电场	Ⅲ ⸢Ⅲ⸥
Ⅳ级防外磁场及电场	Ⅳ ⸢Ⅳ⸥		